全国高等医药院校“立德树人”教育教学改革系列丛书

微生物
与人类健康

主　编　卢芳国（湖南中医药大学）　陈伶利（湖南中医药大学）

副主编　邝枣园（广州中医药大学）　包丽丽（内蒙古医科大学）

苏　韫（甘肃中医药大学）　宁　毅（湖南中医药大学）

王　平（贵州中医药大学）　陈山泉（香港中文大学·深圳）

编　委（以姓氏笔画为序）

刁远明（广州中医药大学）　王　磊（内蒙古医科大学）

李　岩（广州中医药大学）　李佳蔚（甘肃中医药大学）

肖　荣（湖南人文科技学院）　罗瑞熙（贵州中医药大学）

屈泽强（广西中医药大学）　胡　珏（湖南中医药大学）

高　强（湖南中医药大学）　曾凡胜（益阳医学高等专科学校）

熊　涛（湖南中医药大学）　魏　科（湖南中医药大学）

秘　书（兼）魏　科（湖南中医药大学）

全国百佳图书出版单位

中国中医药出版社

·北　京·

图书在版编目（CIP）数据
微生物与人类健康 / 卢芳国，陈伶利主编 .—北京：中国中医药出版社，2022.8
（全国高等医药院校“立德树人”教育教学改革系列丛书）
ISBN 978-7-5132-7404-3

Ⅰ . ①微…　Ⅱ . ①卢…　②陈…　Ⅲ . ①微生物—关系—健康—研究
Ⅳ . ① Q939　② Q983

中国版本图书馆 CIP 数据核字（2022）第 016553 号

中国中医药出版社出版
北京经济技术开发区科创十三街 31 号院二区 8 号楼
邮政编码　100176
传真　010-64405721
三河市同力彩印有限公司印刷
各地新华书店经销

开本 710×1000　1/16　印张 17.5　字数 300 千字
2022 年 8 月第 1 版　2022 年 8 月第 1 次印刷
书号　ISBN 978－7－5132－7404－3

定价　72.00 元
网址　www.cptcm.com

服务热线　010-64405510
购书热线　010-89535836
维权打假　010-64405753

微信服务号　zgzyycbs
微商城网址　https://kdt.im/LIdUGr
官方微博　http://e.weibo.com/cptcm
天猫旗舰店网址　https://zgzyycbs.tmall.com

如有印装质量问题请与本社出版部联系（010-64405510）

编写说明

众所周知，微生物与人类健康息息相关。一次又一次传染病疫情的危害与挑战，使人们深刻认识到掌握微生物知识与技术的重要性。本教材编委会以“立德树人、学以致用、造福民众”为目标，以“预防微生物感染、呵护人类健康的需求”为导向，以“帮助学生理解微生物‘亦敌亦友’特性、掌握微生物感染防控知识与技术”为切入点，构建《微生物与人类健康》教材体系，并试图通过教材的推广与应用，提升学生的防微杜疾、服务民众的能力。

本教材共12章，有展示微生物学基本知识与技术的内容（第一章绪论、第二章微生物的形态与结构、第三章微生物的繁殖与代谢、第四章微生物的感染与免疫、第五章病原微生物的控制）；有阐述微生物学发展动态的内容（第六章微生物的耐药机制与防控策略、第七章人体微生态系统）；还有体现微生物与民众生活及健康的内容（第八章微生物与食品、第九章微生物与呼吸道感染性疾病、第十章微生物与消化道感染性疾病、第十一章微生物与性传播疾病、第十二章微生物与肿瘤）。本教材在注重内容系统性、逻辑性和完整性的基础上，紧密结合生活现象与传染病疫情防控情况，以通俗易懂、由浅入深、循序渐进的形式解析重点难点内容，强化微生物学知识和技术在临床医学、预防医学工作中及民众生活中的应用。简洁实用是本教材的特点之一。

本教材在介绍微生物学基本知识与技术的同时，充分挖掘教学内容潜在的思想教育要素，为培养有理想、有本领、有担当的优秀医学人才提供教学蓝本。教材的每一章都结合教学内容附有进行价值观引导和思想品格锤炼的“知识拓展”，例如第一章附“起源于中医学的种痘苗法”，第二章附“病毒是怎样被发现的”，第三章附“汤飞凡与衣原体的分离培养”，第四章附“科学家对病原菌致病性的研究”，第五章附“巴斯德和巴氏消毒法”，第六章附“鸡尾酒疗法的发明”，第七章附“人类微生物组计划”，第八章附“渊源流传的中国酿造技术”，第九章附“创新检测技术，增强‘抗疫’能力”，第十章附“霍乱弧菌的发现”，第十一章附“青霉素的研发过程”，第十二章附“幽门螺杆菌的发现”。知识技术传授与思想政治教育紧密结合是本教材的另一特点。

本教材第一章绪论由陈伶俐编写，第二章微生物的形态与结构由邝枣园、刁远明编写，第三章微生物的繁殖与代谢由包丽丽、王磊编写，第四章微生物的感染与免疫由苏韫、李佳蔚编写，第五章病原微生物的控制由熊涛编写，第六章微生物的耐药机制与防控策略由宁毅、胡珏编写，第七章人体微生态系统由陈伶俐编写，第八章微生物与食品由宁毅、陈山泉编写，第九章微生物与呼吸道感染性疾病由魏科、曾凡胜编写，第十章微生物与消化道感染性疾病由王平、罗瑞熙编写，第十一章微生物与性传播疾病由卢芳国、屈泽强编写，第十二章微生物与肿瘤由高强编写。

在本教材使用过程中，教师可根据各校专业、学时、学生层次等实际情况，取舍、调整教学内容和讲授顺序。对于教材中存在的疏漏和错误，敬请师生和专家教授批评指正。

《微生物与人类健康》编委会

2022 年 3 月

目　录

第一章 绪 论

微生物（microorganism）是存在于自然界的一大群形体微小、结构简单、肉眼直接看不见，必须借助光学显微镜或电子显微镜放大数百倍甚至数万倍才能观察到的微小生物。它们与人类的关系十分密切，绝大多数微生物对人类是有益的，而且是必需的，但也有少数微生物会引起人类疾病。

第一节 微生物与病原微生物

一、微生物概念与分类

微生物的种类繁多，在数十万种以上。根据其大小、结构、组成等特征可分为三大类。

1. 非细胞型微生物 该类微生物的特点为体积微小，是最小的一类微生物；结构简单，无典型的细胞结构，无产生能量的酶系统；仅含有一种核酸（DNA 或 RNA）；专性活细胞内寄生。病毒属于此类微生物，近年来发现的比病毒更小的亚病毒（卫星病毒、类病毒、朊粒）也属于此类。

2. 原核细胞型微生物 这类微生物的特点为无典型的细胞结构，有核质。核质呈环状裸 DNA 团块结构，无核膜、核仁；细胞器不完善，只有核糖体；DNA 和 RNA 同时存在。古生菌、细菌、支原体、衣原体、立克次体、螺旋体和放线菌属于此类微生物。

3. 真核细胞型微生物 此类微生物的特点为有完整的细胞结构，细胞核分化程度高，有核膜和核仁；有完整细胞器；真菌属于此类微生物。

二、微生物与人类的关系

大多数微生物对人类和动物、植物是有益的，而且有些是必需的。只有少数微生物会引起人类和动物、植物的病害。

自然界中N、C、S等元素的循环要靠有关微生物的代谢活动来进行。例如，土壤中的微生物能将死亡动物、植物的有机氮化合物转化为无机氮化合物，以供植物生长的需要，而植物又被人类和动物所食用。空气中大量的游离氮，也只有依靠固氮菌等作用后才能被植物吸收。植物通过光合作用把空气中的CO_2和H_2O变成复杂的有机物，特别是形成了大量的人和动物不能分解利用的纤维素和木素。如果没有细菌等微生物转化纤维素、木素为碳的巨大力量以及时补充空气中消耗掉的CO_2，空气中的CO_2将无法维持生物界旺盛生长的需要。据估计，由微生物降解有机物向自然界提供的碳每年高达950亿吨。因此，没有微生物，物质就不能运转和循环，植物就不能进行代谢，人类和动物也将难以生存。

微生物与农业生产的关系十分密切，微生物可以用来发展微生物饲料、肥料、农药、食品、能源和环保制剂等。耕作层土壤、动物胃肠道等均是由多种微生物共同组成的一个复杂的生态系统，这个系统里包括有益的微生物种类，也有一些有害的微生物种类。这些微生物之间互相作用、互相影响。有益微生物的数量增加，就可以抑制有害微生物的生长繁殖。根据这种现象人们有目的地筛选出一些有益的微生物种类，并加以培养繁殖制成有益生物菌制剂。例如，我国使用的4320菌体蛋白饲料，含根瘤菌的微生物肥料，以沼气为纽带的微生物能源，以及在许多国家和地区都已广泛应用的养猪业环境清洁剂（木糠床微生态菌剂）等。

在工业方面，微生物广泛应用于食品、药物、皮革、纺织、石油、化工、冶金、采矿、创新能源等领域。微生物工业产品主要有酒类、有机酸、抗生素、酶制剂、氨基酸、核苷酸、维生素、有机溶剂、微生物杀虫剂、植物激素、单细胞蛋白等。微生物工业的经济效益很高，例如，用大肠埃希菌生产人的生长激素释放因子，从 9 升细菌培养液所得的激素数量约等于从 50 万头羊脑中提取得到的数量；需要从 1 万头牛的胰脏才能提取 1 公斤结晶蛋白酶，通过微生物发酵，只需几百公斤淀粉、麸皮、黄豆粉等，几天时间就可生产出同等数量的酶。

在环境保护方面，微生物可在其中发挥不可取代的作用。例如，利用微生物肥料、杀虫剂或农用抗生素等来取代会严重污染环境和不可降解的化学肥料或化学农药；利用微生物生产的聚 ß– 羟基丁酸酯（PHB）制造医用塑料、快餐盒等制品以减少“白色污染”；利用微生物的降解、氧化等生化活性来净化生活污水、有毒工业污水和生活有机垃圾；利用微生物来检测环境的污染度，例如，用埃姆斯（Ames）方法检测“三致”物质，以及利用发光细菌来检测水源的污染度等。

在生命科学中微生物也做了重大贡献。例如，由于微生物学的消毒灭菌、分离培养等技术的渗透和应用的拓宽及发展，动物、植物细胞可以培养在平板或三角瓶里；转基因动物、转基因植物的转化技术也源于微生物的理论和技术；DNA 重组技术和遗传工程的出现也与微生物的重大发现有关。

微生物在医疗保健领域也起了重大作用。例如，科学家经过十几年努力获得了减毒半分枝杆菌，研制成了卡介苗，让人类在预防结核分枝杆菌感染的面前，有了主动性。又如，微生物酵素具有调节血压、调节肠胃功能、调节免疫功能、护肝、治疗糖尿病的保健功效；另外从肉毒梭菌中分离的肉毒毒素，也被广泛应用于美容行业等。

正常情况下，寄生在人类和动物口、鼻、咽部和消化道中的微生物是无害的，有的还能拮抗病原微生物的入侵、参与多种物质的代谢、发挥免疫作用、为机体提供保健等。少数微生物具有致病性，能引起人类和动物、植物的病害，这些微生物称为病原微生物。它们可引起人类的化脓性感染、伤寒、痢疾、结核、破伤风、流感、麻疹、肝炎、艾滋病等疾病；也可以引起动物的鸡霍乱、禽流感、牛炭疽、猪气喘等；还能引起农作物的稻白叶枯病、小麦赤霉病、大豆病毒病等。

有些微生物，在正常情况下不致病，只是在特定情况下导致疾病，这类微生物称为机会致病性微生物。例如，一般大肠埃希菌在肠道不致病，而在泌尿道或腹腔中就会引起感染。此外，有些微生物的破坏性表现在使工业产品、农副产品和生活用品发生腐蚀和霉烂等。

第二节　微生物学和医学微生物学

一、微生物学

微生物学（microbiology）是生命科学的一门重要学科，主要研究微生物的种类、分布、形态、结构、代谢、生长繁殖、遗传和变异及其与人类、动物、植物、自然界的相互关系。

由于研究的侧重面和层次不同，现代微生物学已形成许多分支。着重研究微生物学基本理论的有普通微生物学、微生物分类学、微生物生理学、微生物生态学、微生物遗传学、微生物基因组学、细胞微生物学等。根据研究对象不同，微生物学可分为细菌学、病毒学、真菌学等。根据研究和应用领域不同，可分为医学微生物学、兽医微生物学、食品微生物学、农业微生物学、工业微生物学等。这些分支学科的相互配合和促进，使整个微生物学不断、全面地向纵深发展。

二、医学微生物学

医学微生物学（medical microbiology）是微生物学的一个分支，是主要研究与医学有关的病原微生物的生物学特性、致病性、免疫性、特异性诊断以及防治措施的学科，以控制和消灭感染性疾病和与之有关的免疫损伤等疾病，达到保障和提高人类健康水平的目的。

目前，医学微生物学还存在很多亟待解决的问题。例如，至今还有一些感染性疾病的病原体仍未发现；某些病原体的致病和免疫机制有待阐明；不少疾病尚缺乏有效的防治措施；新的病原微生物相继被发现而造成新的传染病，例如，2019 新型冠状病毒（SARS–CoV–2）感染导致的新冠肺炎；还有原流行的病原体因变异、耐药等原因重新流行，导致再现传染病等。

以上这些问题都严重威胁着人类的健康，因此，医学微生物学还面临着严峻的挑战。

第三节　医学微生物学发展史

医学微生物学是人类在长期对传染性疾病病原体性质的认识和疾病防治过程中总结出来的一门科学，它伴随着微生物学的发展而发展，并且为促进微生物学的发展做出过巨大贡献。了解医学微生物学的过去、现在与未来，将有助于我们总结规律，寻找正确的研究方向和防治方法，进一步发展医学微生物学。医学微生物学的发展过程大致可分三个时期。

一、微生物学的经验时期

因为微生物个体很小，在显微镜发明之前，人们并未直接认识到这些生物的存在。但是事实上，人类的许多发明创造与微生物有关。例如，在殷墟中发现的酿酒作坊遗址，证明早在公元两千多年前，我国的酿酒事业已经相当发达。北魏贾思勰著的《齐民要术》一书就详细记载了制造酒曲、醋曲等方法。

我国古代人民在长期的农业生产实践中也积累了丰富的微生物学知识，主要表现在用肥和防治农作物病害等方面。早在春秋战国时期，人们已经懂得用腐烂的野草和粪作肥料，利用微生物发酵来提高土地肥力。《齐民要术》中提到了以豆保谷、养地和用地相结合的豆类谷类作物轮作制，这实际上是利用豆科植物根部的根瘤菌来提高土壤肥力。长期以来，我国农民就知道把多年种过豆科植物的土壤移到新种植豆类的田里去，以保证新种植豆类的良好生长。人们称这种方法叫“客土法”。现在看来，这实际上是接种根瘤菌，是近代使用细菌肥料的萌芽。

在医学方面，人们对病原微生物及由其引起的传染病也有了模糊的认知。以对结核病的认知历史为例，晋代葛洪在《肘后备急方》中论及了“尸疰”一病：“累年积月，渐就顿滞，以至于死，死后复传之旁人，乃至灭门。”由此可以看出，葛洪已初步认识到结核病是一种家族性传播的慢性传染病。王焘在《外台秘要·卷十六》中指出：“肺痨热，损肺生虫……生肺虫，在肺为病。”在此，他提出了“肺虫”致病说。宋朝的杨仁斋在《仁斋直指方》中提出了“治瘵疾，杀瘵虫”的治疗方法。明代徐春甫在《古今医绳》中谈道：“凡人有此症，便宜早治，缓则不及事矣”“凡亲近之人不能回避，须要饮食适宜，不可着饿，体若虚者可服补药，身边可带安息香，大能杀劳虫。”一方面强调早期治疗，另一方面也向密切接触者提出要注意保健，防止接触感染，这里面体现了古人对传染病的防治理念。

西方医学先辈希波克拉底（Hippocrates，前460—前377）总结了埃及以往的医学和自己的丰富经验，第一次详细记载了肺结核，而且认为结核病是传染性疾病。意大利医生法兰卡斯特罗（G.Fracastoro，1478—1553）论述了健康者与肺结核患者一起居住可发病，患者的衣服两年后仍有传染性，使用患者衣服可传染肺结核病。

在预防医学方面，我国最早记载了用人痘预防天花的方法。古代人早已认识到天花是一种烈性传染病，一旦与患者接触，几乎都将受到感染，且病死率高，但已康复者去护理天花患者，则不会再得天花。这种免得瘟疫的现象，是“免疫”一词的最早概念。我国古人在这个现象的启发下，开创了预防天花的人痘接种法。大量古书表明，我国在明隆庆年间（1567—1572），人痘接种法已经广泛使用。明代李时珍《本草纲目》指出，患者的衣服蒸过后再穿就不会感染疾病，表明已有消毒的记载。另外，《肘后备急方》还记载了治疗狂犬病可“杀犬取脑敷之则后不发”，这与法国科学家巴斯德的狂犬病免疫疗法是同一原理。

二、实验微生物学时期

（一）微生物的发现

荷兰人列文虎克（A.v. Leeuwenhoek，1632—1723）是真正观察到微生物的第一人。他于1676年用自磨镜片制造了能放大266倍的世界上第一台显微镜，并从雨水、池塘水等标本中第一次观察和描述了各种形态的微生物，这在微生物学的发展史上具有划时代的意义，为微生物的存在提供了有力证据，亦为微生物形态学的建立奠定了基础。

在19世纪60年代初，法国微生物学家巴斯德（L.Pasteur，1822—1895）研究了酒变酸的微生物原理，探索了蚕病、牛羊炭疽病、鸡霍乱和人狂犬病等传染病的病因、有机质腐败和酿酒失败的起因，否定了生命起源的“自然发生说”，建立了巴氏消毒法等一系列微生物学实验技术。

德国细菌学家柯赫（R.Koch，1843—1910）在继巴斯德之后，改进了固体培养基的配方，发明了倾皿法进行纯种分离，建立了细菌细胞的染色技术、显微摄影技术和悬滴培养法，寻找并确证了炭疽病、结核病和霍乱病等一系列严重传染疾病的病原体等。这些成就奠定了微生物学成为一门科学的基础。

在这一时期，德国学者布赫纳（E.Buchner，1860—1917）在1897年研究了酵母菌的发酵作用，把酵母菌的生命活动与酶化学联系起来，推动了微生物生理学的发展。同时，其他学者例如俄国学者伊万诺夫斯基（D.Iwaucowski，1864—1920）首先发现了烟草花叶病毒（tobacco mosaic virus，TMV），扩大了微生物的类群范围。

（二）免疫学的兴起

18世纪，英国医生琴纳（E.Jenner，1749—1823）观察到挤奶女工在患牛痘后不易得天花的事实后，发明了用牛痘苗预防天花的方法，开创了人工免疫的先河。1880年，巴斯德偶然发现接种陈旧的鸡霍乱杆菌培养物可使鸡免受毒性株的感染，进而成功创制了炭疽杆菌减毒疫苗和狂犬病疫苗，并开始了免疫机制的研究。

1890年，德国学者贝林（E.A.vonBehring，1854—1917）和日本学者北里柴三郎发现了白喉抗毒素，成为被动免疫治疗的第一个病例。从此，科学家们开始从血清中寻找杀菌、抗毒物质。与此同时，研究抗原抗体反应的血清学（serology）也逐渐形成和发展起来。

人们对感染免疫本质的认识始于19世纪末。当时有两种不同的学术观点，一派是以俄国梅契尼可夫（E.Metchnikoff，1845—1961）为首的吞噬细胞学说；另一派是以德国艾利希（P.Ehrlich，1854—1915）为代表的体液抗体学说。两派长期争论不休。不久，奥姆罗斯·莱特（Almroth Wright）在血清中发现了调理素抗体，并证明吞噬细胞的作用在体液抗体的参与下可大为增强，两种免疫因素是相辅相成的，从而统一了两学说间的矛盾，使人们对免疫机制有了一个较全面的认识。

免疫学的新理论克隆选择学说（clone selectiontheory）于1958年由澳大利亚学者伯内特（F.M.Burnet，1899—1985）提出，不仅阐明了抗体产生机制，同时也对抗原的识别、免疫记忆形成、自身耐受建立和自身免疫发生等重要免疫生物学现象做出了解释。这样，免疫学跨超了感染免疫的范畴，逐渐形成了生物医学中的一门新学科。

（三）化学治疗剂和抗生素的发明

人类合成的第一种抗菌药是磺胺，1932～1933年德国病理学家与细菌学家多马克（G.Domagk，1895—1964）发现其具有体内抗菌活性，他因此获得1939年的诺贝尔生理学或医学奖。

人类的第一种抗生素——青霉素，是英国微生物学家弗莱明（A.Fleming，1881—1955）于1928年偶然发现的，但当时并没有提纯出有效成分和分析化学结构。他从被霉菌污染的葡萄球菌培养皿中观察到，霉菌附近的细菌都无法生长，推测霉菌中可能有杀菌的物质。1929年，弗莱明将这个发现发表在《英国实验病理学期刊》，但没有得到重视。直到1939年，牛津大学的佛罗雷（H.Florey）和钱恩（E.Chain）想开发能治疗细菌感染的药物，才在联络弗莱明取得菌株后，成功提纯出青霉素。弗莱明、佛罗雷与钱恩因此于1945年共同获得诺贝尔生理学或医学奖。

1949年，瓦克斯曼（S.A.Waksman，1888—1973）在他多年研究土壤微生物的基础上，发现了链霉素。随后，氯霉素、金霉素、土霉素、红霉素等相继发现，使更多由细菌引起的感染性疾病得到控制，为人类健康做出了巨大贡献。

三、现代微生物学时期

近50年来，随着化学、物理学、生物化学与分子生物学、遗传学、细胞生物学、免疫学等学科的发展，电子显微镜技术、各种标记技术、分子生物学技术、色谱分析、电子计算机等新技术的建立和改进，医学微生物学得到了迅速的发展。

（一）不断发现新的病原微生物

自1973年以来，新发现的病原微生物已有近40种。其中主要的有军团菌，幽门螺杆菌，空肠弯曲菌，霍乱弧菌O139血清群，大肠埃希菌O157 ：H7血清型，肺炎衣原体，伯氏疏螺旋体，人类免疫缺陷病毒，人类疱疹病毒6、7、8型，丙、丁、戊型肝炎病毒，汉坦病毒，轮状病毒，西尼罗病毒，尼帕病毒和SARS冠状病毒、新型冠状病毒等。

1967～1971年，美国植物病毒学家迪纳（T.O.Diener）等从马铃薯纺锤形块茎病中发现了一种不具有蛋白质组分的RNA致病因子，被称为类病毒（viroid）。后来在研究类病毒时发现另一种引起苜蓿等植物病害的卫星病毒（satellite virus）。1983年国际病毒命名委员会将这些微生物统称为亚病毒（subvirus）。

1982年，美国加利福尼亚大学的神经病学和病毒学教授普鲁塞纳（S.B.Prusiner）从感染羊瘙痒病（scrapie）的鼠脑分离出一种被称为朊粒（prion）的传染性蛋白因子。该因子只含蛋白质，无核酸组分，可引起海绵状脑病，是一种慢性进行性致死性中枢神经系统疾病。朊粒所致疾病，动物中除羊瘙痒病外，还有牛海绵状脑病（俗称疯牛病）、貂传染性脑炎等；人类中有库鲁病（kuru disease）、克-雅病（creutzfeldt-jakob disease，CJD）、格斯特曼综合征（gerstmann syndrome）、致死性家族型失眠症（fatal familial insomnia，FFI）等。然而朊粒究竟是一种传染性因子，还是由正常基因突变形成的结构异常的蛋白质，至今仍处于争论之中。

1983 年，蒙泰格尼（L.Montagnier）和盖洛（R.C.Gallo）分别分离到与获得性免疫缺陷综合征（acquired immunodeficiency syndrome，AIDS）相关的人类反转录病毒（HIV）。

（二）微生物基因组研究取得重要进展

1977 年，英国剑桥大学的桑格（F.Sanger，1918—2013）完成了噬菌体 X174–DNA 全部序列的测定，为此桑格第二次获得诺贝尔奖。1990 年，人巨细胞病毒全基因组测序完成；1995 年，流感嗜血杆菌全基因组 DNA 测序完成。截至目前，已发现的病毒基本上都完成了基因测序；有 200 多种细菌完成测序。病原微生物基因组序列测定的重大意义，除能更好地了解其结构与功能、致病机制及其与宿主的相互关系外，还能发现更特异的分子靶标作为诊断、分型等的依据，为临床筛选有效药物和开发疫苗等提供参考。

（三）微生物学研究和诊断技术不断进步

传统的细菌鉴定和分类方法是以细菌表型为主，现在则侧重于基因型方法来分析细菌的遗传学特征。基因型方法包括 DNA 的 G+Cmol% 测定、DNA 杂交、16SrRNA 寡核苷酸序列分析、氨基酸序列分析、质粒指纹图分析、基因转移和重组、基因探针、聚合酶链反应、限制性片段长度多态性分析等。这些分子生物学技术在病原微生物的分类、新种鉴定和流行病学研究中尤为重要。

临床微生物学检验中，传统的细菌生化反应鉴别方法已逐步被自动化检测仪器或试剂盒所取代；免疫荧光技术、酶联免疫技术、聚合酶链反应技术等免疫学和分子生物学技术已被广泛应用。

（四）疫苗研制不断取得突破

随着人们对病原微生物基因和蛋白的结构与功能认识的不断深入，以及微生物学、免疫学、分子生物学等理论和实验技术的不断发展，新型疫苗的研制开发工作进展很快。一些新的或是改进的病原微生物疫苗研制成功；疫苗的类型从最初的灭活疫苗，经历了减毒活疫苗、亚单位疫苗、基因工程疫苗，以及核酸疫苗、DNA 疫苗等发展阶段；多联疫苗、黏膜疫苗、缓释疫苗等新型疫苗以及新的疫苗佐剂不断被开发出来。

在医学微生物学及其相关的学科发展中，全球有近 60 位科学家因有突出贡献而荣获诺贝尔奖，可见医学微生物学在生命科学中的重要地位。我国学者也为此做出了重大贡献：在 20 世纪 30 年代，黄祯祥发现并首创了病毒体外细胞培养技术，为现代病毒学奠定了基础；1955 年，汤飞凡首次分离出沙眼衣原体（当时称作沙眼病毒——汤氏病毒）；朱既明首次将流感病毒裂解为亚单位，提出了流感病毒结构图像，为以后研究亚单位疫苗提供了原理和方法。在医学微生物学的应用研究方面，我国在主要传染病疫苗的研制和计划免疫方面取得了巨大成就，相继成功地制备了脊髓灰质炎疫苗、麻疹疫苗、甲型肝炎疫苗、基因工程乙型肝炎疫苗、乙型脑炎疫苗等。我国较早地消灭了天花和野毒株引起的脊髓灰质炎，有效地控制了鼠疫、霍乱等烈性传染病，麻疹、白喉、破伤风、流行性脑膜炎等传染病的危害不再严重，肾综合征出血热、流行性乙型脑炎、乙型肝炎等的发病率也大幅度降低。

【知识拓展】

起源于中医学的“种痘苗法”

天花病毒是人类历史上最古老，也是死亡率最高的烈性传染性病毒之一。

人类对天花最早的描述是东晋时期葛洪所著的《肘后备急方》，认为天花是“建武中于南阳击虏所得，仍乎为虏疮”，由战争中获得的俘虏传入我国。北宋初期，天花被称之为痘疮、痘毒。到了宋朝，我国医学家就发明了人痘接种法预防天花病毒的方法：用天花患者的痘痂，让健康人感染，虽然可能出现某些轻微症状，但是接种者从此不会患上天花病。在早期，接痘使用的是痘浆，但是毒性太大，后改用痘痂，后来进一步经过培育和选炼等过程，将其打造成为熟苗，极大地降低了危险性。这种思路与西医学中用于预防结核病的卡介苗一样，通过定向减毒选育、减低菌株毒性，保留抗原性的原理相吻合。我国古代人痘接种预防天花的技术，后来逐渐传入世界其他国家。人痘接种法预防天花，不仅保护了我国人民和世界各国人民的健康，也促进了病原微生物感染免疫预防的兴起，是我国对世界医学的一大重要贡献。

思考题

1. 微生物是如何分类的，各类型微生物有何特点。

2. 微生物与人类有何关系。

3. 试举实例说明现代微生物学取得的巨大成就。

第二章　微生物的形态与结构

微生物种类繁多，根据其大小、结构、组成等可分为细菌、真菌和病毒三大类。

第一节　细菌的形态与结构

细菌（bacterium）是一类具有细胞壁的单细胞原核细胞型微生物，体积微小，结构简单，仅有原始的核质，除核糖体外无其他细胞器。广义的细菌还包括支原体、衣原体、立克次体和螺旋体等。在适宜条件下，各种细菌有相对恒定的形态与结构。了解细菌的形态与结构，不仅有助于鉴别细菌、诊断和防治细菌感染，而且对研究其生理活动、致病性、免疫性及消毒灭菌等有着重要的理论和实际意义。

一、细菌的大小与形态

细菌体积微小，其大小一般以微米 μm（1μm=1/1000mm）为测量单位，通常用光学显微镜来观察。不同种类细菌的大小、形态和排列各不相同，同一种类细菌也因菌龄和生存环境不同而有差异。细菌根据其外形可分为球菌、杆菌和螺形菌三大类（图 2–1）。

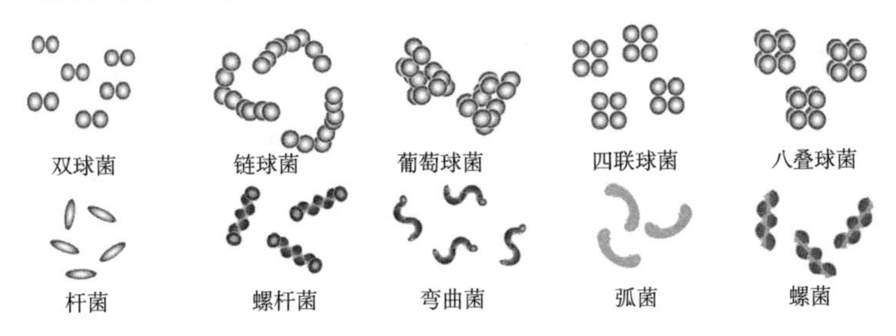

图 2–1　细菌的基本形态

（**资料来源**：袁嘉丽，刘永琦.免疫学基础与病原生物学.北京：中国中医药出版社，2016.）

（一）球菌（coccus）

大多数球菌的直径在1μm左右，外观呈球形或近似球形。根据球菌繁殖时分裂平面不同、分裂后菌体之间相互黏附程度、排列方式的差异，可将球菌分为不同的种类。这对一些球菌的鉴别有一定意义。

1. 双球菌（diplococcus） 在一个平面上分裂，分裂后两个菌体呈双排列，如肺炎链球菌、脑膜炎奈瑟菌。

2. 链球菌（streptococcus） 在一个平面上分裂，分裂后多个菌体黏连成链状，如乙型溶血性链球菌。

3. 葡萄球菌（staphylococcus） 在多个不同角度的平面上分裂，分裂后菌体无规则地粘连在一起似葡萄串状，如金黄色葡萄球菌。

4. 四联球菌（tetrads） 在两个互相垂直的平面上分裂，分裂后四个菌体粘连在一起呈正方形，如四联加夫基菌。

5. 八叠球菌（sarcina） 在三个互相垂直的平面上分裂，分裂后八个菌体黏连成包裹状立方体，如藤黄八叠球菌。

（二）杆菌（bacillus）

杆菌在细菌中种类最多。各种杆菌的大小、长短、粗细差异很大，大的杆菌如炭疽杆菌长3～10μm，中等杆菌如大肠埃希菌长2～3μm，小的杆菌如布鲁菌长0.6～1.5μm。

杆菌多数呈直杆状，也有的菌体稍弯。一般分散存在，排列无一定规律。有的杆菌呈链状排列，如链杆菌；有的呈栅栏状排列，如白喉棒状杆菌。有的菌体两端大多呈钝圆形，少数两端平齐（如炭疽杆菌）或两端尖细（如梭杆菌）；有的菌体末端膨大成棒状（如白喉棒状杆菌）。有的菌体短小，近似椭圆形，称为球杆菌；有的菌体呈分枝生长趋势，称为结核分枝杆菌。

（三）螺形菌（spiral bacterium）

菌体呈弯曲螺旋状，在分类学上属于不同菌属。

1. 弧菌属（vibrio） 菌体短小（2 ～ 3μm），只有一个弯曲，呈弧形或逗点状，如霍乱弧菌。

2. 螺菌属（spirillum） 菌体较长（3 ～ 6μm），有数个弯曲，如鼠咬热螺菌。

3. 螺杆菌属（helicobacter） 菌体细长弯曲呈弧形或螺旋形，如幽门螺杆菌。

4. 弯曲菌属（campylobacter jejuni） 菌体呈 U 或 S 形等，如空肠弯曲菌。

需要注意的是，细菌的形态可受培养温度、pH 值、培养基成分和培养时间等多种环境因素影响，一般而言，在适宜条件下培养至对数生长期，形态比较典型。当环境条件不利或菌龄老化时，细菌的形态可发生改变，呈现多形态（如梨形、气球状、丝状等）或细胞壁缺陷（如细菌 L 型）。因此，观察细菌的大小和形态，应选择对数生长期的细菌进行观察。

二、细菌的结构

细菌的结构包括基本结构和特殊结构，前者包括细胞壁、细胞膜、细胞质、核质，是所有细菌所共有的；后者包括荚膜、鞭毛、菌毛、芽孢，为某些细菌所特有。

（一）基本结构

1. 细胞壁（cell wall） 细胞壁位于细菌基本结构的最外层，紧紧包裹在细胞膜外，坚韧而富有弹性。细胞壁的主要功能是：①维持细菌的外形。②帮助细菌抵抗低渗环境。③与细胞膜共同完成菌体内外的物质交换。④决定着细菌菌体的抗原性。此外，细胞壁与细菌的染色性、致病性及对某些药物的敏感性等也有一定的关系。

用革兰染色法处理细菌，可将细菌分为革兰阳性（G^+）菌和革兰阴性（G^-）菌。这两大类细菌细胞壁的结构和化学组成差异很大，其中肽聚糖（peptidoglycan）为其共同组分，但肽聚糖在这两大类细菌中的含量、结构、组成又各不相同。

（1）革兰阳性菌细胞壁　由肽聚糖和磷壁酸组成。革兰阳性菌的细胞壁较厚，20 ～ 80nm。

肽聚糖（peptidoglycan）：又称黏肽、糖肽或胞壁质，是革兰阳性菌细胞壁的主要成分。革兰阳性菌的肽聚糖由聚糖骨架、四肽侧链和五肽交联桥三部分组成，三部分共同构成三维立体空间结构，较为坚固，是构成革兰阳性菌细胞壁的主要成分。聚糖骨架由 N– 乙酰葡糖胺（N–acetylglucosamine，NAG）和 N– 乙酰胞壁酸（N–acetylmuramic acid，NAM）交替间隔排列，经 β–1，4 糖苷键连接而成。各种细菌细胞壁的聚糖骨架均相同。四肽侧链与聚糖骨架中的 N– 乙酰胞壁酸分子相连接（图 2–2）。不同细菌四肽侧链的氨基酸残基组成和连接方式不同。以葡萄球菌为例，氨基酸依次为 L– 苯丙氨酸、D– 谷氨酸、L– 赖氨酸和 D– 丙氨酸，其第 3 位的 L– 赖氨酸的氨基通过五肽（五个甘氨酸）交联桥连接到相邻肽聚糖四肽侧链第四位的 D– 丙氨酸羟基上，形成具有高机械强度的三维空间结构。革兰阳性菌细胞壁肽聚糖层可多达 50 层，是抵抗胞内高渗透压、保护细胞结构和功能完整的主要成分。因此，凡能破坏肽聚糖分子结构或抑制其合成的物质都有杀菌或抑菌作用。例如，溶菌酶能裂解 N– 乙酰葡糖胺和 N– 乙酰胞壁酸之间的 β–1，4 糖苷键，破坏聚糖骨架，引起细菌裂解。青霉素可抑制五肽交联桥和四肽侧链的交联，使细菌不能正常合成完整的细胞

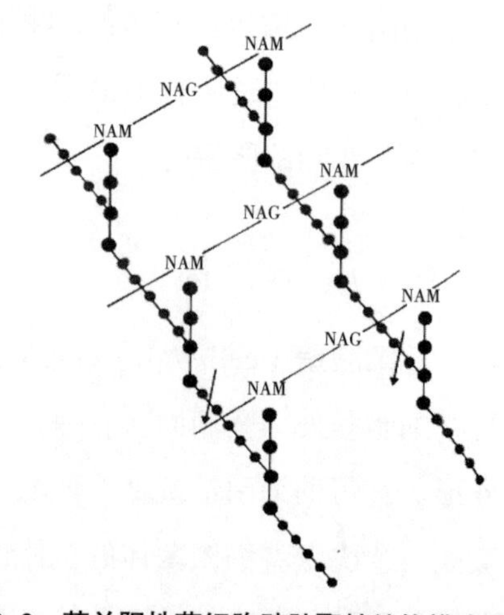

图 2–2　革兰阳性菌细胞壁肽聚糖结构模式图

壁，从而发挥杀菌或抑菌作用。

磷壁酸（teichoic acid）：是革兰阳性菌细胞壁的特有成分，由核糖醇或甘油残基经磷酸二酯键互相连接而成的多聚物，其结构中少数基团被氨基酸或糖所取代，多个磷壁酸分子组成长链穿插于肽聚糖层中。按其结合部位不同，分为壁磷壁酸和膜磷壁酸两种（图 2–3）。壁磷壁酸一端结合于聚糖骨架上的 N– 乙酰胞壁酸分子，另一端游离于细胞外。膜磷壁酸一端结合于细胞膜，另一端穿过肽聚糖层，延伸至细胞外。磷壁酸是革兰阳性菌重要的菌体抗原，与血清学分型有关。近年来发现，A 群溶血性链球菌的膜磷壁酸能黏附在宿主细胞表面，其作用类似菌毛，与致病性有关。

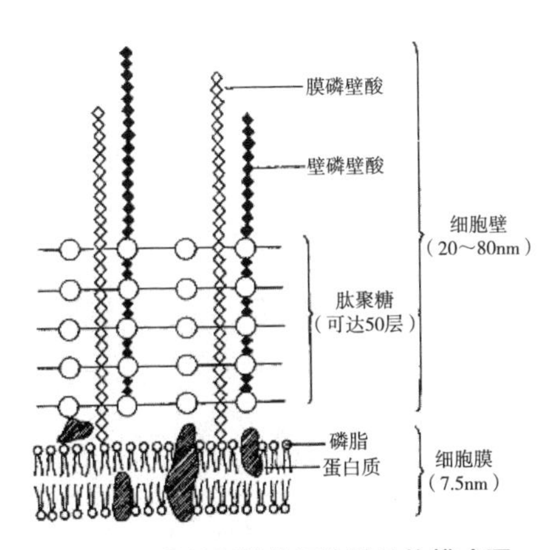

图 2–3　革兰阳性菌细胞壁结构模式图

此外，某些革兰阳性菌细胞壁表面尚有一些特殊的表面蛋白质，如金黄色葡萄球菌的 A 蛋白，A 群链球菌的 M 蛋白等。

（2）革兰阴性菌细胞壁　由肽聚糖和外膜组成。革兰阴性菌细胞壁较薄，有 10 ～ 15nm，化学组成及结构较为复杂。

肽聚糖：革兰阴性菌肽聚糖由聚糖骨架和四肽侧链两部分组成，没有五肽交联桥，聚糖骨架和四肽侧链形成二维平面结构，故其结构较疏松（图 2–4）。革兰阴性菌肽聚糖含量较少，仅 1 ～ 2 层，占细胞壁干重的 5% ～ 20%。其聚糖骨架与革兰阳性菌相同，但其他成分和结构有较大差异，如大肠埃希菌的肽聚糖中，四肽侧链的第 3 位 L– 赖氨酸由二氨基庚二酸（diaminopimelic acid，DAP）代替，并由此与相邻聚糖骨架的四肽侧链上第 4 位 D- 丙氨酸直接交联，且交联率低，不超过 25%。

外膜（outer membrane）：由脂蛋白、脂质双层和脂多糖三部分组成，为革兰阴性菌细胞壁特有的结构（图 2-5）。

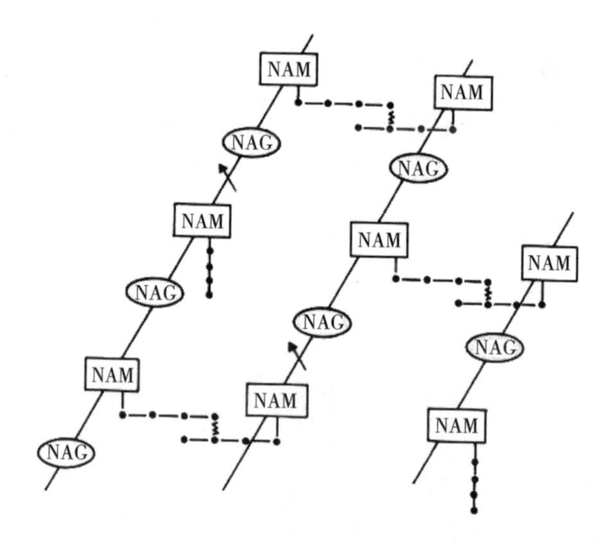

图 2-4 革兰阴性菌细胞壁肽聚糖结构模式图

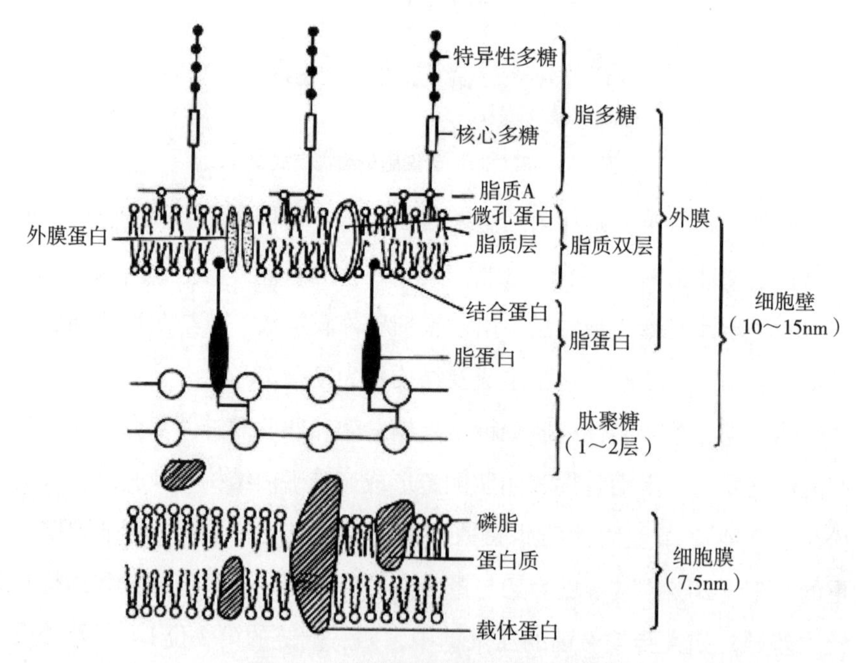

图 2-5 革兰阴性菌细胞壁结构模式图

①脂蛋白（lipoprotein）：由脂质和蛋白质构成，是连接外膜与肽聚糖层的结构。其内端由蛋白质连接在肽聚糖四肽侧链中的 DAP 上，其外端由脂质以非共价键结合于脂质双层，使外膜和肽聚糖层构成一个整体。

②脂质双层：其组成类似细胞膜，而外缘的磷脂多被脂多糖分子所取代。在磷脂基质中镶嵌有多种蛋白质，称为外膜蛋白（outer membrane protein，OMP），可贯穿外膜形成通道，调控糖类、氨基酸、某些离子等亲水性小分子物质的出入，而对抗生素等大分子物质的透过则有一定的屏障作用。由于外膜的存在，使革兰阴性菌对许多抗生素的抵抗力强于革兰阳性菌。

③脂多糖（lipopolysaccharide，LPS）：位于细胞壁最外层，自内而外由脂质 A、核心多糖和特异多糖三部分组成。LPS 具有毒性作用，可引起机体的发热反应，故又被称为内毒素或致热原。脂质 A（lipid A）为一种糖磷脂，常位于脂质双层外侧，其上游离的羟基和氨基可结合多种长链脂肪酸和磷酸基团。脂质 A 是内毒素的毒性部分和主要成分，与细菌致病性有关。不同种属细菌的脂质 A 基本相似，故各种细菌产生的内毒素，毒性作用均相似。核心多糖（core polysaccharide）位于脂质 A 的外层。由己糖、庚糖、2- 酮基 -3- 脱氧辛酸（KDO）、磷酸乙醇胺等组成，通过 KDO 与脂质 A 共价连接。核心多糖有属特异性，同一属细菌的核心多糖相同。特异多糖（specific polysaccharide）位于脂多糖分子的最外层，是由几个至几十个单糖组成的低聚糖（3 ～ 5 个单糖）重复单位所构成的多糖链。特异多糖为革兰阴性菌的菌体抗原（O 抗原），有种特异性，可根据细菌特异多糖中单糖的种类、位置、排列和空间构型的不同鉴别不同种的革兰阴性菌。细菌如缺失特异多糖，菌落则由光滑（smooth，S）型变为粗糙（rough，R）型。

在革兰阴性菌的细胞膜与细胞壁外膜之间有一空隙，称为周浆间隙。该间隙具有多种蛋白酶、核酸酶、解毒酶和特殊结合蛋白等，是细菌获得营养、防止有害物质毒害菌体的一个结构。

革兰阴性菌与革兰阳性菌的细胞壁的比较见表 2–1，两类细菌细胞壁显著不同，导致这两类细菌在染色性、抗原性、毒性及对药物的敏感性等方面存在很大的差异。

表 2-1　革兰阳性菌与革兰阴性菌的细胞壁比较

细胞壁	革兰阳性菌	革兰阴性菌
强度	较坚硬	较疏松
厚度（nm）	20 ～ 80	10 ～ 15
肽聚糖层数（层）	可多达 50	1 ～ 2
肽聚糖含量（%）	占细胞壁干重的 50 ～ 80	占细胞壁干重的 5 ～ 20
脂类含量（%）	1 ～ 4	11 ～ 22
磷壁酸	+	–
外膜	–	+
对青霉素和溶菌酶的敏感性	+	–

（**资料来源：**郝钰，万红娇，邝枣园．医学免疫学与病原生物学．北京：科学出版社，2017.）

（3）细菌 L 型（bacterial L form）　细菌细胞壁缺陷型细菌在某些情况下，细菌细胞壁的肽聚糖结构遭到破坏或合成受到抑制，细胞壁受损，成为细胞壁缺陷型细菌，但细菌仍可存活，被称为细菌 L 型，该名称因德国学者克兰伯格（E.Klieneberger，1892—1983）于 1935 年首先在英国 Lister 研究院发现而得名。

细菌 L 型的形态因缺少细胞壁而呈高度多形性，大小不一，有球形、杆状或丝状等，着色不匀，无论其原为革兰阳性菌抑或革兰阴性菌，形成 L 型后大多呈革兰阴性。细菌 L 型体外人工培养，需在高渗低琼脂含血清的培养基中才能生长，一般培养 2 ～ 7 天后在软琼脂平板上形成菌落，多呈油煎蛋状，有的呈颗粒状或丝状。某些细菌 L 型仍有一定的致病力，可引起慢性感染。临床观察发现，患有尿路感染、骨髓炎、心内膜炎的患者在使用作用于细胞壁的抗菌药物时易于产生细菌 L 型。患者具有明显的临床症状，但是采集患者标本做常规细菌培养时往往是阴性结果，此时应考虑有细菌 L 型感染的可能性，应做细菌 L 型的培养，并选择有效的抗菌药物。

2. 细胞膜（cell membrane）　细胞膜又称为细胞质膜，位于细胞壁内侧，紧紧包裹着细胞质，厚 5 ～ 10nm，占细胞干重的 10% ～ 30%。

细菌细胞膜的结构和功能与真核细胞膜基本相同，由磷脂和蛋白质组成，但不含固醇类物质。

细胞膜的主要功能：①物质转运：细菌细胞膜具有选择性通透作用，控制营养物质及代谢产物进出细胞。细胞膜上有许多小孔，允许小分子可溶性物质（如水、O_2、CO_2、某些单糖、离子等）通过，而细胞膜中镶嵌的载体蛋白则能选择性结合大分子营养物质，使其转运到细胞内。细菌通过细胞膜小孔分泌出的水解酶，可将胞外的大分子营养物质分解为小分子化合物，使其能通过细胞膜进入胞内，作为营养物质的来源。菌体内代谢产物也能通过细胞膜排出体外。②呼吸作用：需氧菌和兼性厌氧菌细胞膜上的各种呼吸酶可转运电子，完成氧化磷酸化作用，参与呼吸的过程，并与能量的产生、储存和利用有关。③生物合成作用：细胞膜上含有合成多种物质的酶类，细胞壁的许多成分（肽聚糖、磷壁酸、脂多糖等）及胞膜磷脂都在细胞膜上合成。此外，细胞膜上还有一些与 DNA 复制相关的蛋白质。④形成中介体（mesosome）：为细胞膜向细胞质内陷形成的囊状或管状结构，多见于革兰阳性菌。一个菌体内可有一个或多个中介体。中介体的化学组成与细胞膜相同，由于它扩大了细胞膜的表面积，相应地增加了酶的数量和代谢场所，可为细菌提供大量能量，故有“拟线粒体”之称。中介体还与细菌的 DNA 复制、细胞分裂有密切关系。

3. 细胞质（cytoplasm） 细胞质是包裹于细胞膜内的溶胶状物质，其中水分约占 80%，此外，还有蛋白质、脂质、核酸及少量糖类和无机盐。细胞质中含有多种酶系统和许多重要结构，是细菌合成蛋白质和核酸的场所。

（1）核糖体（ribosome） 核糖体是细菌合成蛋白质的场所，游离于细胞质中，是由 RNA 和蛋白质组成的颗粒状结构，每个菌体内可达数万个。细菌核糖体沉降系数为 70s，由 50s 和 30s 两个亚基组成，其化学组成约 70% 为 RNA，30% 为蛋白质。核糖体常与正在转录的 mRNA 相连呈“串珠”状，称为多聚核糖体，使转录和翻译偶联在一起。在生长活跃的细菌体内，几乎所有的核糖体都以多聚核糖体的形式存在。

细菌核糖体常常是抗菌药物选择性作用的靶点，如链霉素、庆大霉素作用于 30s 亚基，氯霉素和红霉素则作用于 50s 亚基，干扰细菌蛋白质的合成，从而杀死细菌。由于真核细胞核糖体的沉降系数为 80s，两个亚基分别为 60s 和 40s，与原核细胞核糖体不同，故这些抗生素能杀死细菌却不会影响人体细胞与其他真核细胞生物。

（2）质粒（plasmid） 质粒是细菌染色体外的遗传物质，存在于细胞质中。质粒为闭合环状双链 DNA，携带遗传信息，可独立复制，可编码细菌的遗传性状，例如，耐药性、毒素、细菌素及性菌毛等性状。质粒不是细菌生长必不可少的组分，可自行丢失或经人工处理而消失。失去质粒的细菌仍能正常存活。

在自然条件下，质粒能通过接合、转导等方式将某些遗传性状传递给另一细菌，因而与细菌的遗传变异密切相关。

（3）胞质颗粒（cytoplasmic guanule） 大多为细菌储藏的营养物质，包括多糖、脂类、多磷酸盐等。颗粒的数量随菌种、菌龄和环境条件的不同而异。当环境有利、营养充足时，数量较多；养料或能源短缺时，数量减少，甚至消失。某些胞质颗粒嗜碱性强，用亚甲蓝染色时着色较深呈紫色，称为异染颗粒，如白喉棒状杆菌的异染颗粒常见于菌体两端，有助于细菌的鉴别。

4. 核质（nucleoplasm） 细菌属原核生物，无核膜和核仁。其遗传物质为一闭合环状的双链 DNA 分子反复缠绕，折叠形成的超螺旋结构，称为核质或拟核。核质集中于细胞质的某一区域，多在菌体的中央。核质的功能与真核细胞的染色体相似，故习惯上亦称为细菌的染色体，是细菌遗传变异的物质基础。

（二）特殊结构

细菌的特殊结构是指某些细菌所特有的结构，包括荚膜、鞭毛、菌毛和芽孢。

1. 荚膜（capsule） 某些细菌在细胞壁外包裹了一层黏液状物质，其厚度达到 0.2μm 以上，边界清晰，称为荚膜；若其厚度小于 0.2μm，则称为微荚膜。

（1）荚膜的化学成分　随菌种而异，大多数细菌的荚膜成分为多糖，如肺炎链球菌、脑膜炎奈瑟菌等；少数细菌的荚膜成分为多肽，如炭疽杆菌、鼠疫耶尔森菌等的荚膜由 D– 谷氨酸聚合而成的多肽组成；个别细菌的荚膜为透明质酸，如溶血性链球菌。荚膜多糖含水量达 95% 以上，与细菌细胞表面的磷脂或脂质 A 共价结合。多糖分子的组成和构型的多样化使其结构极为复杂，成为血清学分型的基础。肺炎链球菌的多糖物质的抗原至少可分成 85 个血清型。荚膜与同型抗血清结合发生反应后逐渐增大，出现荚膜肿胀反应，可借此确定血清学型别。荚膜的折光性较强，且不易着色，普通染色法仅能见到菌体周围有一层透明带，用荚膜染色法或墨汁负染法观察时，荚膜较清晰。荚膜的形成需要能量，与环境条件有密切相关。一般在动物体内或在含有血清或糖的培养基中容易形成荚膜，在普通培养基上或连续传代则易消失。有荚膜的细菌形成黏液（M）型或光滑（S）型菌落，失去荚膜后则变为粗糙（R）型菌落。

（2）荚膜的功能　①抗吞噬作用：荚膜与细菌的致病力有关，可保护细菌抵抗吞噬细胞的吞噬和消化，使细菌大量繁殖。失去荚膜的细菌致病力往往减弱或消失。②黏附作用：荚膜多糖可使细菌黏附于宿主组织细胞表面，参与生物被膜的形成，是引起感染的重要因素。变异链球菌依靠荚膜将其固定在牙齿表面，利用口腔中的蔗糖产生大量的乳酸，积聚在附着部位，导致牙齿珐琅质的破坏，形成龋齿。有荚膜菌株在住院患者的各种导管内黏附定居，是医院内感染发生的重要因素。③抗有害物质的损害作用：荚膜可保护细菌免受补体、溶菌酶、抗体、抗菌药物等杀菌物质的损伤，使病菌侵入机体后不易被杀灭。④抗干燥作用：荚膜可减少菌体水分流失，帮助细菌抵御干燥环境。⑤具有抗原性：荚膜具有抗原性，可刺激机体产生相应的抗体，常作为细菌分型和鉴定的依据，亦可利用荚膜的抗原性研制细菌的疫苗。

2. 鞭毛（flagellum）　许多细菌表面附着有数目不等的细长弯曲的丝状物，称为鞭毛。鞭毛长 5 ～ 20μm，直径 12 ～ 30nm，需用电子显微镜观察，或经特殊染色使鞭毛增粗后可在光学显微镜下观察。鞭毛是细菌的运动器官。在微生物学检查中，常观察细菌在半固体培养基中是否具有运动能力，据此推测该细菌是否有鞭毛。

（1）鞭毛的分类　根据鞭毛着生部位和数量的不同可将有鞭毛的细菌分为四类（图 2–6）。

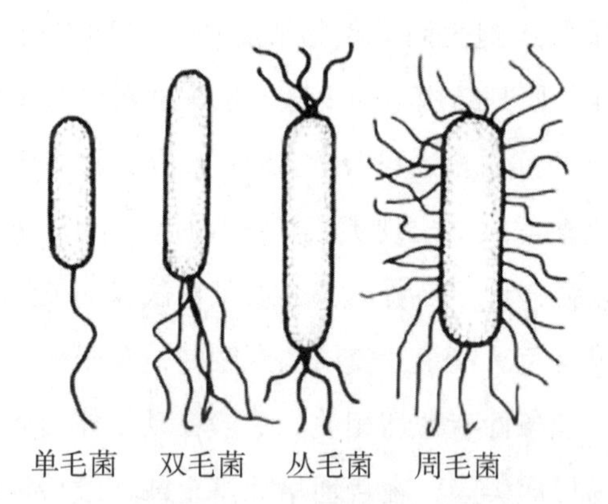

单毛菌　双毛菌　丛毛菌　周毛菌

图 2–6　细菌鞭毛类型

①单毛菌：菌体一端有一根鞭毛，如霍乱弧菌。

②双毛菌：菌体两端各有一根鞭毛，如空肠弯曲菌。

③丛毛菌：菌体一端或两端有一束鞭毛，如铜绿假单胞菌、幽门螺杆菌。

④周毛菌：菌体四周有多根数量不等的鞭毛，如大肠埃希菌、伤寒沙门菌。

（2）鞭毛的化学组成　鞭毛的主要成分是蛋白质，由数千个蛋白亚基（鞭毛蛋白）聚集而成，形成中空的螺旋结构，其氨基酸组成与骨骼肌中的肌动蛋白相似。

（3）鞭毛的功能　①鞭毛是细菌的运动器官：有鞭毛的细菌能在液体环境中自由游动。②有些细菌的鞭毛与致病性有关：如霍乱弧菌可以通过其鞭毛的运动穿过小肠黏液层，到达细胞表面生长繁殖，产生毒素而致病。③鞭毛具有抗原性：鞭毛抗原称为 H 抗原，可用于鉴别细菌。

鞭毛着生部位和数量与细菌的运动方式、速度密切相关。单鞭毛移动快，如霍乱弧菌每秒移动可达 55μm；周毛菌移动较慢，每秒移动

25 ～ 30μm。细菌的运动具有化学趋向性，常向着营养物质处前进，而逃离有害物质。细菌细胞膜上有众多的特异信号受体，能接受不同的理化和生物学刺激而作出相应的反应。例如，大肠埃希菌细胞膜上的特异性糖结合受体既能察觉化学趋化信号，也参与该物质的运输。

3. 菌毛（pilus） 许多革兰阴性菌和少数革兰阳性菌菌体表面存在着一种比鞭毛短而细直的蛋白质丝状物，称为菌毛。菌毛必须用电子显微镜才可观察到。根据功能不同，菌毛可分为普通菌毛和性菌毛两种。

（1）普通菌毛（ordinary pilus） 长 0.2 ～ 2μm，直径 3 ～ 8nm，遍布菌体表面，主要起黏附作用，是细菌的黏附结构。普通菌毛可以使细菌牢固地黏附在呼吸道、消化道和泌尿道黏膜细胞表面，是细菌感染的第一步。因此，菌毛与细菌的致病性密切有关。一旦细菌失去菌毛，便失去黏附能力。菌毛的受体常为糖蛋白或糖脂，与菌毛结合的特异性决定了宿主感染的易感部位。霍乱弧菌、致病性大肠埃希菌和淋病奈瑟球菌的菌毛在所致的肠道或泌尿生殖感染中起到关键的作用。有菌毛菌株的黏附可抵抗肠蠕动或尿液的冲洗作用而有利于定居，一旦丧失菌毛，其致病力亦会随之消失。

（2）性菌毛（sex pilus） 仅见于少数革兰阴性菌，数量少，一个菌体只有 1 ～ 4 根，比普通菌毛略长稍粗，中空呈管状。性菌毛由 F 质粒编码。带有性菌毛的细菌具有致育能力，称为 F^+ 菌或雄性菌，无性菌毛的细菌称为 F^- 菌或雌性菌。F^+ 菌的遗传物质可通过性菌毛传递给 F^- 菌，这一过程称为接合。细菌可以通过性菌毛传递耐药性及毒力。

4. 芽孢（spore） 某些细菌在一定环境条件下，细胞质脱水浓缩，在菌体内形成一个圆形或椭圆形的小体，称为芽孢。产生芽孢的细菌多数是革兰阳性菌，如炭疽杆菌、破伤风梭菌等。芽孢是细菌的休眠形式。

（1）芽孢的结构和形成机制 成熟的芽孢具有多层结构，芽孢核心是原生质体，含有细菌原有的核质、核糖体和酶类等主要生命成分，以及芽孢所特有的成分——吡啶二羧酸。芽孢核心依次被内膜、芽孢壁、皮质层、外膜、芽孢壳和芽孢外壁所包裹，形成一个致密的多层膜结构。芽孢带有完整的核质、酶系统和合成菌体组分的结构，能保存细菌的全部生命必需物质。芽孢折光性强，壁厚，不易着色。染色时需要经过媒染、加热等处理。芽孢的大小、形状、位置等随着菌种而异，有重要的鉴别价值。例如，炭疽杆菌的芽孢为卵圆形，比菌体小，位于菌体的中央；破伤风梭菌芽孢呈圆形，比菌体大，位于顶端，状如鼓槌；肉毒梭菌芽孢比菌体大，位于次极端。当环境对某些细菌生长繁殖不利时（如在土壤或无营养物质的环境中，特别是氮源、碳源缺乏）容易形成芽孢，帮助细菌度过不良环境。在环境适宜的条件下芽孢可复苏成为繁殖体。一个繁殖体只能形成一个芽孢，而芽孢发芽也只能形成一个繁殖体。因此，芽孢只是细菌的休眠状态而非繁殖方式。

（2）芽孢的功能　①鉴别细菌：细菌芽孢的大小及在菌体内的位置因菌种不同而异，因此可用于鉴别细菌。②帮助细菌抵御各种不良环境的胁迫：芽孢对热、干燥、化学消毒剂和辐射等理化因素有很强的抵抗力，一般细菌的繁殖体在80℃水中迅速死亡，而细菌的芽孢可耐100℃沸水数小时。被炭疽杆菌芽孢污染的草原，传染性可达20～30年。芽孢抵抗力强的主要原因是：芽孢含水量少、有致密而厚的多层膜结构、核心中含有大量的具有很高稳定性和耐热性的吡啶二羧酸钙盐。在自然界中芽孢可存活数十年。土壤中的破伤风梭菌或产气荚膜梭菌芽孢一旦随泥土进入深部创口，在适宜的条件下即可发芽成繁殖体，产生外毒素而致病。

芽孢用一般的方法很难将其杀死。杀灭芽孢最可靠的方法是高压蒸汽灭菌法，并以是否杀死芽孢作为判断灭菌效果的指标。

广义的细菌泛指各类原核细胞型微生物，除了包括上述所讲的细菌，还包括支原体、衣原体、立克次体和螺旋体等。

第二节　真菌的形态与结构

真菌（fungus）是一大类具有典型细胞核和完整细胞器的真核细胞型微生物。真菌的细胞结构比较完整，细胞核高度分化，有核膜和核，仁，并有由 DNA 和组蛋白组成的线状染色体。细胞质内含有多种细胞器，如线粒体、内质网、高尔基体等；细胞壁由几丁质或纤维素组成。与植物不同，真菌不含叶绿体，无根、茎、叶分化。可通过无性或有性繁殖。多数为腐生，少数为寄生或共生。

真菌在自然界广泛分布，全世界所记载的真菌超过 10 余万种，种类繁多，真菌的基本形态是单细胞个体和多细胞丝状体，与人类关系非常密切。其中绝大多数对人类有益，如酿酒、发酵、生产抗生素和酶制剂等。有些真菌对人类有害，可使食品、药品、衣物等霉变，少数可引起人类及动植物疾病。近年来，因滥用抗生素引起菌群失调，常用激素、免疫抑制剂、抗肿瘤药物及 HIV 感染等导致免疫功能下降，真菌感染呈上升趋势。目前已知的与医学有关的真菌有 400 余种，常见的有 50 ～ 100 种，可引起感染、中毒、肿瘤或超敏反应。

真菌包括子囊菌门（Ascomycota）、担子菌门（Basidomycota）、接合菌门（Zygomycota）、壶菌门（Chytrid）。①子囊菌门包括球孢子菌属（Coccidioidomycosis）、青霉属（Penicillium）、曲霉属（Aspergillus）、小孢子癣菌属（Microsporum）、毛癣菌属（Trichophytid）、假丝酵母菌属（Candida）、芽生菌属（Blastomycsis）、组织胞浆菌属（Histoplasmosis）等。子囊菌门为真菌界最大的门类，超过 60% 的已知真菌和约 85% 的人类致病性真菌属于子囊菌门，子囊菌门的真菌有子囊和子囊孢子，多数为腐生性真菌，少数为机会致病性真菌。②担子菌门包括食用菌，如蘑菇、灵芝和机会致病性真菌，如隐球菌属（Cryptococcus）、毛孢子菌属（Trichospore）、马拉色菌属（Malassezia）等。担子菌门的真菌有担子和担孢子。③接合菌门包括毛霉属（Mucor）、横梗霉属（Lichtheimia）、根霉属（Rhizopus）、根毛霉属（Rhizomucor）等。接合菌门的真菌有接合孢子，属于机会致病性真菌。

一、真菌的大小与形态

真菌虽属真核细胞生物，但其结构与动物、植物细胞差别显著。即使在同一门类中，单细胞真菌和多细胞真菌在形态上仍有很大区别。

（一）真菌的形态

真菌比细菌大数倍至数十倍，用普通光学显微镜放大数十或数百倍即可观察。单细胞真菌的形态较简单，多细胞真菌的营养体和繁殖体均具有较复杂的形态。

1. 单细胞真菌　单细胞真菌亦称为酵母菌（yeast），多呈球形、椭圆形、圆筒形等。菌体直径一般在 2 ～ 20μm。有的菌种在菌体外有荚膜（如新生隐球菌）。多数单细胞真菌以芽生的方式进行繁殖，则芽生孢子为其繁殖体；也有些真菌以细胞分裂或其他方式进行繁殖。某些单细胞真菌如白假丝酵母菌以芽生的方式繁殖后，其子细胞在母细胞顶端延长，并作为母细胞再产生子细胞，这样反复繁殖，形成的“丝状”结构叫假菌丝。通常把不产生假菌丝的单细胞真菌称酵母型真菌，如新生隐球菌，而将能产生假菌丝的真菌叫类酵母型真菌，如白假丝酵母菌。

2. 多细胞真菌　多细胞真菌又称丝状真菌（filamentous fungus），菌体由多个细胞构成。其结构主要分为菌丝和孢子两大部分。真菌种类不同，其菌丝和孢子的形态也不一样，是鉴别真菌的重要依据之一。

（1）菌丝（hypha）　为多细胞真菌的营养体，呈管状，是由成熟的孢子在适宜的环境下长出芽管，芽管逐渐延长所形成的丝状结构。不同生长条件下的菌丝长度差别较大，宽度一般在 1 ～ 10μm。菌丝可长出许多分枝，并交织成团，称为菌丝体（mycelium）。有的菌丝在一定的间距形成横隔，称为隔膜（septum）。有隔膜的菌丝称为有隔菌丝（septahypha），隔膜把菌丝分成一连串的若干个细胞；无隔膜的菌丝称为无隔菌丝（non-septahypha），整条菌丝就是一个细胞，其内含有多个细胞核。

菌丝也可按其功能分为：①营养菌丝（vegetative mycelium）：伸入到被寄生物体或培养基中以吸取和合成营养的菌丝，也叫基内菌丝。②气生菌丝（aerial hyphae）：向上生长暴露于空气中的菌丝。③生殖菌丝（reproductive hyphae）：气生菌丝发育到一定阶段可产生孢子的那部分菌丝。

菌丝的形态多种多样，多数为丝状或管状，也有的为螺旋状、球拍状、鹿角状、结节状和梳状等（图 2-7）。

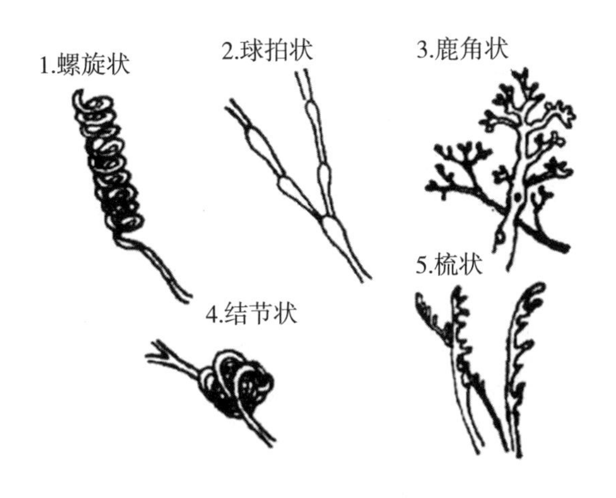

图 2-7 真菌各种形态的菌丝

（2）孢子（spore） 孢子是多细胞真菌的繁殖体。真菌的孢子分为无性孢子和有性孢子。

1）无性孢子 指不经过两性细胞配合形成的孢子。病原性真菌大多数产生无性孢子。无性孢子主要有三种类型：①叶状孢子：由真菌菌丝或菌体细胞直接形成。根据形成方式不同分为关节孢子（arthrospore）、芽生孢子（blastospore）、厚壁孢子（chlamydospore）。关节孢子是生殖菌丝分化出隔膜后，断裂形成长方形关节样孢子，常见于陈旧培养物中。芽生孢子是菌体以出芽方式生成圆形或卵圆形的孢子。厚壁孢子为环境不适宜时，菌丝的胞质浓缩、胞壁增厚形成的真菌休眠体，当条件适宜时再发芽增殖。②分生孢子：是最常见的一种无性孢子，由菌丝末端细胞分裂或收缩而形成，也可从菌丝侧面出芽而形成。根据其形态结构及孢子细胞的数量又分为大分生孢子（macroconidium）和小分生孢子（microconidium）。大分生孢子由多个细胞组成，体积较大，呈纺锤形、梨形或棍棒状等；小分生孢子为单细胞，体积小，外壁薄，形态各异，如球形、梨形、棍棒状或卵形等。③孢子囊孢子：菌丝末端膨大而形成孢子囊，内含许多孢子，孢子成熟后破囊而出。

2）有性孢子　指通过两性细胞配合形成的孢子。主要有卵孢子（oospore）、接合孢子（zygospore）、子囊孢子（ascospore）和担孢子（basidiospore）。只有部分病原性真菌能形成有性孢子。

3. 双相型真菌　有些真菌在普通培养基上，置22～28℃培养时呈菌丝型；而在动物体内或在特殊培养基上，置37℃培养则呈酵母型，如申克孢子丝菌、荚膜组织胞浆菌、马尔尼菲青霉等，故又称双相性（dimorphic）真菌。

二、真菌的结构

真菌是真核细胞型微生物，具有典型细胞核和完整细胞器。

（一）细胞壁

位于细胞外层，不仅是构成真菌形态特征的基础，同时也参与营养物质及气体交换，还可以对抗细胞外的高渗作用。真菌细胞壁的主要成分为多糖，包括几丁质或纤维素等，占细胞干重的80%～90%，此外还有蛋白质、脂质及无机盐等。

1. 骨架　以几丁质和葡聚糖为主要成分构成的微细纤维骨架，是真菌区别于植物的特征之一。丝状真菌骨架几丁质含量最高，其作用与菌丝生长和芽管形成有关，而酵母菌骨架则葡聚糖含量最高，是维持真菌细胞坚固外形的分子基础。

2. 基质　由多糖、蛋白、脂质和无机盐等多种成分组成。多糖主要有葡聚糖、葡糖胺、葡萄糖、几丁质和半乳糖等，其含量在真菌细胞壁发育过程中呈动态变化。蛋白或单独存在，或与多糖组成蛋白多糖，蛋白多糖具有水解酶活性，可分解基质，易于营养物质进入胞内，同时蛋白多糖也是细胞壁抗原的分子基础。脂质以磷脂为主，无机盐以磷为主，另含有少量钙和镁元素等。

真菌细胞壁的最外层是葡聚糖层，第二层为糖蛋白形成的粗糙网，第三层是蛋白质层，最内层为几丁质微纤维层。

（二）细胞膜

真菌细胞膜为镶嵌蛋白质的双层磷脂膜，形成“流动镶嵌模型”，含有固醇。胞膜内含有的大量麦角固醇因易与多烯类抗生素（如两性霉素 B）结合而成为该类抗生素作用的靶标。

多细胞真菌菌丝有隔膜结构。皮肤癣菌、荚膜组织胞浆菌等真菌的隔膜上有小孔，小孔附有球形的间隔小体，小孔与间隔小体可调节隔膜两侧细胞质的流速，并在菌丝受损后可堵住隔膜小孔，以防止细胞液的流失，因而隔膜也是防止菌丝受损的一种保护性结构。

（三）细胞质

和其他真核生物类似，真菌细胞质内也含有线粒体、核糖体、内质网、高尔基体等细胞器。真菌细胞中线粒体数量随着菌龄的不同而变化，是细胞呼吸产生能量的场所。真菌核糖体由 60S 大亚基和 40S 小亚基组成，核糖体无论是附着于内质网上还是游离于胞质中，均为蛋白质合成的部位。

（四）细胞核

真菌细胞核较其他真核生物的细胞核小，通常为椭圆形，直径为 2 ～ 3μm。不同真菌细胞核的数量变化很大，每个细胞中有 1 ～ 2 个，也可多达 20 ～ 30 个。有完整的核形态和典型的核仁、核膜结构。大多数真菌细胞是单倍体，有多条染色体，基因组为 107 ～ 108 个碱基对。

第三节　病毒的形态与结构

一、病毒的大小与形态

一个完整成熟的病毒颗粒称为病毒体（virion），是病毒在细胞外的典型结构形式，并有感染性。病毒体大小的测量单位为纳米或毫微米

（nanometer，nm，为 1/1000μm）。病毒体的大小差别悬殊，最大约为 300nm，如痘病毒；最小的约为 20nm，如细小 DNA 病毒。多数人和动物病毒呈球形或近似球形，少数为杆状、丝状、弹状和砖块状，噬菌体呈蝌蚪状。测量病毒体大小最可靠的方法是电子显微镜技术，也可用超速离心沉淀、分级超过滤和 X 线晶体衍射等技术来研究病毒的大小、形态、结构和亚单位等。病毒与其他微生物的比较见表 2-2。

表 2-2 病毒与其他微生物的比较

特性	病毒	细菌	支原体	立克次体	衣原体	真菌
结构	非细胞	原核细胞	原核细胞	原核细胞	原核细胞	真核细胞
有无细胞壁	−	+	−	+	+	+
核酸类型	DNA 或 RNA	DNA+RNA	DNA+RNA	DNA+RNA	DNA+RNA	DNA+RNA
在人工培养基上生长	−	+	+	−	−	+
细胞培养	+	一般不用	一般不用	+	+	一般不用
通过细菌滤器	+	−	+	−	+	−
增殖方式	复制	二分裂	二分裂	二分裂	二分裂	有性或无性
常用抗生素敏感性	−	+	+	+	+	+
干扰素敏感性	+	−	−	−	−	−

（**资料来源：**李凡，徐志凯 . 医学微生物学 . 北京：人民卫生出版社，2018.）

二、病毒的结构和化学组成

（一）病毒的结构

1. 核衣壳 病毒体的基本结构是由核心（core）和衣壳（capsid）构成的核衣壳（nucleocapsid）。有些病毒的核衣壳外有包膜（envelope）和刺突（spike）。有包膜的病毒称为包膜病毒（enveloped virus）（图 2-8），无包膜的病毒体称裸露病毒（naked virus）。人和动物病毒多数具有包膜。

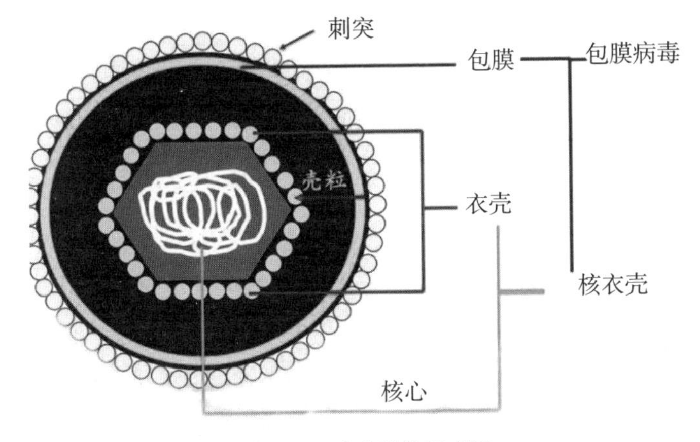

图 2–8　病毒结构模式图

（1）核心　位于病毒体的中心，主要成分为核酸，构成病毒基因组，为病毒的复制、遗传和变异提供遗传信息。除核酸外还可能有少量病毒的非结构蛋白，如病毒核酸多聚酶、转录酶或逆转录酶等。

（2）衣壳　包绕在核酸外面的蛋白质外壳。衣壳具有抗原性，是病毒体的主要抗原成分。可保护病毒核酸免受环境中核酸酶或其他影响因素的破坏，并能介导病毒进入宿主细胞。衣壳由一定数量的壳粒（capsomeres）组成，每个壳粒被称为形态亚单位（morphologic subunit），由一个或多个多肽分子组成。不同的病毒体，衣壳所含的壳粒数目和对称方式不同，可作为病毒鉴别和分类的依据之一。病毒可分为三种对称类型。

1）螺旋对称型（helical symmetry）　壳粒沿着螺旋形盘旋病毒的核酸链而对称排列。如正黏病毒、副黏病毒及弹状病毒等。

2）20 面对称型（icosahedral symmetry）　核酸浓集成球形或近似球形，外周的壳粒排列成 20 面体对称型。20 面体的每个面都呈等边三角形，由许多壳粒镶嵌组成。大多数球状病毒呈此对称型。病毒的衣壳可以包绕核酸形成，也可以先形成衣壳，再装灌核酸。

3）复合对称型（complex symmetry）　病毒体结构比较复杂，既有螺旋对称型，又有 20 面体对称型。仅见于痘病毒和噬菌体等。

经测定，用 20 面立体构成的外壳最为坚固，内部容积最大。螺旋对称型衣壳则相对不坚固，衣壳外需有包膜。

2. 包膜 包膜是包绕在病毒核衣壳外面的双层膜。某些病毒在成熟的过程中穿过宿主细胞，以出芽方式向宿主细胞外释放时获得的，含有宿主细胞的膜系统（包括核膜、质膜、内质网、高尔基体等）成分，包括脂质、多糖和少许蛋白质。包膜表面常有不同形状的突起，称为包膜子粒（peplomere）或刺突（spike）。其化学成分为糖蛋白（glycoprtein，gp），亦称刺突糖蛋白。流感病毒的刺突是由天门冬酰胺连接碳水化合物形成的糖蛋白组成。

3. 其他辅助结构 如腺病毒在20面体的各个顶角上有触须样纤维（antennal fiber），亦称纤维刺突或纤突，能凝集某些动物红细胞并损伤宿主细胞。

某些包膜病毒在核衣外层和包膜内层之间有基质蛋白，其主要功能是把内部的核衣壳蛋白与包膜联系起来，此区域称为被膜。不同种病毒的被膜厚度不一致，也可作为病毒鉴定的参考。因此，病毒的大小、形态和结构在病毒分类和病毒感染诊断中具有重要价值。

（二）病毒的化学组成与功能

1. 病毒核酸 病毒核酸的化学成分为DNA或RNA，以此分成DNA和RNA病毒两大类。病毒核酸具有多样性，可为线形或环型，可为单链或双链，DNA病毒大多为双链，细小DNA病毒（parvovirus）和环状病毒（circo-virus）除外；RNA病毒大多是单链，呼肠病毒（reovirus）和博纳病毒（bornavirus）除外。单链RNA有正链和负链之分。双链DNA或RNA皆有正链和负链。有的病毒核酸分节段（如流感病毒）。病毒核酸大小差异悬殊，细小DNA病毒仅由5000个核苷酸组成，而最大的痘类病毒则由约4000000个核苷酸组成。

病毒核酸是主导病毒感染、增殖、遗传和变异的物质基础。其主要功能有：①指导病毒复制：病毒的增殖是以基因组成模板，经过转录、翻译过程合成病毒的前体形式，如子代核酸、结构蛋白，然后再装配释放成子代病毒体。②决定病毒的特性：病毒核酸链上的基因密码记录着病毒全部信息，由它复制的子代病毒可保留亲代病毒的一切特性，故亦称为病毒的基因组（genome）。③部分核酸具有感染性：除去衣壳的病毒核酸进入宿主细胞后，病毒单正链 RNA（+ssRNA）基因组能够直接作为 mRNA 编码蛋白质，在易感细胞中可增殖形成子代病毒，故具有感染性，称为感染性核酸（infectious RNA），如小 RNA 病毒基因组 +ssRNA。虽然逆转录病毒的基因组为单正链 RNA，但因无 mRNA 翻译模板的活性，故其基因组不具感染性。但 HIV 基因组 RNA 可以作为模板逆转录 cDNA。感染性核酸不受衣壳蛋白和宿主细胞表面受体的限制，易感细胞范围较广，但易被体液中核酸酶等因素破坏。因此，感染性比完整的病毒体要低。

2. 病毒蛋白质 蛋白质是病毒的主要组成部分，约占病毒体总重量的 70%，由病毒基因组编码，具有病毒的特异性。病毒蛋白可分为结构蛋白和非结构蛋白。结构蛋白是指组成病毒体的蛋白成分，主要分布于衣壳、包膜和基质中，具有良好的抗原性。包膜蛋白多突出于病毒体外，即刺突糖蛋白。能与宿主细胞表面受体结合的蛋白称为病毒吸附蛋白（viral attachment proteins，VAP），VAP 与受体的相互作用决定了病毒感染的组织亲嗜性。基质蛋白是连接衣壳蛋白和包膜蛋白的部分，多具有跨膜和锚定（anchor）的功能。病毒结构蛋白有三种功能：①保护病毒核酸：衣壳蛋白包绕着核酸，避免了环境中的核酸酶和其他理化因素对核酸的破坏。②参与感染过程：VAP 能特异地吸附至易感细胞表面受体上，介导病毒核酸进入宿主细胞，引起感染。③具有抗原性：衣壳蛋白是一种良好抗原，病毒进入机体后，能引起特异性体液免疫和细胞免疫。病毒的非结构蛋白是指由病毒基因编码，但不作为结构蛋白参与病毒体的构成，包括病毒编码的酶类和特殊功能的蛋白，如蛋白水解酶、DNA 聚合酶、逆转录酶、胸腺嘧啶核苷激酶和抑制宿主细胞生物合成的蛋白等。病毒的非结构蛋白不一定存在于病毒体内，也可存在于感染细胞中。

3. 病毒的脂类和糖 病毒体的脂质主要存在于包膜中，有些病毒含少量糖类，以糖蛋白形式存在，也是包膜的表面成分之一。包膜的主要功能是维护病毒体结构的完整性。包膜中所含磷脂、胆固醇及中性脂肪等能加固病毒体的结构。来自宿主细胞膜的病毒体包膜的脂类与细胞脂类成分同源，彼此易于亲和及融合，因此包膜也起到辅助病毒感染的作用。另外，包膜具有病毒种、型特异性，是病毒鉴定和分型的依据之一。包膜构成病毒体的表面抗原，与致病性和免疫性有密切关系。包膜病毒对干、热、酸和脂溶剂敏感，乙醚能破坏病毒包膜，使其灭活而失去感染性，常用来鉴定病毒有无包膜。

【知识拓展】

病毒是怎样被发现的

1886 年，在荷兰工作的德国人麦尔（Mayer）被烟草的一种病态吸引住了，其症状是叶子上出现深浅相间的绿色区域。他把患病烟草植株叶片加水研碎，将汁液注射到健康烟草的叶脉中，能引起花叶病，证明这种病是可以传染的。通过分析，麦尔指出这可能是一种细菌病。

1892 年，俄国科学家伊万诺夫斯基（D.Ivanovski，1864—1920）发现，患病烟草植株的叶片汁液通过细菌过滤器后，还能使健康烟草植株发生花叶病。这说明致病因子不是细菌，但伊万诺夫斯基认为是细菌产生的毒素引起的。

1898 年，荷兰细菌学家贝杰林克（Beijerinck，1851—1931）把烟草花叶病株的汁液置于琼脂凝胶块的表面，发现有物质在凝胶中以适度的速度扩散，而细菌仍滞留于琼脂表面。据此他提出致病因子不是细菌，而是一种新的物质，称为“有感染性的活的流质”，并取名为病毒，拉丁名叫“*Virus*”。

从病毒的发现过程我们可以知道，人类对新事物的认识是有一个过程的，要敢于打破固有思想的束缚。

思考题

1. 细菌的哪些结构与其致病性有关?

2. 自然界中你都见过哪些真菌? 真菌都是微生物吗?

3. 结合病毒、细菌、真菌的基本结构，从生物进化史的角度分析，你认为这三种生物哪种更古老?

第三章　微生物的繁殖与代谢

繁殖和代谢是生命的基本特征。繁殖（multiplication）是生命个体数量增加的生物学过程。代谢（metabolism）是生物体内全部有序化学变化的总称，主要包括分解代谢（catabolism）及合成代谢（anabolism）两个过程。分解代谢是指大分子物质降解成小分子物质，并伴随能量产生的过程，又称为异化作用。合成代谢是指利用能量，将小分子物质逐渐合成复杂大分子物质的过程，又称为同化作用。微生物代谢具有途径多样、产物丰富、异常旺盛、转化高效等特点。

第一节　细菌的繁殖与代谢

细菌在合适的外界条件下，积累代谢产物，细胞物质有规律且不可逆的增加，产生新的生命个体，即细菌的繁殖。随着细菌个体的生产、繁殖的进行，细菌的数量逐渐增多，在培养基中就会表现为从无到有、从少到多、从小到大。因此，这个过程也视为细菌的生长过程，即细菌的群体生长。

一、细菌生长繁殖的条件

细菌的生长繁殖是一个复杂的过程，充足的营养、合适的pH值、适宜的温度、一定的气体环境及合适的渗透压是细菌生长的条件。

（一）营养物质

营养物质提供细菌生长所需的能量、原料，包括水、碳源、氮源、无机盐及生长因子。

1. 水　水是细菌重要的组成部分，是良好的溶剂与运输介质，并参与细胞内一系列化学反应。

2. 碳源　含碳元素的营养物，为细菌提供构成细胞物质（碳架）所需的碳元素，也是异养细菌的能量物质。碳是生命的物质基础，糖类是最常见的碳源。不同细菌对糖的利用不同，可作为鉴定细菌的依据。

3. 氮源　含氮元素的营养物，是构成蛋白质与核酸的主要元素。某些细菌可利用氮源作为能量物质。蛋白质、氨基酸是主要的氮源。

4. 无机盐　无机盐可以提供细菌生长所需要的各种无机元素，包括生长所需浓度在 10^{-3} ～ 10^{-4}mol/L 的大量元素（P、S、K、Mg、Ca、Na、Fe 等）及生长所需浓度在 10^{-6} ～ 10^{-8}mol/L 的微量元素（Cu、Zn、Mn、Mo、Co 等）。这些元素功能包括构成细胞组成成分（核酸、氨基酸）；构成酶的活性中心，参与酶促反应；维持细胞渗透平衡、酸碱平衡；参与物质、能量的转移和储存；维持生物大分子和细胞结构的稳定性；某些微生物生长的能源。

5. 生长因子　细菌生长所必须，但自身不能合成或合成量不足的微量有机化合物（如某些维生素、氨基酸、嘌呤、嘧啶等）。例如，某些乳酸杆菌生长需要核苷、某些肺炎球菌生长需要胆碱等。因此，在培养这类细菌时，一般需要添加生长因子含量丰富的天然物质，如酵母膏、玉米浆、肝浸汁、麦芽汁或新鲜动物和植物组织液等。

（二）酸碱度（pH 值）

细菌生长需要合适的环境 pH 值，多数细菌的最适 pH 值为 6.8 ～ 7.6。个别细菌如结核分枝杆菌生长的最适宜 pH 值为 6.5 ～ 6.8，而霍乱弧菌的最适宜 pH 值为 8.4 ～ 9.2。酸碱度影响酶的活性、细胞膜的通透性及稳定性，也影响着物质的溶解度和电离性、酶促反应的速度、营养物质的吸收。

（三）温度

温度是影响细菌生长的最重要因素之一，通过影响酶活性、细胞膜的流动性及物质的溶解度影响生命过程。根据生长的最适温度不相同，可将细菌分为嗜冷菌（psychrophile）、嗜温菌（mesophile）和嗜热菌（thermophile）。多数病原菌因需适应宿主环境，最适生长温度往往与宿主一致。人类病原菌最适生长温度为 37℃。

（四）气体环境

根据细菌代谢时对分子氧的不同需求，可将细菌分为四类。

1. 专性需氧菌（obligate aerobe） 具有完整的呼吸酶系统，需要分子氧作为最终受氢体来完成呼吸作用，仅能在有氧环境下生长，如结核分枝杆菌、铜绿假单胞菌。

2. 微需氧菌（microaerophilic bacterium） 在低氧压（5% ～ 6%）下生长最好，氧浓度超过 10% 反而抑制其生长，如空肠弯曲菌、幽门螺杆菌。

3. 兼性厌氧菌（facultative anaerobe） 兼有需氧呼吸和无氧发酵两种功能，在有氧和无氧环境中都能生长，但有氧时生长更好，大多数病原菌属兼性厌氧菌。

4. 专性厌氧菌（obligate anaerobe） 缺乏完整的呼吸酶系统，只能在无氧环境生长繁殖。此类细菌缺乏氧化还原电势高的呼吸酶类，无法利用有氧环境中的氧化态营养物质；缺乏分解有毒氧基团的酶（如过氧化物酶、过氧化氢酶等），不能降解有氧条件下代谢产生的超氧阴离子和过氧化氢，细胞易受其毒害，甚至死亡，如破伤风梭菌、产气荚膜梭菌。

另外，细菌的生长繁殖还需要 CO_2。但大多数细菌自身代谢产生的 CO_2 可以满足生长需要，少数细菌（如布鲁菌、脑膜炎奈瑟菌）在初次分离时，需 5% ～ 10% 的 CO_2 气体环境。

（五）渗透压

一般培养基的盐浓度（5g/L NaCl）和渗透压对大多数细菌是适合的。少数细菌（如嗜盐杆菌）需要在高盐浓度（30g/L NaCl）中才能生长良好。

二、细菌生长繁殖的方式与速度

细菌一般以二分裂（binary fission）方式进行无性繁殖。细菌生长到一定时期，染色体进行复制，细胞膜内陷，菌体中间形成横隔，将细菌分裂为两个大小相等的子代细胞。在适宜条件下，细菌数量倍增所需要的时间称为代时（generation time）。在最适条件下，细菌快速繁殖，20～30分钟便可繁殖一代，个别细菌繁殖速度较慢，如结核分枝杆菌的倍增时间为18～20小时。

（一）细菌的生长繁殖规律

细菌的生长繁殖受到环境条件的制约。在固定的封闭系统中（如接种一定量的细菌于一定体积的液体培养基中），细菌数量不会一直以20～30分钟的倍增时间繁殖，而是随着营养物质的耗竭、有毒代谢产物的累积等原因，繁殖速度逐渐减慢，乃至最终停止。

细菌在封闭系统中生长的过程具有典型的特点。以培养时间为横坐标，以菌数的对数为纵坐标，可以得到一条有规律的曲线，即典型的生长曲线（growth curve）。生长曲线代表了细菌在新的环境中从开始生长、分裂直至死亡的整个动态变化过程，可分为四个时期（图3–1）。

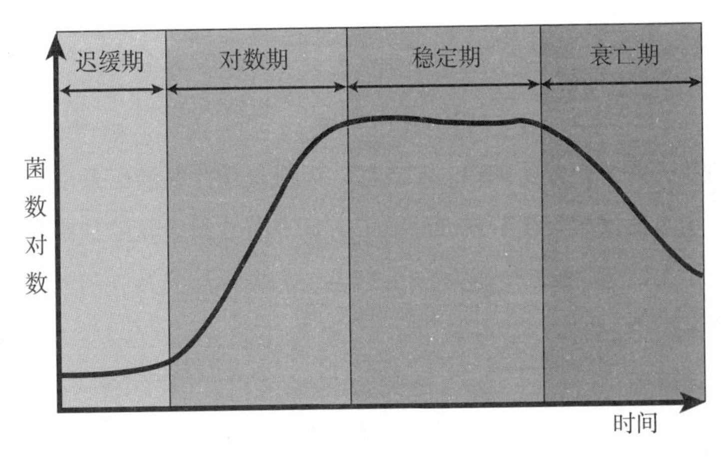

图3–1　细菌生长曲线

1. 迟缓期（lag phase） 迟缓期又称延滞期。细菌进入新环境后，不会马上分裂，菌数保持恒定。细菌适应环境后代谢活跃、菌体增大、为细菌的分裂积累酶、辅酶和中间代谢产物。迟缓期长短不一，与菌种、菌龄、接种量、培养基等因素有关，一般 1 ～ 4 小时，通过改造菌种、扩大接种量、使用对数期菌种、减少培养基改变等方法可有效缩短迟缓期。

2. 对数期（logarithmic phase） 对数期又称指数期。此期细菌生长、分裂迅速，活菌数以恒定的几何级数增长，生长曲线呈直线上升趋势，一般可持续 10 小时左右。此期间细菌的形态、染色性、生物活性都较典型，对外界环境因素的作用敏感，因此研究生物学性状应选择此期细菌。

3. 稳定期（stationary phase） 稳定期又称平台期。此期培养基中的营养物质消耗，有害产物积聚，细菌繁殖与死亡处于平衡状态，活菌数大致恒定。此期细菌的生物学性状可发生改变，细菌的芽孢、抗生素、外毒素等多在此期产生。通过补充营养、减少代谢产物、对需氧菌进行搅拌通气等可延长稳定期，增加代谢产物的积累。

4. 衰亡期（decline phase） 细菌繁殖速度大幅减缓，越来越多的细菌死亡，超过新产生的细菌数，活菌数量呈下降趋势。该期细菌形态显著改变，出现衰退型或菌体自溶，甚至难以辨认，生理活动也趋于停滞。

（二）细菌的人工培养

细菌的人工培养是利用人工方法，提供细菌生长所需条件，使细菌在短时间内大量生长繁殖。细菌的人工培养可获得大量的细菌及细菌代谢产物，在细菌学研究、生物制品制备、病原学诊断及制药工业的生产实践都具用重要的意义。

1. 培养基（culture medium） 培养基是根据细菌生长繁殖的需求而人工配制的，适合微生物生长繁殖或产生代谢产物的营养基质。培养基一般 pH 值为 7.2 ～ 7.6，少数细菌按生长要求调整 pH 值偏酸或偏碱。

培养基必须经灭菌后才可使用。按营养组成和用途不同，培养基分为基础培养基、营养培养基、选择培养基、鉴别培养基和厌氧培养基。

（1）基础培养基（basic medium） 仅含有细菌生长所需最基本营养物质，是配制其他特殊培养基的基础。如普通肉汤琼脂培养基，由牛肉浸粉、蛋白胨、氯化钠、水、琼脂配制而成。

（2）营养培养基（nutrient medium） 在基础培养基中加入特殊的营养物质，如血液、血清、葡萄糖、酵母浸膏等制备而成，用来对某些营养要求较高的细菌进行培养。

（3）选择培养基（selective medium） 在基础培养基加入某些物质，可选择性的抑制某些细菌的生长或有利于另外种类的细菌，以便从混合标本中将某一类细菌分离培养。例如，分离培养肠道病原体的 SS 培养基，其中的胆盐能够抑制革兰阳性菌的生长，枸橼酸则可抑制大肠埃希菌，使肠道致病菌更容易分离得到。

（4）鉴别培养基（differential medium） 在基础培养基中加入特定的底物及指示剂，通过不同细菌代谢能力的差别，显示不同菌落特征，从而将某种细菌与其他细菌区分开。常见的有双糖铁培养基、伊红美蓝琼脂培养基等。

（5）厌氧培养基（anaerobic medium） 是专门用于分离、培养及鉴别厌氧菌的培养基。此类培养基往往营养成分丰富，并含有大量还原性物质、不饱和脂肪酸，可除去氧气，保持较低的氧化还原电势。同时，还可以通过石蜡、凡士林物理隔绝氧气。常见的有庖肉培养基、硫乙醇酸盐肉汤等。

根据物理状态不同，可将培养基分为三类：①液体培养基：不加琼脂粉，为澄清的液体，常用于增菌和生化反应鉴定细菌等纯培养过程。②固体培养基：在液体培养基中加入 1% ～ 2% 的琼脂后，凝固为具有一定硬度的固态培养基，通常制成平板和斜面两种。平板培养基常用于分离、鉴定细菌，斜面培养基则多用于增菌和短期保存菌种。③半固体培养基：在液体培养基中加入 0.3% ～ 0.5% 的琼脂后形成的培养基，主要用于检查细菌的动力及短期保存菌种。

2. 细菌培养的方法 根据不同标本及不同培养目的，选用不同的人工接种方法和培养方法。常用的人工接种方法有分离培养和纯培养两种。将标本或培养物通过划线、涂布、混合倒平板等方式使混杂的细菌在固体培养基表面上分散为单个细菌而进行的培养，称为分离培养（isolating culture）。将纯种细菌（或单菌落）接种至另一培养基后，生长出大量同种细菌的培养过程，称为纯培养（pure culture），多用于菌种的扩增，是菌种鉴定、保藏的前提。虽然至今发现的人类病原菌大多可以人工培养，但显微镜观察计数、宏基因组研究等结果都显示自然界大量的细菌还未实现人工培养，其原因主要包括寄生性营养、培养条件难以实现等。

3. 细菌在培养基中的生长现象

（1）*在液体培养基的生长现象* 细菌在液体中存在三种生长现象。①混浊生长：大多数细菌生长繁殖后呈均匀的混浊状态，菌量越多、浊度越大，如大肠埃希菌等。②沉淀生长：某些链状排列细菌，菌体长链缠绕成为沉淀，培养基清亮或略有混浊，如链球菌、炭疽杆菌。③表面生长：某些专性需氧菌在液体表面生长形成一层菌膜，如枯草芽孢杆菌等。

（2）*在半固体培养基的生长现象* 半固体培养基黏度低，穿刺接种细菌后，有鞭毛的细菌可克服低浓度琼脂的阻挡，沿接种线向周围扩散。菌量少时，接种线较扩散线明显，而呈羽毛状；之后随着扩散的进行，接种线逐渐消失呈云雾状。无鞭毛菌只能沿穿刺线生长，穿刺线清晰明显。

（3）*在固体培养基的生长现象* 由单个细菌分裂繁殖而来的肉眼可见的细菌集团，称为菌落（colony）。不同细菌在固体培养基上形成的菌落的大小、形态、颜色、气味、透明度、表面性状（光滑或粗糙、湿润或干燥、隆起）以及边缘整齐度等情况均有不同，这些菌落特征有助于细菌鉴别。细菌菌落可分为三种类型：①光滑型菌落（smooth colony，S 型菌落）：表面光滑、湿润、边缘整齐。②粗糙型菌落（rough colony，R 型菌落）：菌落表面粗糙干燥、呈皱纹或颗粒状，边缘大多不整齐。失去荚膜、菌体表面多糖或蛋白质都有可能导致细菌的菌落由S型转变为R型，称为S–R变异。③黏液型菌落（mucoid colony，M型菌落）：菌落黏稠、有光泽、似水珠样，多见于有厚荚膜或丰富黏液层的细菌，如肺炎克雷伯菌等。

4. 人工培养细菌的用途

（1）在医学领域的应用　①感染性疾病的病原学诊断和治疗：从患者标本中分离并鉴定病原菌是诊断感染性疾病的金标准，病原菌的药敏试验用于指导临床用药。②细菌学研究：有关细菌的生理、遗传变异、致病性、免疫性、耐药性等研究均需要对细菌进行分离和纯培养。③药物或生物制品的制备：疫苗、类毒素、抗生素、免疫血清、诊断用菌体抗原等均来自培养的细菌或其代谢产物。

（2）在工农业生产中应用　细菌发酵过程中产生多种代谢产物，包括抗生素、维生素、氨基酸、有机溶剂等，通过发酵转化生产酒、酱油、味精等多种工业产品，对特定的细菌进行培养，可用于处理废水、垃圾，制造农药、肥料。

（3）在基因工程中的应用　将携带有外源性基因的重组DNA转化于受体菌中，在其菌体内进行表达。细菌繁殖快、易培养、操作方便，基因表达产物易提取纯化，可降低成本，可用于干扰素、胰岛素及乙肝疫苗的制备等。

三、细菌的代谢产物

（一）分解代谢产物与细菌生化反应

细菌具有的酶不同，对营养物质的分解能力及其代谢产物均不相同。利用生物化学试验，检测细菌分解营养物质产生的代谢产物，以鉴别细菌的方法称为细菌的生化反应试验（biochemical reaction）。细菌生化反应试验对于形态、培养特征相似而代谢不同的细菌的鉴别具有重要的作用。

1. 糖发酵试验　不同细菌对糖类的代谢能力及产物不同，多糖类物质须先经细菌所分泌的胞外酶分解为单糖，进而转化为丙酮酸，并进一步生产甲酸、乙酸、乳酸等，导致 pH 值降低，使酸碱指示剂变色，某些细菌还能进一步分解酸产生 CO_2 和 H_2。例如，大肠埃希菌能发酵葡萄糖和乳糖，产酸产气；伤寒沙门菌只能发酵葡萄糖，不发酵乳糖，同时由于缺少甲酸脱氢酶，不能将葡萄糖降解产物甲酸进一步分解为气体，因而发酵葡萄糖产酸但不产气。

2.VP 试验 某些细菌有丙酮酸脱羧酶，可将葡萄糖分解产生的丙酮酸脱羧，生成乙酰甲基甲醇并在碱性溶液中被氧化生成二乙酰，其与胍基化合物反应可生成红色物质，为 VP 试验阳性。大肠埃希菌和产气肠杆菌均可分解葡萄糖产酸产气，但大肠埃希菌无丙酮酸脱羧酶，表现为 VP 试验阴性。

3. 甲基红试验 某些细菌分解葡萄糖产生丙酮酸，或进一步代谢为甲酸、乙酸、乳酸等，使培养基 pH 值下降至 4.4 以下，加入甲基红指示剂呈红色，为阳性反应。部分细菌分解葡萄糖能力较差，或可将产生的酸进一步转化为醇、醛、酮、气体和水等，则培养基 pH 值在 5.4 以上，使甲基红指示剂呈黄色，为阴性反应。大肠埃希菌、沙门菌、志贺菌甲基红试验阳性，产气肠杆菌、肺炎克雷伯菌阴性。

4. 吲哚试验 某些细菌有色氨酸酶，可将培养基中的色氨酸分解为吲哚（靛基质），吲哚与对二甲基氨基苯甲醛（靛基质试剂）作用后生成红色化合物，为吲哚试验阳性（如大肠埃希菌、霍乱弧菌等）。

5. 枸橼酸盐利用试验 某些细菌（如产气肠杆菌）能利用枸橼酸盐作为唯一碳源，并分解枸橼酸盐生成碳酸盐，分解铵盐生成氨，使培养基 pH 值升高，培养基由绿色转为深蓝色，为枸橼酸盐试验阳性。

6. 硫化氢试验 某些细菌（如沙门菌、变形杆菌）能分解培养基中的含硫氨基酸（如胱氨酸、甲硫氨酸）而生成硫化氢，硫化氢遇到培养基中铅离子或铁离子生成黑色产物，为硫化氢试验阳性。

7. 尿素酶试验 某些细菌（如变形杆菌、幽门螺杆菌等）具有尿素酶，能分解尿素产氨，使培养基变碱性，以酚红为指示剂检测呈红色，为尿素试验阳性。

临床上普遍采用了快速、微量、高通量的生化鉴定方法。常见的有API20E系统、Enterotube系统、Biolog细菌鉴定系统等，配合自动化仪器，可实现细菌的高通量、快速、自动化的生化鉴定及药敏试验。

（二）合成代谢产物及其意义

细菌在生命过程中，不断利用分解代谢产生能量，将小分子代谢产物合成为自身成分，除生活必须的多糖、蛋白质、核酸、脂肪酸外，还能合成一些对细菌的生命活动非必须的代谢产物，即次级代谢产物。不同细菌产生的次级代谢产物差异较大。这些代谢产物在细菌学、医疗、制药等与人类健康密切相关的研究及生产领域具有重要的意义。

1. 热原质（pyrogen） 热原质是一类注入人体或动物体内能引起体温升高的物质，主要是革兰阴性菌细胞壁的脂多糖。热原质耐高温，高压蒸汽灭菌不能将其破坏，因此，在制备和使用直接注入人体的注射液、试剂时，应严格遵守无菌操作，防止热原质污染导致人体的严重发热反应。

2. 毒素和侵袭性酶（toxin and invasive enzyme） 细菌能够产生对人和动物有毒性的物质，即毒素。毒素分为外毒素和内毒素两类。外毒素（exotoxin）是多数革兰阳性菌和少数革兰阴性菌在生长繁殖过程中产生并分泌到菌体外的蛋白质，稳定性较差，毒性较强；内毒素（endotoxin）是革兰阴性菌细胞壁的脂多糖，当菌体死亡崩解后游离出来，其毒性成分为类脂A，稳定性高，毒性相对较弱。某些细菌可产生具有侵袭性的酶，如透明质酸酶、链激酶等，能损伤机体组织，帮助细菌侵袭和扩散。

3. 色素（pigment） 不同细菌可以产生不同颜色的色素，可用于鉴别细菌。一类是水溶性色素，可弥散至培养基，使培养基及菌落着色，如铜绿假单胞菌产生的绿色荧光色素。另一类是脂溶性色素，仅使菌落着色，如金黄色葡萄球菌产生的金黄色色素。

4. 抗生素（antibiotic） 抗生素是微生物在生命活动中产生的能在低微浓度下有选择的抑制或影响其他微生物或肿瘤细胞的有机物。抗生素大多由放线菌和真菌产生，细菌产生的只有多粘菌素、杆菌肽等。

5. 维生素（vitamin） 细菌合成的某些维生素除供自身需要外，还能分泌到周围环境中。如肠道细菌合成的B族维生素和维生素K，可供人体吸收利用。

6. 细菌素（bacteriocin） 某些细菌菌株产生的一类具有抗菌作用的蛋白质。如大肠埃希菌产生的大肠菌素。细菌素抗菌作用范围狭窄，仅对与产生菌亲缘关系较近的细菌有杀伤作用，不适合作为抗菌药物，但可利用细菌素的种、型特异性进行细菌分型和流行病学追踪调查。

第二节　真菌的繁殖与培养

真菌属于真核细胞型微生物，其生长繁殖与细菌等原核细胞型微生物不同，主要表现在：①真菌有有性生殖、无性生殖两种繁殖方式，细菌只存在无性生殖。②真菌产生子代的方式多样，如出芽、产生孢子、菌丝断裂等，细菌以二分裂为主。③真菌拥有相对复杂的生活史，各阶段形态差异较大，甚至可形成较为复杂的子实体结构，而细菌生长繁殖过程相对简单。

一、真菌的繁殖

真菌根据类型不同，繁殖的过程不尽相同。

（一）酵母菌的繁殖

酵母菌的繁殖方式可分为无性繁殖和有性繁殖。其中无性繁殖又有出芽生殖、分裂生殖等方式。

1. 无性繁殖

（1）出芽生殖（budding reproduction） 出芽生殖简称芽殖，是多数酵母菌的无性繁殖方式。在适宜的条件下，酵母细胞生长到一定大小后，细胞表面向外生出凸起，不断增大，形成芽体。细胞核经过复制、分裂，其中一个子核连同各细胞器进入芽体中，并持续自母细胞运输细胞成分、营养成分等。芽体生长至一定大小，芽体与母细胞相连部位逐渐形成隔膜，最终两者脱离，形成新的子代细胞。芽体与母体脱离的位置，均形成几丁质构成的环形凸起。在母体上的凸起，称为芽痕（bud scar，图 3–2）。在子代细胞上的凸起，称为蒂痕（birth scar）。根据出芽部位不同，可分为单极出芽（unipolar budding）和双极出芽（bipolar budding）。单极出芽是指仅在远离蒂痕的菌体端出芽，如白假丝酵母（candida albicans）。双极出芽是指出芽可同时发生在蒂痕及远离蒂痕的菌体两端，如酿酒酵母（saccharomyces cerevisiae）的双倍体。另外，酵母细胞单倍体细胞在前一次细胞分裂位置的旁侧选择新的出芽位置，称为轴向出芽（axial budding），如酿酒酵母的单倍体细胞。

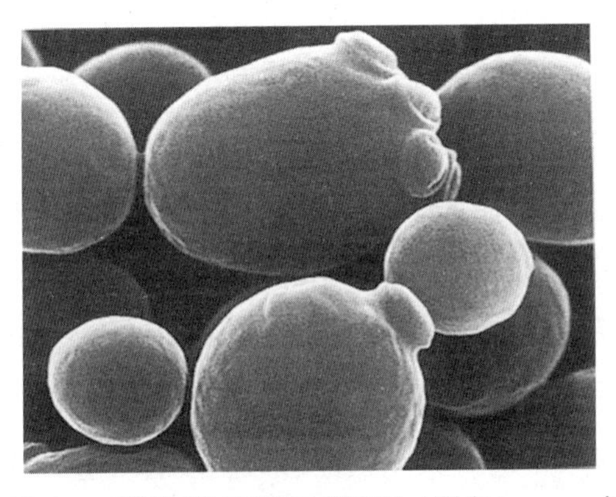

图 3–2　酵母细胞及芽痕电镜照片（引自 igem.org）

（2）分裂生殖（fission reproduction）　分裂生殖简称裂殖，裂殖酵母为代表的无性繁殖方式。与细菌二分裂相似，母细胞伸长，染色体复制，细胞核分裂，并向细胞两极移动，随后在菌体中部，细胞膜内陷，细胞壁合成，最终分裂为两个大小相等的子细胞。

除上述无性繁殖方式以外，少数酵母可通过特有的方式产生不同类型的无性孢子。如白假丝酵母能在假菌丝的顶端产生细胞壁增厚的厚垣孢子（chlamydospore），掷孢酵母属酵母可在菌体生出小梗，在其上形成肾形的掷孢子（ballistospore），待其成熟后以一种特有的机制将孢子喷射而出。

2. 有性繁殖（sexual reproduction）　指经过两性细胞配合而形成新

个体的生殖过程。能进行有性繁殖的酵母称为真酵母（euyeasts），形成子囊孢子。相邻的交配型（性别）不同的同种单细胞酵母，通过原生质体接触、融合即质配及细胞核的融合即核配，形成一个双倍体细胞，然后进行减数分裂，形成4个或8个子核。每一个子核，围绕细胞质，由新形成的细胞壁分割为一个新的子代细胞，称为子囊孢子，为单倍体。原本的双倍体细胞结构转变为包裹子囊孢子的囊状结构，称为子囊。

（二）丝状真菌的繁殖

丝状真菌生长能力很强，繁殖方式多样，主要包括菌丝的生长和断裂、无性孢子、有性孢子。

1. 菌丝的生长和断裂 丝状真菌的生长是以顶端延长和分枝生长的方式进行。菌丝具有极性，通常在形态学前端产生顶端。顶端1～2μm的区域含有大量的泡囊，其内含有细胞壁、细胞膜的前体物、水解酶及多糖合成酶。通过与细胞质膜相融合，介导菌丝顶端的延长和分枝生长。泡囊起源于内质网或高尔基体，生长停止时泡囊从顶端消失。菌丝可发生断裂，形成的断片可再生，形成新的菌丝体，即丝状真菌可以通过菌丝断裂的方式繁殖。

2. 无性孢子 不同丝状真菌能够产生多种类型的无性孢子。①分生孢子（conidium）：最常见的一类无性孢子，由菌丝特化而成的分生孢子梗顶端产生，生于菌丝细胞外，属外生孢子。孢子形状、大小、结构、着生方式均随菌种而异，呈球形、卵圆形、柱形、纺锤形、镰刀形等。根据大小可分为大分生孢子和小分生孢子，前者一般多个细胞，具有鉴定意义，而后者鉴定意义不大，代表为青霉、曲霉。②孢囊孢子（sporangiospore）：见于接合菌亚门真菌，如根霉、毛霉。菌丝顶端特化膨大形成圆形、椭圆形或梨形的囊状结构－孢子囊，囊内形成多核，原生质体分割包裹并产生细胞壁，最终形成大量的子代孢子，最终成熟后孢子囊破裂释放出孢子。③无梗孢子（thallospore）：特点是在菌丝上直接产生，没有类似分生孢子梗或孢子囊梗的结构。如白地霉菌丝可直接断裂为短柱状的孢子，称为节孢子；总状毛霉菌丝部分细胞的细胞质浓缩、变圆，细胞壁加厚形成圆形、纺锤形或长方形的厚垣孢子，又称厚壁孢子，对热、干燥、不良环境抵抗力很强，是霉菌的休眠体和繁殖体。

3. 有性孢子 丝状真菌产生的有性孢子主要有以下四种：①卵孢子（oospore）：由大小不同的配子囊结合后发育而成，小配子囊称雄器；大配子囊称藏卵器。②接合孢子（zygospore）：由菌丝生出的结构大小相似、形态相似的配子囊接合后发育而成。菌体自身可结合相配称为同宗配合，需要不同交配型的菌丝结合的称为异宗配合。③子囊孢子（ascospore）：两性细胞接触以后形成囊状结构 – 子囊中产生。子囊有球形、棒形、圆筒形、长方形等，其内通常有 1 ～ 8 个子囊孢子，其形状、大小、颜色也各不相同。有些丝状真菌产生的子囊还会被菌丝包围形成保护组织，称为子囊果，根据开放程度分为闭囊壳、子囊壳、子囊盘三种。④担孢子（basidiospore）：担子菌特有，经两性细胞核配合后，菌丝膨大形成担子，其内双核融合减数分裂形成四个单倍体的子核，进入担子顶端产生的四个突出的膨大部位，形成四个外生孢子。

二、真菌的培养

（一）真菌的培养条件

多数真菌属腐生菌，适应自然环境而非人或动物体，因此在培养条件上与细菌不同。

1. 培养基 多数真菌对营养要求不高，在一般的培养基上即可生长。少数真菌如虫草菌、松露菌对培养要求较高，需要添加蝉蛹粉或与树木共生。常用的真菌培养基有：①液体沙氏培养基（liquid sabourand medium，SDB），用于真菌、酵母菌增菌的培养。②沙氏琼脂培养基（sabourand dextrose agar，SDA），又称沙堡弱培养基，常用分离培养或保存菌种。③改良马丁培养基（martin broth modified），主要用于血液、胸、腹水等标本中真菌的检测。④马铃薯葡萄糖琼脂（potato dextrose agar，PDA），常用于分离、鉴定真菌，多数真菌能在该培养基上生长良好。

2. 培养条件 多数真菌的最适生长温度为 22 ～ 28℃，过高过低的温度均能抑制真菌的生长，少数致病真菌能在 37℃生长，某些真菌（如草菇）在低于 10℃时会出现自溶现象。多数真菌培养需要一定的湿度和氧气以及合适的 pH 值。大多数真菌最适 pH 值为 4.0 ～ 6.0。真菌生长较细菌缓慢，在固体培养基上一般需 2 ～ 7 天才能出现典型的菌落。

（二）真菌的培养特征

真菌在液体中震荡培养时，发生菌丝缠绕而形成菌球。在固体培养基上可形成三种典型的菌落类型。

1. 酵母型菌落（yeast type colony） 为大多数单细胞真菌的菌落形式。与细菌菌落相似，但较之大且厚，易被挑起，多数乳白色，少数红色，圆形，边缘整齐，表面光滑湿润，如新生隐球菌。

2. 类酵母型菌落（yeast-like type colony） 由可产假菌丝的酵母菌的菌落形式，与酵母型菌落相似。由于假菌丝伸入培养基，导致边缘不整齐，如白假丝酵母菌。

3. 丝状菌落（filamentous type colony） 为多细胞真菌的菌落形式。菌丝一部分向空中生长，形成孢子，使菌落呈絮状、绒毛状或粉末状，菌落正反两面呈不同的颜色。丝状菌落的形态和颜色可作为鉴别真菌的依据。

第三节 病毒的增殖与培养

病毒属于非细胞型微生物，不具有独立新陈代谢所需的酶系统，不能独立生活，必须寄生于易感的活细胞中，并利用其酶系、能量、原料及代谢场所，以自身为模板合成子代病毒，实现数量的增加。

一、病毒的增殖

病毒的增殖又称为病毒的复制，是病毒在宿主细胞中自我复制的过程。与其他微生物以二分裂方式繁殖不同，病毒的复制是以其核酸为模板，在聚合酶及其他必要因素作用下，合成子代病毒核酸和蛋白质，最终装配释放出子代病毒。这一过程可分为吸附、穿入、脱壳、生物合成及装配与释放五个相互联系的阶段，称为复制周期（replication cycle）或增殖周期。

（一）病毒的复制周期

1. 吸附（absorption） 病毒增殖的第一步是吸附于易感细胞。吸附分为静电吸附与特异性吸附两个阶段。病毒以不同的方式靠近细胞后，首先通过静电与细胞表面接触，这一过程为非特异性的可逆过程。当细胞表面存在病毒特异性的受体（receptor）时，病毒表面的吸附蛋白（viral attachment protein，VAP）能与之发生特异性的结合，这一过程是病毒感染真正的开始，称为特异性吸附（specific adsorption）。

不同物种、同一物种不同组织乃至同一组织不同类型的细胞，其表面包含的受体不同。因此，特定的病毒通常只能与特定宿主中特定组织的特定类型细胞相结合，引发感染。例如，流感病毒的吸附蛋白为血凝素，通过与细胞表面受体唾液酸结合发生吸附；人类免疫缺陷病毒（HIV）的吸附蛋白为包膜糖蛋白 gp120，其仅与人及少数灵长类动物细胞表面的 CD4 分子结合发生吸附；近年引起全球疫情的新型冠状病毒（SARS-CoV-2）吸附蛋白为 S 蛋白，通过与受体血管紧张素转换酶 2（ACE2）结合发生吸附；SARS-CoV-2 的受体同 2003 年引起重症急性呼吸综合征的 SARS 冠状病毒（SARS-CoV-1）相同，而与引起中东呼吸综合征的 MERS 冠状病毒（MERS-CoV）不同。

吸附的过程能被药物、抗体所阻断，从而阻止病毒感染的开始。病毒吸附一般可在数十分钟内完成，但也受到受体数量、温度、离子等诸多因素的影响。

2. 穿入（penetration） 指病毒吸附细胞后，以不同方式穿过细胞膜进入细胞内的过程。穿入主要通过三种方式进行：①融合（fusion）：包膜病毒（如人类免疫缺陷病毒、疱疹病毒）常通过融合蛋白介导病毒包膜与细胞膜发生融合，病毒的核衣壳通过融合部位进入细胞。②吞饮（endocytosis）：大部分裸露病毒（如腺病毒、小 RNA 病毒）和部分包膜病毒（如流行性感冒病毒、痘病毒）与受体结合后，引起细胞膜内陷形成吞噬泡，将病毒包裹进入细胞内。③直接穿入：某些裸露病毒（如脊髓灰质炎病毒、噬菌体）与受体接触后，衣壳变构或成分改变，核酸直接穿过细胞膜进入细胞，衣壳则保留在细胞膜外，穿入的同时完成脱壳。

3. 脱壳（uncoating） 病毒进入细胞，脱去蛋白质衣壳的过程。病毒的脱壳方式多样，对其中很多机制及其细节尚缺乏了解。多数通过吞饮进入细胞的病毒，通过内体与溶酶体融合，利用蛋白酶、内部的酸化等机制触发病毒衣壳蛋白构象变化，脱去蛋白质衣壳。DNA 病毒的核酸需要进入细胞核，因此，往往核衣壳会被运输至细胞核，在核孔处完成脱壳。少数病毒的脱壳过程更为复杂，如痘病毒在脱壳过程中会合成自身基因编码的脱壳酶，帮助完成脱壳过程。

4. 生物合成（biosynthesis） 病毒基因组从衣壳中释放后，利用宿主细胞的资源大量合成病毒的核酸和蛋白质，进入生物合成阶段。DNA 病毒（痘病毒除外）的 DNA 在细胞核内合成，蛋白质在胞质内合成；RNA 病毒（正黏病毒和反转录病毒除外）的核酸、蛋白质均在细胞质内合成。

病毒蛋白质的合成一般分为两个阶段，即早期蛋白和晚期蛋白的合成。病毒生物合成早期主要表达自身复制所需的酶、抑制宿主细胞复制与代谢的酶等与病毒体结构无关的非结构蛋白，为病毒顺利复制所必须，称为早期蛋白（early protein）。利用早期蛋白，病毒合成大量子代核酸，并进一步合成子代病毒衣壳蛋白、刺突或纤突蛋白等构成病毒体的结构蛋白，这类蛋白在复制晚期出现，为晚期蛋白（late protein）。

病毒核酸的复制及 mRNA 的合成根据病毒类型不同而以不同的方式进行。

（1）双链 DNA（dsDNA）病毒 人和动物的 DNA 病毒如痘病毒、腺病毒等多数是 dsDNA 病毒。早期阶段，病毒通过依赖 DNA 的 RNA

多聚酶转录早期 mRNA，合成 DNA 复制所需的酶（如 DNA 聚合酶）。晚期阶段，在解旋酶作用下，dsDNA 解旋形成正、负两条单链，在 DNA 聚合酶的作用下，分别合成新的 dsDNA，过程反复进行，形成大量子代 dsDNA，同时转录晚期 mRNA，合成病毒结构蛋白（图 3–3）。

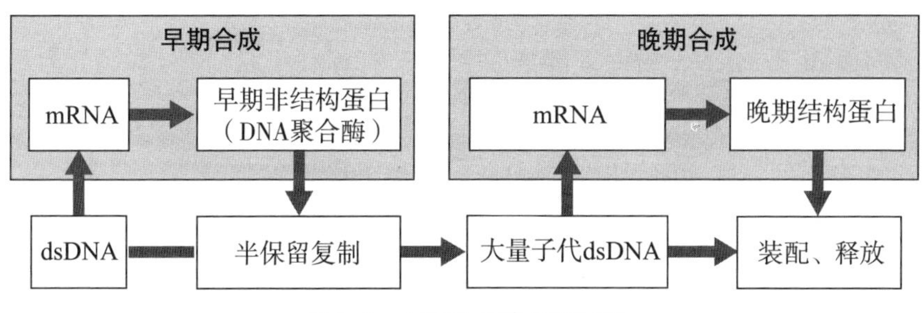

图 3–3　dsDNA 病毒复制过程

（2）单链 DNA（ssDNA）病毒　较少见，如微小 DNA 病毒。ssDNA 首先以自身为模板，在 DNA 聚合酶的作用下，合成互补链，形成 dsDNA。解旋后，再以新合成的互补链为模板合成子代 ssDNA 以及 mRNA。

（3）单正链 RNA（+ssRNA）病毒　如黄病毒、小 RNA 病毒等。+ssRNA 具有 mRNA 的功能，能直接在宿主细胞的核糖体上翻译合成 RNA 聚合酶等早期蛋白。以 +ssRNA 为模板，在依赖 RNA 的 RNA 聚合酶的作用下，合成互补链，形成双链 RNA（±dsRNA）复制中间体。以其中的正链 RNA 作为 mRNA 合成晚期蛋白，以其中的负链 RNA 作为模板合成互补的子代正链 RNA（图 3–4）。

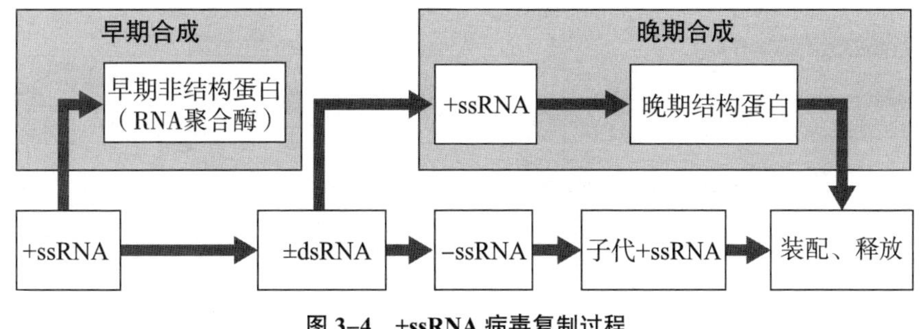

图 3–4　+ssRNA 病毒复制过程

（4）单负链 RNA（–ssRNA）病毒　如狂犬病病毒、流感病毒等包

膜病毒多属于 –ssRNA 病毒。因其基因组是反义链，不能作为 mRNA 直接合成早期蛋白，须先通过依赖 RNA 的 RNA 聚合酶合成互补的正链 RNA，再以其作为合成子代 –ssRNA 的模板及合成子代结构蛋白的 mRNA。

（5）双链 RNA 病毒（dsRNA） 如人类轮状病毒等呼肠孤病毒科病毒属于 dsRNA 病毒。部分脱壳后，病毒利用自身携带的转录酶，转录基因组负链，形成 mRNA，指导结构蛋白的合成。转录形成的 mRNA 还可以作为模板，合成负链，产生子代 dsRNA。

（6）逆转录病毒（retrovirus） 携带有逆转录酶（依赖 RNA 的 DNA 聚合酶）的病毒，如人类免疫缺陷病毒。逆转录病毒基因组为单正链 RNA，以其为模板，在逆转录酶的作用下，合成互补的 DNA 链，形成 RNA–DNA 杂交体。逆转录酶的 RNA 酶 H（RNase H）降解 RNA–DNA 杂交体中的 RNA，并以余下的负链 DNA 为模板，合成互补的 DNA 链，从而形成双链 DNA。当双链 DNA 分子在整合酶的作用下嵌入宿主细胞染色体上时，为前病毒（provirus）。前病毒可随宿主细胞染色体的复制而复制，并随着细胞的分裂进入子代细胞，在一定条件下激活，在细胞核内经依赖 DNA 的 RNA 聚合酶转录出 mRNA 及子代病毒 RNA。mRNA 出核，在细胞质翻转合成子代病毒的蛋白质，与子代病毒 RNA 结合组装形成子代病毒体并释放（图 3–5）。

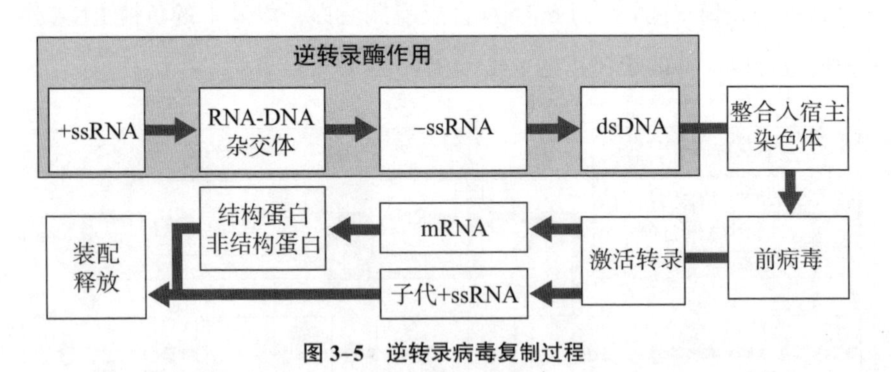

图 3–5 逆转录病毒复制过程

（7）嗜肝 DNA 病毒 乙型肝炎病毒（HBV）基因组为不完全闭合 dsDNA，其复制过程也包含逆转录过程。病毒在核孔脱壳后，不完全闭合 dsDNA 进入核内，在 DNA 聚合酶的作用下，修复不完整的 dsDNA，形成共价闭合环状 DNA（cccDNA），并有一定的概率整合入宿主细胞染色体，形成前病毒。以 cccDNA 或整合的前病毒的负链为模板转录 mRNA，合成子代病毒的结构蛋白及非结构蛋白。含有病毒全部基因的 mRNA，可作为前基因组 RNA（pregenomic RNA，pgRNA）包装入衣壳。在衣壳中，以前基因组 RNA 为模板，逆转录合成互补 DNA 链，形成 RNA-DNA 杂交体，后 RNA 被水解，重新以保留的 −ssDNA 为模板，部分合成互补的 +ssDNA，形成不完全闭合的 dsDNA。

在生物合成阶段，亲代病毒体解体，子代病毒体尚未形成，在病毒感染细胞内检测不到具有感染性的病毒及其抗原，故将病毒在感染细胞内消失至细胞重新出现新的具感染性病毒的时间称为隐蔽期（eclipse period）。各病毒的隐蔽期长短不一，脊髓灰质炎病毒为 3 ～ 4 小时，腺病毒为 16 ～ 18 小时，正黏病毒为 7 ～ 8 小时。

5. 装配与释放（assembly and release） 病毒的装配与生物合成部位基本一致，即 DNA 病毒（痘病毒除外）在细胞核内装配；RNA 病毒（正黏病毒除外）在细胞质装配。多数病毒衣壳通过衣壳蛋白组装形成，核酸被特异识别后包装进入衣壳，形成完整的核衣壳。包膜病毒在核衣壳外还需要包裹包膜，才能形成完整的病毒体。病毒包膜来源于宿主细胞的膜系统（包括核膜、质膜、内质网、高尔基体等），但其上的蛋白被替换为病毒编码的蛋白如刺突蛋白，因此具有病毒的特异性和抗原性。

病毒释放的方式主要有两种：①裂解宿主细胞：裸露病毒不具有包膜，病毒装配成熟后，裂解细胞释放全部子代病毒，导致宿主细胞死亡，也称杀细胞释放。②出芽（budding）：有包膜的病毒，核衣壳装配后，通过细胞膜系统运输并获得包膜，最终以出芽的方式释放至细胞外，宿主细胞一般不立即死亡，仍能继续分裂。有些病毒（如巨细胞病毒，CMV）常通过细胞间桥或细胞融合的方式侵入新细胞。有些病毒（如人类免疫缺陷病毒，HIV）基因组可整合入宿主细胞染色体并随之复制分裂传递入子代细胞。

（二）病毒的异常增殖与干扰现象

病毒在宿主细胞内复制时，并非所有病毒都能完成正常的增殖过程，可能由于病毒本身的原因或宿主细胞的原因导致病毒的增殖停止于复制周期的某一阶段，不能复制出完整的子代病毒，这种情况称之为异常增殖。

1. 顿挫感染（abortive infection） 顿挫感染是指病毒进入宿主细胞后，因宿主细胞缺乏病毒复制所需的酶、能量或原料，使病毒在其中不能合成自身成分或不能组装成完整有感染性的子代病毒体的过程。不能为病毒增殖提供条件的细胞被称为非容纳细胞（nonpermissive cell），反之，能支持病毒完成增殖的细胞称为容纳细胞（permissive cell）。

2. 缺陷病毒（defective virus） 缺陷病毒是指病毒本身基因组不完整或基因突变，不能正常增殖，复制不出完整的有感染性的病毒颗粒。某些病毒与缺陷病毒共同感染时，能弥补缺陷病毒的不足，使缺陷病毒复制出完整有感染性的子代病毒体，则该病毒称为缺陷病毒的辅助病毒（helper virus）。如丁型肝炎病毒（HDV）是缺陷病毒，不能独立产生感染所需的包膜蛋白，需借助乙型肝炎病毒（HBV）的包膜蛋白，这时 HBV 就是 HDV 的辅助病毒。缺陷病毒不能正常复制，但有时会干扰同种病毒的正常病毒体进入细胞，这时称之为缺陷干扰颗粒（defective interfering particles，DIP）。

3. 干扰现象（interference） 干扰现象是指两种病毒感染同一细胞时，可发生一种病毒抑制另一种病毒增殖的现象。异种病毒之间、同种病毒的不同型或不同株之间、缺陷病毒与完整病毒、灭活病毒与活病毒都可能发生干扰现象。干扰现象的产生原因包括：①诱生干扰素（interferon，IFN）：某一种病毒作用于宿主细胞，诱导细胞产生抑制病毒复制的 IFN，从而抑制其他病毒，是产生干扰现象的最主要原因。②破坏细胞表面受体：宿主细胞表面的受体被第一种病毒破坏，阻止新的病毒的吸附。③改变宿主细胞的代谢途径：病毒感染宿主细胞后，改变了细胞的能量、物质供应，影响新的病毒的穿入、脱壳、生物合成等过程。病毒之间的干扰现象能使感染终止，应用疫苗时应避免干扰现象的发生。

二、病毒的培养

病毒生物学特性的研究、病毒感染的病原学诊断、制备灭活或减毒疫苗、监测减毒疫苗毒力回复突变及病毒性疾病的流行病学调查等均需病毒的分离培养。病毒是严格细胞内寄生微生物，必须用活细胞进行培养，故应根据病毒的宿主范围、组织嗜性、操作难度、培养目的等要求选择鸡胚、动物或细胞作为接种对象。

1. 鸡胚培养 鸡胚培养技术相对简单，成本较低，敏感范围较广，能对多种病毒进行培养，是常用的病毒培养方法。一般用孵化 9 ～ 14 天的鸡胚，接种于卵黄囊、绒毛尿囊腔、绒毛尿囊膜、羊膜腔等。如羊膜腔接种常用于从临床样本中分离流感病毒，病毒可感染内胚层，也可引起全胚胎感染，还能被排泄入尿囊腔内，从而在羊水、尿囊液中获得大量病毒。

2. 动物接种 动物接种是病毒分离最早使用的方法，费用最高，较少用于临床诊断，多用于对新病毒的致病性研究、减毒疫苗安全性研究等，现逐渐被细胞培养所替代，但有些病毒仍然使用此方法。常见的实验动物包括小鼠、大鼠、豚鼠、家兔、犬、猴、猿、猩猩等。根据病毒特性，选择不同的接种部位，如鼻腔、皮内、皮下、腹腔、静脉、脑内接种等。如柯萨奇病毒的分离常用出生 24 ～ 48 小时内的乳鼠，登革热病毒和流行性乙型脑炎病毒常用小鼠脑内接种。接种后，每日记录动物发病情况，当动物濒临死亡，在其死亡前取病变的组织继续传代。当使用高致病性的病毒进行动物接种实验时，需根据病毒致病性在生物安全三级、四级实验室进行，并获得相关管理部门批准。

3. 细胞培养（cell culture） 常用于病毒学研究、临床诊断及疫苗制备等方面。相对于实验动物的个体差异，细胞的生理特征比较一致，同时试验数量大，实验条件易于控制。常见的细胞有三种类型：①原代细胞（primary cell）：新鲜的动物组织或器官，经胰蛋白酶等消化、分散获得，通常不能传代或仅能传代数次，多用于研究。原代细胞对病毒最为敏感，较好保有原有组织特性，常用于从标本中直接分离病毒，如原代猴肾细胞是培养肠道病毒、正黏病毒和副黏病毒的常用细胞，缺点是制备较为复杂。②二倍体细胞（diploid cell）：将原代细胞消化分散成单个细胞后继续培养传代，不同细胞传代次数不同，但不能无限传代，常用于疫苗的制备。如常用的人胎肺成纤维细胞，可传代 50 代左右，常用于疱疹病毒、巨细胞病毒和腺病毒的分离培养。③传代细胞系（cell line）：由肿瘤组织或转化细胞培育而成的、可无限传代和性状稳定的细胞株。传代细胞系可无限分裂、传代，培育相对容易，但核型、表型与正常细胞区别较大，导致对部分病毒不敏感、易于污染、潜在致癌等问题。但随着技术的进步，大量研究显示，使用特定的细胞系，以特定的生产工艺，生产特定的疫苗是安全的。常见的传代细胞有 Vero 细胞（非洲绿猴肾）、HeLa 细胞（子宫颈癌）、KB 细胞（鼻咽上皮癌）等，其中 Vero 细胞最常用于疫苗的生产，如脊髓灰质炎疫苗、乙型脑炎疫苗、流感疫苗、狂犬病疫苗，以及新型冠状病毒肺炎灭活疫苗等。

【知识拓展】

汤飞凡与衣原体的分离培养

1928 年，汤飞凡从哈佛大学毕业，毅然回国，进行沙眼病原体的研究。抗日战争暴发后，汤飞凡投入到抗日救国的运动中。淞沪会战，汤飞凡奔赴战场，后又出任中央防疫处处长，生产出中国人自己的青霉素、疫苗等。新中国成立后，汤飞凡建立北京生物制品所、中央生物制品检定所，生产了中国自己的狂犬疫苗、白喉疫苗、牛痘疫苗和世界首支斑疹伤寒疫苗。使我国比全球提早 16 年消灭了天花病毒。

1954 年，汤飞凡再次尝试分离沙眼病原体，采用鸡胚卵黄囊接种法，终于在两年后分离到了著名的 TE8 菌株。为了证明分离结果，他将 TE8 种进了自己的眼睛，随后 40 多天坚持不做治疗，造成了典型的沙眼。

汤飞凡开创了中国人自己的细菌学，为我国的病原学研究、疫苗事业做出了卓绝的贡献。他甘于奉献、热爱医学、热爱中华的精神鼓舞我们认真学习、奋力拼搏、献身医学。

思考题

1. 学习微生物的繁殖过程及条件有何意义？结合实际谈谈本章知识在生产、生活、疾病预防控制等方面的应用。

2. 病毒的复制过程中有哪些环节可以作为药物的作用靶点？查找抗病毒药物的说明书或研究论文总结不同药物的作用机制。

3. 真菌的菌落、子实体、孢子的形态多样，从网络、书籍及研究论文中寻找相关图片，展示给同学，讨论这些形态特征的鉴定意义。

第四章　微生物的感染与免疫

微生物通过一定途径进入宿主体内生长繁殖，释放毒性物质，并与宿主相互作用，引起宿主出现不同程度的病理变化过程，称为感染（infection）；机体的免疫系统抵抗病原微生物及其毒性产物对宿主的有害作用，以维持生理稳定，称为抗感染免疫（anti-infectious immunity）。

第一节　细菌的感染与免疫

能使宿主致病的细菌称为致病菌或病原菌，不能造成宿主感染的细菌称为非致病菌。有些细菌在正常情况下并不致病，但在某些特殊条件下可以致病，这类菌称为条件致病菌或机会致病菌。致病菌入侵机体后，感染是否发生，与致病菌的致病性、宿主的免疫防御功能及环境等因素密切相关。

一、细菌的感染源、传播途径与感染类型

细菌引起感染的性能称为致病性（pathogenicity）或病原性。感染是否发生，与细菌的致病性、宿主的免疫防御功能及环境等因素密切相关。

（一）感染源

根据致病菌来源不同，感染可分为来自宿主体外的外源性感染（exogenous infection）和来自宿主体内或体表的内源性感染（endogenous infection）。

1. 外源性感染 致病菌主要来自：①患者：从疾病潜伏期一直到病后恢复期阶段，都可作为传染源。②带菌者：包括健康携带者及恢复期带菌者。③病畜和带菌动物：有些致病菌可引起人畜共患性疾病，携带这些致病菌的病畜或动物也可将其传播给人类。

2. 内源性感染 致病菌来自寄居于体内的正常菌群和体内存在的病原菌。正常菌群可因宿主免疫防御功能下降、寄居部位改变或菌群失调等因素引起感染；如少数以潜伏状态存在于体内的致病菌如结核分枝杆菌可因免疫功能降低而引起感染。

（二）传播途径

致病菌直接或间接由一个个体传播给另一个体，其主要途径有五种。

1. 呼吸道 病原菌从患者、带菌者的痰液、呼吸道分泌物排出，易感者通过吸入污染致病菌的飞沫或气溶胶等感染。结核分枝杆菌、百日咳杆菌、嗜肺军团菌等均可经呼吸道感染。

2. 消化道 亦称“粪－口”途径，病原菌通过消化道排出，污染饮水、食物经口感染。痢疾志贺菌、伤寒沙门菌、霍乱弧菌等可经消化道感染。苍蝇、蟑螂等节肢动物是消化道传染病传播的重要媒介。

3. 皮肤黏膜 皮肤、黏膜的破损可使致病菌入侵导致感染。致病性葡萄球菌、链球菌可引起伤口化脓，破伤风梭菌可引起破伤风。

4. 泌尿生殖道 病原菌通过性接触等直接或间接接触方式传播，如淋病奈瑟球菌等。一些病原菌可经尿道感染，如大肠埃希菌等。通过人类性行为方式引起传播的疾病称为性传播疾病（sexually transmitted diseasea，STD），如梅毒、淋病等，是人类面临的重大公共卫生问题。

5. 节肢动物叮咬 有些节肢动物叮咬可传播病原体，如鼠蚤传播鼠疫耶尔森菌，鼠虱和鼠虱传播流行性斑疹伤寒立克次体。

此外，输入污染病原菌的血液或血制品也可引起感染；结核分枝杆菌、炭疽杆菌等可经呼吸道、消化道、皮肤创伤等多种途径传播；部分致病菌可由亲代传播给子代，人类主要通过胎盘或产道传播，如梅毒螺旋体可经胎盘传播给胎儿，淋病奈瑟球菌可经产道传播给新生儿。

（三）感染的类型

感染的发生、发展与结局，与宿主的免疫力及病原菌的致病能力密切相关。

1. 隐性感染（inapparent infection） 宿主的抗感染免疫力较强，或侵入的病原菌数量不多、毒力较弱，感染后对机体损害较轻，不出现或出现不明显的临床症状，称为隐性感染。隐性感染后，机体常可获得特异性免疫力。在传染病流行中，隐性感染者的作用不可以忽视。

2. 显性感染（apparent infection） 显性感染是指宿主的抗感染免疫力较弱，或侵入的病原菌数量较多、毒力较强，导致机体的组织细胞受到不同程度的损害，出现明显的临床症状和体征，称为显性感染。从不同角度可将显性感染分为不同类型。

（1）*急性感染与慢性感染* 是按病情缓急不同进行分类。急性感染发作突然，病程较短，病愈后致病菌多从体内消失。慢性感染起病多较缓慢，病程常持续数月至数年。

（2）*局部感染与全身感染* 是按感染的部位不同进行分类。局部感染指感染仅局限于某一部位。全身感染指感染发生后，病原菌或其毒性代谢产物向全身播散引起全身性症状的感染类型，临床上有以下五种情况：①毒血症（toxemia）：病原菌侵入宿主后，只在机体局部生长繁殖，不进入血循环，其产生的外毒素入血并经血循环到达易感的组织和细胞，引起特殊的毒性症状，如破伤风、白喉等。②菌血症（bacteremia）：病原菌由局部侵入血流，但未在血中繁殖，只是短暂的一过性通过血循环到达体内适宜部位后再进行繁殖而致病，如伤寒早期有菌血症期。③败血症（septicemia）：病原菌侵入血流后，在血中大量繁殖并产生毒性产物，引起全身性中毒症状，如高热、皮肤和黏膜瘀斑、肝脾肿大等，如鼠疫耶尔森菌可引起败血症。④脓毒血症（pyemia）：指化脓性细菌侵入血流后，在血中大量繁殖，并通过血流扩散至其他组织或器官，引起新的化脓性病灶，如金黄色葡萄球菌引起的脓毒血症，常导致多发性肝脓肿、皮下脓肿和肾脓肿等。⑤内毒素血症

（endotoxemia）：革兰阴性菌侵入血流并在其中大量繁殖，崩解后释放出大量内毒素；也可由感染病灶内大量革兰阴性菌死亡释放的内毒素入血所致。革兰阴性菌感染严重时，常发生内毒素血症。

3. 带菌状态（carrier state） 有时致病菌在显性或隐性感染后并未立即从体内消失，在体内继续存留一定时间，与机体的免疫力处于相对平衡状态，称为带菌状态。该宿主称为带菌者（carrier）。带菌者无临床症状但能排出病菌，是重要的传染源。

二、细菌的致病机制与免疫机制

（一）致病机制

致病菌致病性的强弱程度称为毒力（virulence），包括侵袭力和毒素，二者与其致病机制有关。

1. 侵袭力（invasiveness） 侵袭力是指致病菌突破宿主皮肤、黏膜等生理屏障，侵入机体定居、繁殖和扩散的能力。构成细菌侵袭力的因素包括黏附素、荚膜和侵袭性物质等。

（1）黏附素　黏附素是指细菌表面具有黏附作用的某些菌体结构，能与宿主细胞表面的黏附素受体结合而黏附于细胞表面，进而在体内繁殖与扩散。黏附素包括菌毛黏附素和非菌毛黏附素，革兰阴性菌的菌毛黏附素多为普通菌毛，非菌毛黏附素主要是革兰阳性菌表面的某些蛋白、多糖以及革兰阴性菌的外膜蛋白等。黏附素受体多为靶细胞表面的糖类或糖蛋白。

（2）荚膜　荚膜具有抗吞噬细胞的吞噬和阻碍体液中杀菌物质的作用，使致病菌能在宿主体内大量繁殖和扩散。A 群链球菌的 M 蛋白、伤寒沙门菌的 Vi 抗原、大肠埃希菌的 K 抗原等位于细菌胞壁的外层，统称为微荚膜，对细菌具有与荚膜相似的保护作用。

（3）侵袭性物质　侵袭性物质包括侵袭素和侵袭酶类。侵袭素是某些细菌的侵袭基因编码产生的蛋白质，有助于细菌侵入临近的细胞而引起细菌感染的扩散。侵袭酶类是细菌释放的胞外酶，具有抗吞噬、溶解细胞、破坏组织等作用，可协助致病菌向四周扩散，如A群链球菌产生的透明质酸酶、链激酶和链道酶等。

2. 毒素 细菌毒素（bacterial toxin）根据来源、性质和作用特点不同，分为外毒素（exotoxin）和内毒素（endotoxin）。

（1）外毒素 外毒素是由革兰阳性菌及少数革兰阴性菌合成的毒性蛋白质。大多数外毒素是由细菌细胞合成后分泌至细胞外，少数存在于菌体内，待细菌裂解后释放出来。多数外毒素由A和B两种蛋白亚单位通过二硫键连接组成。A亚单位是外毒素活性部分，决定其毒性效应；B亚单位无毒，但能与宿主靶细胞表面的特异受体结合，介导A亚单位进入细胞内。A或B亚单位单独存在时对宿主均无致病作用。外毒素分子的完整性是其致病的必要条件。

外毒素的主要特性是：①属蛋白质，不耐热：一般加热至58～60℃经1～2小时可被破坏。②毒性强：如肉毒梭菌产生的肉毒毒素的毒性比氰化钾强1万倍。③对组织器官具有高度选择性，引起特殊的临床症状：根据外毒素对宿主细胞的亲和性及作用靶点等，可将其分成神经毒素、细胞毒素和肠毒素三大类。神经毒素主要作用于神经组织，引起神经传导功能紊乱，如破伤风梭菌产生的破伤风痉挛毒素作用于神经细胞引起肌肉痉挛；细胞毒素能直接损伤宿主细胞，如白喉毒素作用于外周神经末梢、心肌细胞等，通过抑制靶细胞蛋白质的合成而引起疾病；肠毒素主要作用于肠上皮细胞，引起肠道功能紊乱，如霍乱弧菌产生霍乱肠毒素作用于小肠黏膜细胞引起水电解质平衡失调，发生腹泻、呕吐。④抗原性强：可经0.3%～0.4%甲醛液脱毒成无毒性但具免疫原性的类毒素（toxoid）。

（2）内毒素 内毒素是革兰阴性菌细胞壁中的脂多糖（lipopolysaccharide，LPS）组分，当细菌死亡裂解或用人工方法破坏菌体后才释放出来。内毒素的分子结构由O特异性多糖、非特异核心多糖和脂质A三部分组成，脂质A是内毒素的主要毒性组分。

不同革兰阴性菌脂质A的结构差异不大，故其对机体的毒性作用基本相同，主要有：①致发热反应：其机制是内毒素作用于巨噬细胞、血管内皮细胞等，使之分泌 IL-1、IL-6 和 TNF-α 等细胞因子，这些细胞因子作用于下丘脑体温调节中枢，引起机体发热。②白细胞反应：内毒素进入血液初期，可使中性粒细胞黏附到组织毛细血管壁，导致血循环中的中性粒细胞数减少，随后内毒素诱生的中性粒细胞释放因子刺激骨髓释放中性粒细胞进入血流，使其数量显著增加。但伤寒沙门菌内毒素例外，始终使血循环中的白细胞总数减少。③内毒素血症和内毒素休克：大量内毒素除了可诱生 TNF-α、IL-1、IL-6 等细胞因子外，还能激活补体系统，继而促使肥大细胞、血小板等释放组胺、5- 羟色胺、前列腺素、激肽等生物活性物质，使小血管功能紊乱而造成微循环障碍，重要组织器官的毛细血管灌注不足、缺氧、酸中毒等。严重时出现以高热、低血压和微循环衰竭为主要特征的内毒素休克。④弥散性血管内凝血（DIC）：大量内毒素可通过激活血凝因子 VII、损伤血管内皮细胞等途径直接或间接活化凝血系统，使血小板凝集、大量血栓形成而导致 DIC。

细菌外毒素与内毒素的主要区别，见表 4-1。

表 4-1　外毒素与内毒素的主要区别

区别要点	外毒素	内毒素
来源	革兰阳性菌及部分革兰阴性菌	革兰阴性菌
存在部位	多数由活菌分泌，少数由菌体裂解后释放	细胞壁组分，细菌裂解后释放
化学成分	蛋白质	脂多糖
热稳定性	大多不耐热，60 ～ 80℃ 30 分钟被破坏	耐热，160 ℃ 2 ～ 4 小时才被破坏
毒性作用	强，对组织器官有选择性毒害作用，引起特殊临床表现	作用大致相同，引起发热、白细胞数量变化，休克、DIC 等
抗原性	强，能刺激机体产生抗毒素；可经甲醛液脱毒制成类毒素	较弱，不能经甲醛液脱毒制成类毒素

（二）抗细菌免疫

根据病原菌与宿主细胞的关系，将其分为胞外菌（extracellular bacteria）和胞内菌（intracellular bacteria）两类。胞外菌寄居于宿主细胞外的组织间隙和血液、淋巴液、组织液等体液中。胞内菌又分专性和兼性两类：专性胞内菌只能在活细胞内生长繁殖；兼性胞内菌主要在细胞内繁殖，在体外无活细胞的适宜环境中也可生存和繁殖。

病原菌侵入机体后，首先由固有免疫执行防御功能，一般经一周左右才建立起适应性免疫，二者互相配合，共同发挥抗菌免疫作用，但对胞外菌和胞内菌的免疫特点有所不同。

1. 抗胞外菌免疫 人类细菌感染大多数由胞外菌所致。胞外菌主要通过产生外毒素、内毒素和侵袭性胞外酶等引起病变，抗胞外菌免疫主要包括：

（1）吞噬细胞 胞外菌主要被中性粒细胞吞噬，在有氧情况下通过 H_2O_2 和过氧化物酶等杀死细菌，在无氧条件下通过溶菌酶、乳酸、乳铁蛋白等杀菌。

（2）抗体与补体 特异性抗体在抗胞外菌免疫中起重要作用，在补体的协同下，其作用可得到加强。其作用主要表现为：①阻止细菌黏附：如特异性 sIgA 与细菌菌毛等黏附素结合后，可阻止细菌黏附于黏膜上皮细胞表面而防止局部感染。②调理吞噬作用：吞噬细胞表面具有 IgG 的 Fc 受体和补体 C3b 等受体，可通过抗体与补体的调理作用提高吞噬细胞的吞噬杀菌能力。③抗体依赖的细胞介导的细胞毒作用：抗体与胞外菌结合后，其 Fc 段再与免疫细胞表面的 Fc 受体结合而杀死病菌。④激活补体溶菌：IgG、IgM 与细菌抗原结合后，能通过经典途径激活补体，形成的攻膜复合物可溶解细菌；C3a、C5a 等补体成分可介导急性炎症反应。⑤中和外毒素：抗毒素抗体与细菌分泌的外毒素结合后，可封闭外毒素的活性部位或阻止其与靶细胞结合，从而中和外毒素的致病作用。

（3）细胞免疫 在某些胞外菌感染中，$CD4^+$Th2 细胞也有一定作用，它们除辅助 B 细胞产生抗体外，还能分泌多种细胞因子，引起局部炎症，趋化和活化中性粒细胞，促进吞噬细胞的吞噬杀菌作用等。

2. 抗胞内菌免疫 由于胞内菌在胞内寄生，其感染大多数呈慢性过程，病变主要由病理性免疫损伤所致。因抗体不能进入胞内发挥作用，所以抗胞内菌免疫主要依赖细胞免疫。

（1）吞噬细胞与 NK 细胞　胞内菌主要被单核－巨噬细胞吞噬。活化的单核－巨噬细胞产生的一氧化氮等物质能有效杀伤多种胞内菌。中性粒细胞在感染早期有一定作用。NK 细胞能直接杀伤被感染的靶细胞，并可释放 IFN-γ 参与激活细胞免疫应答。

（2）细胞免疫　Th1 细胞和细胞毒性 T 细胞（CTL）在抗胞内菌免疫中起主导作用。① Th1 细胞：通过分泌 IFN-γ、IL-2、TNF-α 等细胞因子激活并增强巨噬细胞对靶细胞的杀伤能力，引起迟发型超敏反应等而有利于清除胞内菌。② CTL：通过释放穿孔素、颗粒酶等破坏被感染的靶细胞，亦可高表达 FasL 诱导靶细胞凋亡，病原菌释出后再经抗体的调理作用等被巨噬细胞吞噬消灭。

（3）黏膜表面 sIgA 抗体　能干扰细菌对黏膜上皮细胞的黏附而使之不能进入细胞内。

在抗菌免疫过程中，由于不同细菌的致病性不同以及机体抗菌免疫的复杂性，因此，感染的结局也不相同。在多数情况下，能阻止、抑制和杀灭病菌，但也有时可造成机体免疫病理性损伤。

第二节　真菌的感染与免疫

近年来，由于滥用抗生素、免疫抑制剂和激素导致机体免疫功能低下或菌群失调，艾滋病感染者人数增多、器官移植及介入技术的普遍开展等因素影响，机会性真菌感染尤其是深部感染的发病率与死亡率呈明显上升趋势。针对真菌感染，机体的固有免疫发挥重要作用，而适应性免疫与真菌感染性疾病的恢复密切相关。

一、真菌的感染

（一）感染的临床类型

根据感染部位的不同，可将真菌引起的感染分为三类。

1. 浅表真菌感染 指人体皮肤组织的真菌感染，主要侵犯皮肤、毛发和指（趾）甲。多为外源性感染，多有传染性，但一般临床症状较轻。

2. 皮下组织真菌感染 指人体皮下组织的真菌感染，一般由腐生真菌引起，通常为创伤所致。

3. 深部真菌感染 指人体组织、内脏、中枢神经系统等内脏器官的真菌感染，可以由内源性或外源性真菌所引起。由内源性真菌引起的感染也称为机会性真菌感染。

（二）致病类型

1. 真菌性感染 真菌可引起皮肤、皮下和全身性感染。引起人体感染的真菌包括致病性真菌和机会致病性真菌。由真菌感染并表现有临床症状者称为真菌病（mycoses）。同一种疾病可由不同种类真菌引起；一种真菌也可引起不同类型的疾病。

2. 真菌性超敏反应 按超敏反应的性质可分为感染性超敏反应和接触性超敏反应。按超敏反应发生的部位可分为皮肤超敏反应、呼吸道超敏反应和消化道超敏反应。

3. 真菌毒素中毒 有些真菌在农作物、食物或饲料上生长繁殖及代谢过程可以产生真菌毒素，人或动物食入后可导致急性或慢性中毒。真菌毒素中毒极易引起肝、肾、神经系统功能障碍以及造血功能的损伤。此外，有些真菌的毒素与肿瘤的发生有关，已证明黄曲霉菌产生的黄曲霉毒素有致癌作用，还有一些曲霉菌也产生类似黄曲霉毒素的致癌物质，如棒状曲霉菌、烟曲霉菌、黑曲霉菌、红曲霉菌、文氏曲霉菌以及杂色曲霉菌等。

（三）致病机制

不同真菌的致病物质、致病机制不尽相同。一般认为真菌致病作用与其产生的毒素或毒素样物质、真菌的黏附能力、对免疫功能的抑制作用、真菌的某些酶类和菌体成分、生物膜形成等有关。例如，白假丝酵母菌具有黏附人体细胞及形成生物膜的能力；新生隐球菌的荚膜有抗吞噬作用；白假丝酵母菌、烟曲霉、黄曲霉的细胞壁糖蛋白具有内毒素样活性，能引起组织化脓性反应和休克等。

真菌在体内繁殖后，受致病性及机体抵抗力等多种因素的影响，病理变化也不一样，多表现为急性渗出性炎症、坏死性炎症、慢性肉芽肿性炎症及混合病变等。

二、抗真菌免疫

真菌感染机体，首先是机体的固有免疫发挥作用，包括：皮肤黏膜的屏障作用、正常微生物群的拮抗作用和单核巨噬细胞及中性粒细胞的吞噬作用，但被吞噬的真菌孢子并不能完全被杀灭。此外，正常体液中的抗菌物质如 IFN-γ、TNF 等细胞因子在抗真菌感染方面也具有一定的作用。真菌侵入机体后，刺激机体产生的特异性免疫应答有保护作用，包括细胞免疫和体液免疫，其中以细胞免疫为主，同时可诱发迟发型超敏反应。

（一）固有免疫

1. 屏障作用 体表的物理屏障、化学屏障和微生物屏障均有防御真菌侵袭的作用。例如，健康的皮肤黏膜能阻挡真菌对机体的侵袭；皮脂腺分泌的脂肪酸具有杀灭真菌的作用，学龄前儿童的皮脂腺发育不够完善，头皮分泌的不饱和脂肪酸较成人少，因而易患头癣；寄生于机体的正常微生物群也能拮抗寄生于人体内的白假丝酵母菌等真菌的大量繁殖，如长期应用广谱抗生素会导致菌群失调，白假丝酵母菌等则趁机大量繁殖而导致机会性感染。

2. 吞噬作用 巨噬细胞和中性粒细胞具有吞噬真菌的能力。吞噬细胞被真菌活化后，释放的 H_2O_2、次氯酸和防御素（defensin）能杀灭白假丝酵母菌、烟曲霉等真菌。被吞噬的真菌孢子并不能被完全杀灭，可在吞噬细胞内繁殖，刺激组织增生，引起细胞浸润形成肉芽肿，也可随吞噬细胞扩散到其他部位引起感染。

3. 正常体液中的抗真菌物质 除补体等免疫分子外，在体液中还存在一些抗真菌物质。例如，转铁蛋白可扩散至皮肤角质层，具有抑制真菌和细菌的作用；IFN-γ、TNF 等细胞因子及 β- 防御素也具有一定的抗真菌作用。

（二）适应性免疫

1. 细胞免疫 在特异性抗真菌免疫中，细胞免疫起主导作用。细胞免疫功能受损或低下，易发生严重的真菌感染。如 AIDS 患者由于 HIV 破坏 T 细胞常发生致死性真菌感染；患恶性肿瘤或长期应用免疫抑制剂导致细胞免疫功能低下的人也易并发深部真菌病。

2. 体液免疫 真菌细胞的化学成分非常复杂，含有蛋白质、多糖等多种抗原。深部真菌感染机体能产生特异性抗体，但抗体在抗真菌感染中的作用不如细胞免疫。真菌感染后一般不能获得牢固持久的免疫力。

第三节 病毒的感染与免疫

病毒通过多种传播途径进入机体，在细胞中增殖，损伤或改变细胞的功能而引起病毒的感染。其本质是病毒与机体、病毒与宿主细胞之间相互作用的过程，发病与否主要取决于病毒毒株、感染量、感染途径，宿主的遗传背景、年龄、个体的一般健康状况以及机体的抵抗力，若两者之间的平衡关系被打破，则导致疾病的发生。

一、病毒的传播方式与感染类型

（一）感染途径与传播方式

病毒感染途径与细菌感染途径类似，包括呼吸道、消化道、泌尿生殖道、破损皮肤、眼、输血或注射、胎盘以及节肢动物媒介等多种途径。病毒感染的传播方式包括垂直传播和水平传播。

1. 垂直传播（vertical transmission） 垂直传播是指母体感染的病

毒通过胎盘或产道由亲代传播给子代的方式，垂直传播是病毒感染的特点之一，这种传播方式在其他微生物较少见。多种病毒可经垂直传播引起子代感染，如风疹病毒、巨细胞病毒、HBV、HIV及HCV等，垂直感染可引起死胎、流产、早产或先天畸形等。

2. 水平传播（horizontal transmission） 水平传播是指病毒在人群中不同个体之间的传播，也包括从动物到人的传播。病毒主要通过皮肤和黏膜，如呼吸道、消化道及泌尿生殖道等途径传播，在特定条件下也可直接进入血循环，如输血、注射、机械损伤和昆虫叮咬等方式感染机体。

（二）病毒感染的类型

病毒侵入机体后，有些病毒只在入侵部位感染细胞，称为局部感染（local infection）或表面感染（superficial infection）。有些病毒则从入侵部位通过血流、淋巴液或神经系统向全身或远处播散，造成全身感染或播散性感染。根据病毒的种类、毒力以及机体免疫力等不同，机体感染病毒后与感染细菌类似，可表现出不同的临床类型。

1. 隐性感染 病毒进入机体后，不出现临床症状的感染称为隐性感染或亚临床感染。可能与入侵机体的病毒数量少、毒力弱及机体抵抗力强有关。隐性感染者虽无临床症状，但仍可获得对该病毒的特异性免疫而终止感染，部分病毒隐性感染者不能产生有效的免疫力，病毒可在体内增殖不被清除，并可长期向外界播散，这种隐形感染者称为病毒携带者（viral carrier）。

2. 显性感染 病毒在宿主细胞内大量增殖，导致机体出现临床症状和体征者称为显性感染。根据临床症状出现早晚和持续时间长短又分为急性感染和持续性感染。

（1）急性病毒感染（acute viral infection） 其特点是感染病毒后，潜伏期短、发病急、数日或数周即恢复，病后常获得特异性免疫，体内一般不再有病毒，如流行性感冒和甲型肝炎等。

（2）持续性病毒感染（persistent viral infection） 病毒可在机体内持续较长时间，长达数月至数年甚至终身携带病毒，并可成为重要的传染源。根据临床症状或发病机制的不同分为：①慢性感染（chronic infection）：显性或隐性感染后，病毒未能完全清除，临床症状轻微或无症状，迁延不愈可持续检测出病毒，如乙型肝炎、丙型肝炎等。②潜伏性感染（latent infection）：在原发感染后，病毒基因存在于宿主的某些组织或细胞中，但病毒不复制，也不出现临床症状。在某些条件下病毒被激活增殖，导致疾病复发。复发期可以检测出病毒。如水痘－带状疱疹病毒初次感染儿童时引起水痘，病毒可长期潜伏在脊髓后根神经节，成人时期潜伏的病毒可被激活引起带状疱疹。③慢发病毒感染（slow virus infection）：又称慢病毒感染，病毒感染后有很长的潜伏期，经数年或十几年后，症状一旦出现多为进行性加重并导致死亡，此类感染又称迟发病毒感染。如 HIV 感染引起的 AIDS 和麻疹病毒引起的亚急性硬化性全脑炎（subacute sderosing panencephalitis，SSPE）。

此外，大量研究证明，病毒是人类肿瘤的致病因素之一，全世界至少有 15% ～ 20% 的人类肿瘤与病毒感染有关，如人乳头瘤病毒与宫颈癌、EB 病毒与鼻咽癌、乙型肝炎病毒与原发性肝癌等。

二、病毒的致病机制与免疫

（一）致病机制

1. 病毒对宿主细胞的直接作用

（1）*杀细胞效应*　指病毒在宿主细胞内复制成熟后，短时间内一次释放大量子代病毒，导致细胞裂解死亡，称为杀细胞性感染。主要见于无包膜、杀伤性强的病毒，如脊髓灰质炎病毒。其发生机制是病毒增殖可阻断细胞核酸与蛋白质的合成，使细胞新陈代谢功能紊乱，造成细胞病变与死亡；病毒复制的过程中对细胞核、细胞膜、内质网和线粒体等均可造成损伤，导致细胞裂解死亡；某些病毒的衣壳蛋白具有直接杀伤宿主细胞的作用。在体外实验中，通过细胞培养和接种杀细胞性病毒，经过一段时间后，可用光学显微镜观察到细胞变圆、坏死，从瓶壁脱落等现象，称为细胞病变效应（cytopathic effect，CPE）。

（2）稳定状态感染　某些有包膜的病毒，在细胞内复制增殖后以出芽方式释放子代病毒，宿主细胞发生的病变相对较轻，在短时间内不出现溶解和死亡。这类病毒感染的细胞膜上常出现由病毒基因编码的新抗原，可被机体的特异性抗体或 CTL 所识别，最终导致宿主细胞死亡。有些病毒感染细胞时，导致细胞膜与邻近细胞融合，数个细胞形成多核巨细胞。

（3）包涵体的形成　有些病毒感染细胞后，在普通显微镜下可见胞浆或胞核内出现圆形或椭圆形、数量不一、大小不等的斑块结构，嗜酸性或嗜碱性染色，称为包涵体（inclusion body）。病毒包涵体由病毒颗粒或未装配的病毒成分组成，也可能是病毒增殖的场所或细胞对病毒作用的反应物。包涵体破坏细胞的正常结构和功能，有时引起宿主细胞死亡。包涵体的检测可作为病毒感染的辅助诊断，如狂犬病病毒感染的宿主脑组织切片中可发现胞浆内有嗜酸性包涵体，称为内基氏小体（Negri body），可用来诊断狂犬病。

（4）细胞凋亡　指由细胞基因控制的程序性细胞死亡。有些病毒感染细胞后，可激活宿主细胞凋亡基因，导致细胞凋亡。例如 HIV 表面的 gp120 与 $CD4^{+}$T 细胞的 CD4 分子结合后，通过信号传导作用，启动凋亡基因，逐步使细胞出现鼓泡、核浓缩、染色体被降解等变化。事实上，宿主细胞凋亡，既限制了病毒体的复制数量，也促进了病毒释放。

（5）基因整合与细胞转化　某些 DNA 病毒或逆转录病毒感染时，病毒基因可与宿主细胞基因整合，导致细胞转化、细胞失去细胞间接触抑制，使细胞增殖变快。①逆转录 RNA 病毒：先以 RNA 为模板逆转录合成 cDNA，再以 cDNA 为模板合成双链 DNA，并将其整合到宿主细胞染色体 DNA 中。② DNA 病毒：在 DNA 复制中，偶尔使部分 DNA 片段随机整合到宿主细胞 DNA 中。另外，细胞转化也可由病毒蛋白诱导发生。如乙型肝炎病毒的 HBxAg 可反式激活原癌基因，引发肝细胞癌。基因整合或其他机制引发的细胞转化与肿瘤形成密切相关。

2. 病毒感染的免疫病理损伤　病毒感染机体后，在体内与免疫系统相互作用，激发机体免疫应答反应，通过免疫应答损伤机体是病毒致病的重要机制之一。

（1）抗体介导的免疫病理损伤　病毒表达的包膜蛋白、衣壳蛋白均可作为抗原刺激机体产生抗体，引起机体免疫应答，在阻止病毒扩散的同时又可引起免疫病理损伤，其机制主要是：①某些病毒感染细胞可使细胞膜上出现的病毒抗原或暴露出的自身抗原与其诱发产生的特异性抗体结合，通过Ⅱ型超敏反应导致免疫病理损伤。②血循环中的病毒颗粒与抗体结合成免疫复合物，沉积于机体的某些部位，引起Ⅲ型超敏反应，导致机体损伤。如慢性乙型肝炎患者常出现关节症状，与免疫复合物沉积于关节滑膜引起的关节炎有关；登革病毒感染的免疫复合物可沉积于血管壁，激活补体，使血管通透性增高，引起出血或休克。

（2）细胞介导的免疫病理损伤　特异性细胞免疫是宿主清除胞内病毒的重要机制，然而细胞毒性T细胞（CTL）同时也对出现了新抗原的宿主细胞造成损伤，属于Ⅳ型超敏反应。如受HBV感染的肝细胞膜表面出现的抗原，CTL清除病毒的同时，也可造成肝细胞的损伤。

（3）病毒对免疫系统的损伤　某些病毒侵入机体后会感染免疫细胞，引起免疫抑制和免疫细胞损伤，导致机体免疫应答水平低下。如HIV能感染$CD4^{+}$T细胞和巨噬细胞，严重损伤宿主的免疫功能。病毒感染还可引起免疫应答功能紊乱，如某些慢性肝炎患者在肝细胞表面出现肝特异性脂蛋白抗原，从而引发机体免疫系统对肝细胞发生应答，最终导致肝细胞损伤。

（4）病毒的免疫逃逸　病毒可能通过逃避免疫监视、防止免疫激活或阻止免疫应答发生等方式实现免疫逃逸。病毒的免疫逃逸能力也是病毒致病作用的一个重要因素。

（二）抗病毒免疫

抗病毒免疫包括固有免疫和适应性免疫。固有性免疫在病毒感染早期，可限制病毒迅速繁殖及扩散，但并不能将病毒从体内彻底清除；适应性免疫在抗病毒感染过程中发挥重要的作用，是最终清除病毒的主要因素。

（一）固有免疫

固有免疫构成了机体抗病毒感染的第一道防线，其中干扰素和自然杀伤细胞起主要作用。

1. 干扰素 干扰素是病毒或其他干扰素诱生剂使人或动物细胞分泌的一类具有多种生物学活性的糖蛋白，具有抗病毒、抗肿瘤和免疫调节等生物学活性。病毒及其他细胞内寄生物、细菌内毒素、原虫、一些中草药和人工合成的双链 RNA 是干扰素诱生剂。

干扰素不能直接灭活病毒，但能诱导细胞合成抗病毒蛋白，从而达到抗病毒作用。抗病毒蛋白只作用于病毒，不影响宿主细胞的蛋白质合成。主要的抗病毒蛋白包括 2'-5'腺嘌呤核苷合成酶（2'-5'A 合成酶）、核糖核酸酶、蛋白激酶和磷酸二酯酶等，它们可使病毒 mRNA 降解或抑制病毒蛋白的合成而抑制病毒增殖。干扰素具有广谱性、高活性和种属特异性等抗病毒特点。

由人类细胞合成的干扰素，根据其抗原性不同分为 α、β 和 γ 三型，每型依氨基酸序列不同分若干亚型。编码人 IFN-α、β 基因，位于第 9 号染色体的短臂；编码人 IFN-γ 的基因位于第 12 对染色体的长臂上。IFN-α 主要由白细胞产生，IFN-β 主要由成纤维细胞产生。IFN-α、β 属于 I 型干扰素，抗病毒作用强于免疫调节作用，可用于治疗某些重要的急性、慢性病毒性疾病，如带状疱疹、慢性乙型肝炎等；IFN-γ 由 T 细胞产生，属于Ⅱ型干扰素，又称免疫干扰素，免疫调节作用强于抗病毒作用，是免疫调节的重要因子。

2. NK 细胞 NK 细胞具有非特异杀伤被病毒感染靶细胞的作用，在感染早期适应性免疫应答尚未建立之前，对病毒感染细胞发挥自然杀伤作用；在适应性免疫应答形成之后，由抗体（IgG）介导 ADCC 作用，杀伤病毒感染细胞。一般机体被病毒感染 4 小时后即可出现杀伤效应，3 天时达高峰。NK 细胞具有抗病毒时间早、范围广和作用强等特点。

（二）适应性免疫

病毒抗原多具有较强的免疫原性，能刺激机体产生适应性细胞免疫和体液免疫。由于病毒严格寄生于宿主细胞内，因此，机体细胞免疫是终止病毒感染的主要机制。

1. 细胞免疫 机体对细胞内病毒的清除，主要依靠细胞毒性 T 细胞（CTL）和 Th1 细胞发挥抗病毒作用。

（1）*CTL 的作用* CTL 能识别与 MHCI 类分子结合的靶细胞表面的病毒抗原肽，通过分泌穿孔素、颗粒酶和 TNF 等，使靶细胞裂解；或通过激活 Fas 分子，引发病毒感染细胞凋亡。

（2）*Th1 细胞的作用* 活化的 Th1 细胞可释放 INF-γ、TNF-α 等多种细胞因子，通过激活巨噬细胞和 NK 细胞，促进 CTL 的增殖分化等，在抗病毒感染中起重要作用。

2. 体液免疫 机体受病毒感染或接种疫苗后，体内出现针对病毒某些表面抗原的特异性抗体，包括中和抗体和非中和抗体。中和抗体对机体具有保护作用，非中和抗体无抗病毒作用，但可用于诊断某些病毒感染。

（1）*抗体对游离病毒的作用* 中和抗体是针对病毒表面且与病毒入侵有关的抗原产生的抗体，具有保护作用。中和抗体与病毒表面蛋白质抗原结合可以发挥以下作用：①阻止病毒与宿主细胞受体结合。②稳定病毒使其不能正常脱壳，终止病毒的复制过程。③抗体与病毒结合后易于被巨噬细胞吞噬和清除。④抗体与有包膜病毒结合，通过激活补体使病毒裂解。

（2）*抗体对病毒感染细胞的作用* 病毒在细胞内增殖，使细胞膜表面表达病毒基因编码的抗原。抗体与其结合后，通过免疫调理作用，促进巨噬细胞吞噬病毒感染细胞。抗体与病毒感染细胞表面抗原的结合可以引发 NK 细胞、巨噬细胞及中性粒细胞的 ADCC 作用。

【知识拓展】

科学家对病原菌致病性的研究

医学科学的进步离不开科学家的奉献和牺牲精神，汤飞凡先生为了证实他分离到的微生物为沙眼的病原体，将其接种到自己的左眼里，以右眼做对照，经过40余天的坚持，在形成了沙眼典型的病变特征后才开始进行治疗。1909年，美国青年科学家立克次（H.T.Ricketts，1871—1910）在研究洛基山斑点热时，不幸被当时还未知的病原体感染，并献出了宝贵的生命。1916年，巴西学者利马（H.D.Rocha Lima，1879—1956）将这种病原体确定为立克次体（rickettsia）。1981年，澳大利亚科学家马歇尔（B.J.Marshall，1951—今）与沃伦（Robin Warren，1937—今）成功培养出幽门螺杆菌，为了探索该菌的致病性，马歇尔将幽门螺杆菌的菌液吞服下去，引发了急性胃炎，证明了该菌就是胃炎和消化性溃疡的致病因子。新时代的学子，感知科学家奉献精神的同时，一定要树立远大理想和目标，要珍惜时光，奋发学习。

思考题

1. 如何理解持续性病毒感染？持续性病毒感染的类型有哪些？
2. 如何理解免疫应答在抗菌、抗病毒免疫中发挥的双刃剑效应？
3. 病毒的致病机制与细菌的致病机制有何不同？

第五章　病原微生物的控制

病原微生物广泛存在于自然界，与人类关系密切，有些病原微生物可以引起严重的疾病，危害人类的生命健康。在临床上，绝大多数的感染由自然界中的病原微生物经污染的环境、物品进入人体而引起。因此，人们常利用物理或化学因素来抑制或杀死环境中及机体表面的病原微生物，防止病原微生物的污染与传播，称为病原微生物的控制。

第一节　病原微生物控制的概述

病原微生物控制通常以细菌（尤其是细菌芽孢）被抑制或杀灭作为参照指标，故有消毒与灭菌之分。

1. 消毒（disinfection） 消毒是指杀灭或去除物品表面上的病原微生物，但不一定能消灭细菌芽孢和非病原微生物的方法。用于消毒的化学药品称为消毒剂（disinfectant）。消毒剂在常用浓度下通常只能消灭细菌的繁殖体，延长作用时间或提高浓度才能杀死芽孢。

2. 灭菌（sterilization） 灭菌是指杀灭物体上包括细菌芽孢在内的所有病原微生物和非病原微生物的方法。在医疗用品中，凡是进入人体血液、组织和体腔的医用器材，如手术器械、注射用品、引流管等都必须经过严格灭菌。在实验室中，用于微生物培养的实验器材、试剂和培养基等需要灭菌。

3. 无菌（asepsis） 无菌是指无任何活的微生物存在。经过灭菌操作的物品是无菌的。无菌操作（aseptic technique）是指防止微生物进入人体或者其他物品的操作技术。在临床上，外科手术时要注意无菌操作，防止病原微生物经创口进入人体。

4. 防腐（antisepsis） 防腐是指抑制微生物生长繁殖、防止物品腐败变质的方法。用于防腐的化学制剂称为防腐剂（antiseptic）。防腐只能抑制微生物的生长，不能杀死微生物。

第二节　消毒灭菌的主要方法

消毒与灭菌的方式主要有物理消毒灭菌方法和化学消毒灭菌方法两种。

一、物理消毒灭菌方法

多种物理因素如热力、辐射、过滤、超声波、臭氧、干燥与低温等都可以用于消毒灭菌。

（一）热力灭菌法

高温对病原微生物具有杀灭作用，其机制是热力可引起蛋白质变性、核酸降解、细胞膜损伤等，造成病原微生物生长受到抑制或死亡，因而常用于对病原微生物的控制。病原微生物类型不同对高温的抵抗力不同。病毒对高温最为敏感，细菌芽孢和真菌孢子对高温抵抗力较强，能在沸水中存活数分钟甚至数小时。热力灭菌法可分为干热灭菌法和湿热灭菌法两大类。

1. 干热灭菌法 在无水的条件下，利用高温使病原微生物脱水、大分子变形而被杀死。干热灭菌法主要适用于耐高温的玻璃制品、金属制品及不允许湿热灭菌物品如粉剂的灭菌。常用的干热灭菌法如下。

（1）焚烧（incineration） 一种彻底的灭菌方法，适用于被污染物品、实验废弃物或者动物尸体的处理。

（2）烧灼（flame） 直接用火焰灼烧杀死病原微生物的方法。此方法灭菌迅速，简便彻底，但适用范围有限，通常用于病原微生物学实验中金属性接种工具以及玻璃制品的灭菌。

（3）干烤（hot air sterilization） 利用电热干燥箱中的热空气进行灭

菌，通常用于需保持干燥且在高温下不变质、不损失、不蒸发、不易燃烧物品的灭菌，例如，玻璃器皿、瓷器、玻璃注射器、金属制品。一般加热到160℃经2小时即可杀灭包括细菌芽孢在内的所有病原微生物。升高温度可缩短灭菌时间，如加热到170℃则作用1小时即可。但干烤法灭菌效果与被处理物品的传热性、体积和堆积情况密切相关，如灭菌效果不佳可考虑减少单次灭菌物品数量。

（4）红外线（infrared） 利用波长0.77～1000μm的电磁波的热效应进行灭菌，其中在1～10μm波长范围的热效应最强。在红外线照射处，能量被直接转换为热能，环境温度被提高，水分蒸发而起到干燥作用，从而影响病原微生物的生长。由于红外线的热效应只能局限于照射物品的表面，不能均匀加热物品，故灭菌的效果有限。此法多用于不适于高温的较小的医疗器械的灭菌，也常用于餐具的消毒。

（5）微波（microwave） 利用波长1～300mm的电磁波与介质内极性分子的共振作用产生热能而灭菌，但灭菌效果不稳定。微波的频率较高，穿透力强，可穿透玻璃、塑料薄膜和陶瓷等物品，但不能穿透金属。此法通常用于食品、药品、非金属器械及餐具等的消毒。

2. 湿热灭菌法 主要通过加热煮沸或产生水蒸气的热量，并利用水分子的热渗透作用进行灭菌的方法。在同一温度下，湿热灭菌法比干热灭菌法的效果好。主要原因是：①湿热中菌体蛋白质吸收了水分，蛋白质容易凝固。蛋白质凝固所需要的温度与其含水量有关，含水量越大，发生凝固所需的温度越低。②湿热的穿透力比干热大，可以使物品深部也达到灭菌的温度。③湿热的蒸汽具有潜热。蒸汽遇到较低温度的物品后凝结为液体后可放出大量热能，迅速提高物品的温度。常用的湿热灭菌法如下：

（1）巴氏消毒法（pasteurization） 由巴斯德首创而得名。利用较低的温度杀死液体中的病原菌或特定微生物，而不破坏物品中不耐热的重要成分的消毒方法。一般是61.1～62.8℃加热30分钟或72℃加热15秒，可杀死液体中的链球菌、沙门菌、布鲁菌、结核分枝杆菌等。常用于具有风味的饮品如酒类、牛奶的消毒，也可用于不耐高温的医疗器械如膀胱镜等的消毒。

（2）煮沸法（boiling water） 将物品置于水中加热至沸点（1 个大气压，100℃），持续 5 分钟可杀灭细菌的繁殖体，细菌芽孢通常需要煮沸 1 小时乃至数小时才能被消灭。在水中加入 2% 碳酸钠，可将水的沸点提高到 105℃，既可增强杀菌作用，又可防止金属器械生锈。本操作方法简单方便，经济实用，多用于餐具、玻璃器皿、一般外科器械等的消毒。

（3）流通蒸汽消毒法（free-flowing steam） 利用 1 个大气压下 100℃的水蒸气进行消毒。常用的器具是流通蒸汽灭菌器或者蒸笼等，100℃持续 15 ～ 30 分钟可杀灭细菌的繁殖体，但不能保证杀灭全部细菌芽孢。此方法设备简单，成本较低，使用时被消毒物品的包装不宜过大，放置不宜过密，以免阻碍蒸汽穿透。一般用于外科器械、注射器、餐具、食品以及不耐高温物品的消毒。

（4）间歇蒸汽灭菌法（fractional sterilization） 利用反复多次流通蒸汽间歇加热，使不耐 120℃以上高温物品达到灭菌的目的。常用的器具是流通蒸汽灭菌器或者蒸笼等，100℃加热 15 ～ 30 分钟杀灭其中细菌的繁殖体，取出后放入 37℃培养箱中过夜，待残存的芽孢发育为繁殖体，再使用流通蒸汽将复苏的芽孢杀灭。如此反复三次即可将灭菌物品上的病原微生物全部杀灭，同时又不破坏其中不耐高温的部分。此法适用于不耐高温的营养物，如血清培养基、含牛奶培养基或某些药品的灭菌。

（5）高压蒸汽灭菌法（sterilization by pressured steam） 实验室及生产中最常用的灭菌方法。在密闭的耐压容器中，利用水蒸气形成超过大气压的压力与超过 100℃的高温进行灭菌。通常使用高压蒸汽灭菌器，在 103.4 kPa（1.05 kg/cm^2）的蒸汽压下，温度可达到 121.3℃，维持此温度 15 ～ 20 分钟，可杀灭包括细菌芽孢在内的所有病原微生物。此方法适用范围广泛，包括所有耐高温物品如基础培养基、生理盐水、玻璃器皿、手术器械、注射器、敷料等的灭菌，也可用于污物和排泄物的灭菌。

（二）辐射杀菌法

利用辐射对微生物的损害作用进行杀菌的方法，可分为非电离辐射（如日光、紫外线等）和电离辐射（如 X 射线、β 射线、γ 射线等）。

1. 紫外线（ultraviolet ray，UV） 紫外线的波长为 10 ～ 400nm，其中波长在 240 ～ 300nm 的紫外线（包括日光中的紫外线）具有杀菌作用，尤其以 265 ～ 266nm 的杀菌作用最强，因为这个波长与 DNA 的吸收光谱范围一致。紫外线的杀菌机制是作用于 DNA，使一条链上相邻的两个胸腺嘧啶以共价键结合，形成二聚体，干扰 DNA 的复制和转录，导致病原微生物的变异或死亡。紫外线照射 20 ～ 30 分钟即可杀死空气中的病原微生物。紫外线对细菌、真菌、病毒（主要是 DNA 病毒）、立克次体、螺旋体、原虫等多种病原生物具有杀灭作用，但不同种类的病原微生物对紫外线照射的敏感性不同。紫外线穿透能力弱，普通玻璃、纸、有机玻璃、一般塑料薄膜、尘埃、水蒸气等都对其有阻挡作用，因此只适用于空气、物体表面的消毒灭菌，例如，无菌室、手术室、传染病室、医院病室及实验室等的空气消毒，或者用于不耐热塑料器皿等物体的表面消毒。杀菌波长的紫外线对人体皮肤、眼睛均有损伤作用，应注意个人防护。

部分病原微生物受紫外线照射损伤后置于可见光下，可重新正常生长繁殖，称为光复活作用（photoreactivation）。其原因是在病原微生物细胞内存有光复活酶，它能分解紫外线照射形成的嘧啶二聚体，使 DNA 的二聚体解聚。

2. 电离辐射（ionizing radiation） 电离辐射主要包括 β 射线和 γ 射线等，具有较高的能量和较强的穿透力，具有较强的杀菌效果，在足够剂量时，对各种病原微生物均有致死作用。电离辐射的杀菌机制在于可瞬间产生大量的氧自由基，能损伤细胞膜、破坏 DNA 复制、引起酶系统紊乱而导致病原微生物死亡。电离辐射用于消毒灭菌具有许多独特的优点：能量大、穿透力强，可彻底杀灭物品内部的病原微生物，灭菌作用不受物品包装、形态的限制；不需要加热，有“冷灭菌”之称，可用于忌热物品的灭菌；方法简便，不污染环境，无残留毒性。常用的辐射源为放射性核素 ^{60}Co，可用于大量一次性医用塑料制品、生物制品、药品和不耐热物品的灭菌；也可用于食品的消毒，而不破坏其营养成分；亦能用于处理污水污泥等。电离辐射可造成人体损伤，使用时应注意防护。

（三）滤过除菌法

利用物理阻留的方法除去液体或空气中的病原微生物，以达到除菌目的。所用的器具是滤菌器。常用的滤菌器有硅藻土滤器、蔡氏滤器、玻璃滤器和膜滤器。滤菌器的原理是利用滤菌器孔径的大小来阻截液体、气体中的微生物，通常孔径为 0.22μm，一般可用于除去细菌，但不能除去体积微小的病毒、支原体和某些 L 型细菌。滤过除菌法主要用于不耐热物品如抗生素、维生素、酶、血清、细胞培养液、毒素等的除菌，也可用于空气的除菌。

（四）超声波杀菌法

超声波（ultrasonic wave）是频率范围在 20 ～ 200kHz 的声波，对病原微生物具有一定的杀灭作用。在液体中的病原微生物可因高频率的超声波作用而裂解死亡，其作用机制主要是通过超声空化效应造成压力的改变，在应力薄弱区可形成许多小空腔，并逐渐增大，最后崩解而产生巨大压力，导致病原微生物的结构被破坏而达到杀死病原微生物的目的。超声波的杀菌效果与多种因素有关，如声波频率、作用时间、病原微生物种类、细胞大小、形状及数量等。一般来说，高频率超声波比低频率超声波杀灭病原微生物的效果好，体积大的病原微生物比体积小的病原微生物更易受超声波破坏；杆菌比球菌、丝状菌比非丝状菌更易被杀灭，而病毒较难被破坏。超声波杀灭病原微生物并不彻底，但能明显减少病原微生物的数量，可用于食具的消毒。

（五）臭氧消毒法

臭氧可以通过其强大的氧化作用杀灭细菌。常用的臭氧灭菌灯可在电场作用下将空气中的氧气转换成高纯臭氧达到杀菌目的。

（六）干燥与低温抑菌法

干燥和低温具有很好的抑菌作用，也有一定的杀菌作用。

1. 干燥（desiccation） 水是病原微生物构成与代谢的必要成分，干燥可使病原微生物脱水、浓缩、新陈代谢减慢，甚至生命活动停止。不同病原微生物对干燥环境的耐受性不同，如脑膜炎奈瑟菌、淋病奈瑟球菌、苍白密螺旋体等的繁殖体在干燥的空气中很快死亡；而结核分枝杆菌、溶血性链球菌、炭疽杆菌及真菌、乙型肝炎病毒等抗干燥能力强；细菌的芽孢对干燥的抵抗力更强，如破伤风梭菌的芽孢可耐干燥达数十年。虽然干燥不能杀灭这些耐干燥的病原微生物，但却能抑制其生长繁殖。干燥法通常用于保存食物、药物。此外，使用浓盐或者糖渍食品的方法，降低其中病原微生物的含水量，可有效抑制其中微生物的繁殖，防止食品的腐败。

2. 低温（low temperature） 低温可使病原微生物的新陈代谢减慢，生长繁殖受到抑制。大部分的病原微生物如细菌、病毒能耐低温。低温不仅不能杀死病原微生物，还有利于病原微生物的长期存活，当温度回升到适宜范围时它们又能恢复生长繁殖，故常利用低温保存菌种。利用低温的抑菌作用，可以保存食品、药品，使其不易变质。利用低温反复多次的冻融可明显减少病原生物的数量，具有杀灭病原微生物的作用。其原理是冷冻时病原微生物内部的水分可形成结晶，损伤细胞结构，并产生膨胀导致细胞崩解。因此，实验室常用此原理制备细菌的可溶性抗原。在保存菌种时，为避免解冻时对细菌造成损伤，可在低温状态下真空抽去水分，此法称为冷冻真空干燥法（lyophilization），是目前保存菌种的最好方法，一般可保存微生物数年至数十年。

二、化学消毒灭菌方法

许多化学药物或制剂具有抑制病原微生物生长繁殖和杀灭病原微生物的作用，常用于病原微生物的控制。主要有消毒剂与防腐剂，它们对病原微生物和人体组织细胞的作用无选择性，都有毒害作用，故只能外用或用于环境的消毒。

（一）常用化学消毒剂、防腐剂

常用的化学消毒剂、防腐剂的种类、性质及用途，见表 5–1。

表 5–1　常用化学消毒剂、防腐剂的种类、作用及用途

类别	名称	常用浓度	作用	用途
醇类	乙醇	70% ～ 75%	对分枝杆菌具有强大迅速的杀灭作用，对芽孢无效，对黏膜和伤口有烧灼感，微毒	皮肤、物体表面消毒
酚类	苯酚（石炭酸）	3% ～ 5%	杀菌力强，对皮肤有刺激性，有异味，有毒	皮肤、地面及器皿表面消毒
	甲酚（来苏儿）	2% ～ 5%	能杀灭细菌繁殖体，对芽孢和肝炎病毒无效，有特殊气味，有毒	皮肤、地面及器皿表面的消毒
	氯己定（洗必泰）	0.02% ～ 0.05%	抑菌作用强，可杀灭细菌繁殖体，刺激性小，毒副作用小	术前洗手
		0.01% ～ 0.02%		腹腔、阴道、膀胱等内脏冲洗
表面活性剂	苯扎溴铵（新洁尔灭）	0.05% ～ 0.1%	对球菌、肠道杆菌具有较强的杀灭作用，对芽孢及乙型肝炎病毒无效，刺激性小，有毒	外科洗手及皮肤黏膜消毒，浸泡器械
	度米芬	0.05% ～ 0.1%	对细菌杀灭作用强于苯扎溴铵，对物体损害轻微，有毒	皮肤创伤冲洗；器械、纺织品、塑料制品消毒

续表

类别	名称	常用浓度	作用	用途
氧化剂	高锰酸钾	0.1%	强氧化剂，能杀灭细菌、病毒、真菌，微毒	皮肤、尿道消毒，蔬菜水果消毒
	过氧化氢	3%	新生氧杀菌，不稳定，能杀灭芽孢在内的所有微生物，微毒	口腔黏膜消毒，伤口冲洗
	过氧乙酸	0.2% ～ 0.5%	高效广谱杀菌剂，原液对皮肤、金属有强烈腐蚀性，微毒	塑料、玻璃制品及玩具消毒
烷化剂	甲醛	10%	可有效杀灭芽孢、病毒，破坏细菌毒素，刺激性强，有毒，致癌	物体表面消毒，空气消毒
	戊二醛	2%	对芽孢、病毒、真菌有快速强大的杀灭作用，刺激性较低，有毒	精密仪器、内窥镜等消毒
	环氧乙烷	50mg/L	高效广谱的杀菌作用，不损害物品，常温下呈气态，易燃易爆，有毒，致癌	器械、纺织品、塑料制品、皮毛制品的消毒
重金属盐类	升汞	0.05% ～ 0.1%	杀菌作用强，对金属有腐蚀作用，有毒	非金属器皿消毒
	红汞	2%	杀菌力弱，无刺激性	皮肤黏膜创伤消毒
	硫柳汞	0.1%	抑菌作用强，蛋白质变性，酶活性丧失，有毒	生物制品防腐，手术部位消毒
	硝酸银	1%	有腐蚀性，有毒	新生儿滴眼预防淋病奈瑟球菌感染
重金属盐类	蛋白银	1% ～ 5%	刺激性小，有毒	新生儿滴眼预防淋病奈瑟球菌感染
卤素类	氯	0.2 ～ 0.5ppm	刺激性强，有毒	饮水及游泳池消毒
	漂白粉	10% ～ 20%	有效氯易挥发，刺激性强，有毒	饮水、地面、厕所、排泄物消毒

续表

类别	名称	常用浓度	作用	用途
	氯胺	0.2% ～ 0.5%	刺激性弱，有毒	空气、物体表面、衣服（0.1%）消毒
	二氯异氯尿酸钠	4ppm	可杀灭芽孢、肝炎病毒等各种微生物，稳定，有毒	饮水、空气及排泄物（3%）消毒
	碘酒	2.5%	广谱、中效杀菌剂，对皮肤有较强刺激性，有毒	皮肤消毒
	碘伏	1%（用时现配）	有毒	皮肤、黏膜消毒
染料类	甲紫（龙胆紫）	2% ～ 4%	有抑菌作用，对葡萄球菌作用强，有毒	浅表创伤消毒
酸碱类	醋酸	5 ～ 10mL/m^3 加等量水熏蒸	有刺激性	空气消毒
	生石灰	按 1∶4 或 1∶8 加水配成糊状	杀菌力强，腐蚀性大	地面及排泄物消毒

（二）化学消毒剂、防腐剂的作用机制

1. 破坏病原生物的细胞壁、细胞膜 某些阳离子表面活性剂、酚类（低浓度）、脂溶剂等，能降低病原微生物细胞膜的表面张力，增加膜通透性，使胞外液体内渗，导致病原微生物裂解；一些酚类可导致病原微生物细胞膜结构紊乱并干扰其正常功能，使其小分子代谢物质溢出胞外；戊二醛可与细菌胞壁脂蛋白发生交联反应，与胞壁酸中的 D－丙氨酸残基相连形成侧链，导致病原微生物胞内外物质交换发生障碍。

2. 促使病原微生物蛋白质变性或凝固 大多数重金属盐类（高浓度）、酚类、醇类、醛类、酸碱类和氧化剂等消毒防腐剂均具有此作用。如乙醇可引起菌体蛋白构型改变而扰乱多肽链的折叠方式，造成蛋白变性；二氧化氯能与细菌胞质中酶的巯基结合，致使这些酶失活。

3. 干扰病原微生物的酶系统，改变核酸结构、抑制核酸合成 某些重金属盐类（低浓度）、氧化剂等可干扰病原微生物的酶系统。这类消毒剂能与病原微生物某些酶分子上的 –SH 基结合，而使相关酶失去活

性。某些醛类、染料和烷化剂通过影响核酸的生物合成和功能从而发挥杀菌抑菌作用，如甲醛可与病原微生物核酸碱基环上的氨基结合，环氧乙烷能使病原微生物核酸碱基环发生烷基化，吖啶染料上的吖啶环可连接于病原微生物核酸多核苷酸链的两个相邻碱基之间，致使核酸结构发生改变，从而起到杀菌作用。

三、影响消毒灭菌效果的因素

病原微生物的生长繁殖易受环境中各种因素的影响。当环境适宜时，病原微生物新陈代谢旺盛，其生长繁殖迅速；若环境条件不适宜或剧烈改变超过一定限度，则可导致病原微生物出现代谢障碍，生长受到抑制，甚至死亡。影响消毒灭菌效果的因素很多，应用时应予以考虑。

（一）病原微生物的种类、生活状态和数量

不同种类病原微生物对各种消毒灭菌方法的敏感性不同。例如，细菌繁殖体、真菌在湿热 80℃，5 ～ 10 分钟即可被杀死，而乙型肝炎病毒 85℃作用 60 分钟才能被杀灭。芽孢对理化因素的耐受力远大于繁殖体，炭疽芽孢梭菌繁殖体在 80℃只能耐受 2 ～ 3 分钟，但其芽孢在湿热环境中 120℃ 10 分钟才能被杀灭。成熟的病原微生物抵抗力强于未成熟的病原微生物。当物品上病原微生物的数量较多时，要将其完全杀灭需要作用更长时间或更高的消毒剂浓度。

（二）消毒灭菌的方法、强度及作用时间

不同的消毒灭菌方法对病原微生物的作用也有差异。例如，干燥痰液中的结核分枝杆菌经 70% 乙醇处理 30 秒即可死亡，但在 0.1% 新洁尔灭中可长时间存活。同一种消毒灭菌方法的不同强度可产生不同的效果，例如，甲型肝炎病毒在 56℃湿热 30 分钟仍可存活，但在煮沸后 1 分钟即失去传染性。大多数消毒剂在高浓度时起杀菌作用，低浓度时则只有抑菌作用，但醇类除外，70% ～ 75% 的乙醇消毒效果最好。同一种消毒灭菌方法，在一定条件作用下，时间越长，效果也越好。

（三）被消毒灭菌物品的性状

在消毒灭菌过程中，被消毒灭菌物品的性状可影响灭菌效果。如煮沸消毒金属制品，15 分钟即可达到消毒效果，而处理衣物则需 30 分钟。微波消毒水及含水量高的物品效果良好，但照射金属则不易达到消毒目的。如果物品体积过大，包装过严，都会妨碍其内部的消毒。物品的表面状况对消毒灭菌效果也有影响。例如，环氧乙烷 880mg/L，30℃时作用 3 小时可完全杀灭布片上的细菌芽孢，但对玻璃表面上的细菌芽孢，同样条件处理 4 小时也不能达到灭菌的效果。

（四）消毒环境

病原微生物的控制效果与消毒灭菌的环境也密切相关，如温度、湿度、酸碱度及是否存在有机物等因素都对其有一定的影响。

1. 温度　热力灭菌时，随温度上升，病原微生物灭活速度加快；紫外光源在 40℃时辐射的紫外线杀菌力最强；温度的升高也可提高消毒剂的消毒效果，如 2% 戊二醛杀灭每毫升含 10^4 炭疽杆菌的芽孢，20℃需要 15 分钟，40℃需要 2 分钟，56℃仅需 1 分钟。

2. 湿度　用紫外线消毒空气时，空气的相对湿度低于 60% 效果较好，相对湿度过高，空气中的小水滴增多，可阻挡紫外线。用气体消毒剂处理小件物体时，30% ～ 50% 的相对湿度较为适宜；处理大件物品时，则以 60% ～ 80% 的相对湿度为宜。

3. 酸碱度　酸碱度对消毒剂的消毒效果影响明显，不同的消毒剂适宜的酸碱度不同。醛类、季铵盐类表面活性剂在碱性环境中杀灭病原微生物效果较好，酚类和次氯酸盐则在酸性条件下杀灭病原微生物的作用较强。例如，1% 碱性戊二醛溶液（pH 值 8.5），作用 2 分钟即可杀灭 99.9% 以上的结核分枝杆菌；而 pH 值 3.7 的戊二醛溶液要达到同样效果需作用 4 分钟。

4. 有机物　混在有机物如蛋白质中的病原微生物对理化消毒灭菌方法的抵抗力增强。例如，杀灭牛血清中的细菌繁殖体所需过氧乙酸浓度比杀灭无牛血清保护的细菌繁殖体高 5 ～ 15 倍。因此在消毒皮肤及物品器械前应先清洗干净；消毒排泄物时应选用受有机物影响小的消毒剂如生石灰、漂白粉等，或提高作用强度，延长作用时间。

第三节　生物安全知识

生物安全是指避免危险生物因子造成实验室人员伤害，或避免危险生物因子污染环境、危害公众的综合措施。主要包括实验室生物安全及对突发性公共卫生事件的正确处理。世界卫生组织（WHO）于 2004 年正式发布《实验室生物安全手册》（Labora- tory Biosafety Manual）第 3 版，明确了生物安全操作规范。2004 年 11 月中华人民共和国国务院颁布《病原微生物实验室生物安全管理条例》，标志着我国病原微生物实验室生物安全管理走上法制化的轨道。

一、病原微生物危害程度分类

国务院 2004 年 11 月颁布，2018 年 3 月第二次修订的《病原微生物实验室生物安全管理条例》中，根据病原微生物的传染性、感染后对个体或群体的危害程度，将其分为 4 类。

第一类病原微生物，是指能够引起人类或者动物非常严重疾病的微生物，以及我国尚未发现或者已经宣布消灭的微生物。

第二类病原微生物，是指能够引起人类或者动物严重疾病，比较容易直接或者间接在人与人、动物与人、动物与动物间传播的微生物。

第三类病原微生物，是指能够引起人类或者动物疾病，但一般情况下对人、动物或者环境不构成严重危害，传播风险有限，实验室感染后很少引起严重疾病，并且具备有效治疗和预防措施的微生物。

第四类病原微生物，是指在通常情况下不会引起人类或者动物疾病的微生物。

第一类、第二类病原微生物统称为高致病性病原微生物。

二、病原微生物实验室的分级

根据操作的病原微生物的危害程度及实验室的生物安全防护水平（biosafety level，BSL），可将病原微生物实验室分为四级，以 BSL–1，BSL–2，BSL–3，BSL–4 表示，其中 BSL–1 防护水平最低，BSL–4 防护水平最高。

（一）BSL–1 实验室

无特殊选址要求，实验室为普通建筑结构，但要有防止节肢动物和啮齿类动物进入的设计或装置。一般要求室内有洗手池，实验室的墙面、地面应可清洗、消毒。不需要特殊的遏制设备和设施。实验人员按照标准的病原微生物操作规程，在开放的实验台上开展工作。处理对象是对人体、动植物或环境危害较低，不具有对健康成人、动植物致病的致病因子，如大肠埃希菌。

（二）BSL–2 实验室

无特殊选址要求，实验室可为普通建筑结构，基本条件与要求同 BSL–1 实验室，但要求配备高压灭菌设备、专用焚烧炉、应急喷淋（包括眼部冲洗）设备，以及生物安全柜等设备。实验人员应接受过病原微生物处理的特殊培训。实验人员应着专用工作服，戴乳胶手套在生物安全柜内开展工作。处理对象是对人体、动植物或环境具有中等危害或具有潜在危险，对健康成人、动植物和环境不会造成严重危害的致病因子，如肝炎病毒、疱疹病毒、金黄色葡萄球菌等。

（三）BSL–3 实验室

选址必须是建筑物的可隔离区域，或者独立的建筑物。室内由明确分区（如清洁区、半污染区、污染区）组成，且各区之间应有缓冲间。要求有独立的负压保护通风系统，以保证实验室内负压，且排出空气经滤过后不得循环使用。此外，还需配备双电路应急系统，以确保连续供电。实验人员应接受过致病性或可能致死的病原生物处理的专业训练。所有与病原相关的操作均需在生物安全柜或其他物理遏制装置中进行，或穿戴防护服进行操作。处理对象是对人体、动植物或环境具有高度危险性，主要通过气溶胶使人感染严重的甚至致命的疾病，或对动植物和环境具有高度危害的致病因子，如高致病性禽流感病毒、人类免疫缺陷病毒、SARS-Cov-1、SARS-Cov-2、结核分枝杆菌、霍乱弧菌等。

（四）BSL-4 实验室

选址应远离人口密集区域，设施应在独立的建筑物内，周围有封闭的安全隔离带。BSL-4 实验室设施与 BSL-3 实验室基本相同，但要求有独立的供气和排气系统，排风装置须双重过滤。实验人员应在处理危险病原生物方面受过特殊和全面的训练。所有与危险病原生物有关的工作应限制在三级生物安全柜中，或实验人员使用装备生命支持系统的一体正压防护服在二级生物安全柜中操作。处理对象是对人体、动植物或环境具有高度危险性，通过气溶胶途径传播或传播途径不明或未知的危险的致病因子，如克里米亚－刚果出血热病毒、埃博拉病毒、马尔堡病毒等。

BSL-1、BSL-2 实验室不得从事高致病性病原微生物的实验活动，BSL-3、BSL-4 实验室从事高致病性病原微生物实验活动。对于我国尚未发现或已经宣布消灭的病原微生物，应经有关部门批准后才能从事相关实验活动。

三、病原微生物实验室感染的控制

（一）建立实验室安全管理体系

成立生物安全管理委员会，明确实验室生物安全负责人，严格实行责任制和责任追究制。定期检查实验室的生物安全防护，设施设备的运行、维护与更新，病原微生物菌（毒）种的保存与使用，实验室排放的废水及其他废物处理等实验情况。如果发现问题，必须及时、彻底解决。

（二）遵守实验室安全管理制度

严格执行国家和有关部门的实验室生物安全规范与标准，严格遵守实验室安全操作规范。在从事高致病性病原微生物的实验时，必须有两名以上的实验人员共同进行。不同种类的高致病性病原微生物实验，不能在实验室的同一安全区域内进行。严格进行操作，防止气溶胶的产生、扩散及吸入，妥善处理废弃物。严格进行菌、毒种的管理。严防高致病性病原微生物被盗、丢失、泄露，保障实验室的安全，避免造成高致病性病原微生物的播散、流行或其他严重后果。

（三）确保实验人员个人安全

生物安全实验室必须配备符合标准的个人防护装备，实验人员根据需要穿戴适合的工作服或防护服、口罩、手套、防护眼镜、面部防护罩、鞋套、专用鞋、呼吸器等，以确保安全。可产生含生物因子气溶胶的操作均应在生物安全柜中进行，不同等级生物安全实验室应配备相应的生物安全柜。实验人员必要时可进行相关疫苗的预防接种。

如果实验室发生高致病性病原微生物泄露，应该立即采取措施：①封闭被病原微生物污染的实验室或者可能造成病原微生物扩散的区域。②向上级主管部门如实上报。③对密切接触者进行医学观察，必要时隔离治疗。④对相关人员进行医学检查。⑤进行现场消毒。⑥对染疫或者疑似染疫的动物采取隔离、捕杀等措施。

【知识拓展】

巴斯德和巴氏消毒法

巴氏消毒法是由法国微生物学家巴斯德所发明的，他在发明巴氏消毒法的过程中又有什么背景故事呢？

在19世纪的法国，葡萄酒变质问题是广泛存在的。以葡萄酒为重要产业的法国，因葡萄酒变质所导致的损失是难以估量的。1863年7月，41岁的巴斯德着手研究葡萄酒变质的问题。巴斯德发现，煮沸加热葡萄酒可以保证葡萄酒不变质，但是会严重破坏葡萄酒的风味。他不停地降低温度进行实验，最终确定63.5℃加热半小时，可以保证葡萄酒不变质而且不破坏葡萄酒的口感。这就是闻名世界的巴氏消毒法，它的出现挽救了法国的酿酒业。这个方法至今仍在使用，市场上出售的消毒牛奶就是用这种办法消毒的。巴斯德热爱微生物事业，他勤于思考、善于观察、甘于奉献，为世界微生物与免疫学事业做出了杰出贡献。

思考题

1. 谈谈你的生活中遇到的哪些事件属于消毒，哪些事件属于灭菌。

2. 请结合本章学习内容，举例说明“新冠肺炎”非特异性预防措施的原理。

3. 请结合本章学习内容，分析细菌和病毒控制的异同点。

第六章　微生物的耐药机制与防控策略

微生物耐药（microbial resistance）是全世界面临的严峻公共卫生问题之一。耐药性微生物的感染不仅给临床治疗带来严峻挑战，同时给国家的医疗资源供给带来困难。学习其基本知识对于微生物耐药的防控和治疗具有十分重要的意义。

第一节　微生物耐药性的概述

随着临床抗菌药物的广泛应用，微生物耐药性明显增加，并逐渐形成从单类耐药性到多重耐药性，从低耐药率到高耐药率的演变，这使得多重耐药和泛耐药菌株不断出现，危害日益严重。多重耐药株的出现使得抗生素应用种类与应用剂量不断增加，这不仅加大了抗菌药物与微生物之间的自然选择，更是进一步促进了耐药性的产生。这一现状使其防治工作成为一项十分艰巨的任务，应引起广大群众、医务工作者和政府的高度重视。

一、微生物耐药性的概念

微生物耐药性又称微生物的抗药性，是指微生物对抗菌药物的相对不敏感性和抵抗性。微生物的耐药性的形成是微生物从对抗菌药物的敏感株转变为耐药性菌株的过程。耐药性一旦产生，药物的治疗作用就明显下降。

二、微生物耐药性的分类

耐药性根据其发生原因不同，可分为天然耐药性和获得耐药性。

1. 天然耐药性（intrinsic resistance） 天然耐药性又称为固有耐药性，是指微生物与生俱来的对某些抗菌药不敏感的生理特性，如大肠埃希菌对万古霉素、铜绿假单胞菌对氨苄西林、链球菌对庆大霉素具有天然耐药性。天然耐药性由微生物的染色体决定，可代代相传。因此，可根据微生物种属预知，无需通过药敏检测判定。

2. 获得耐药性（acquired resistance） 获得耐药性是指在某种 / 类抗菌药胁迫下，微生物通过自身遗传物质改变（基因突变）或外源性遗传物质（耐药基因）获取而产生的对该种 / 类抗菌药的耐药性。获得耐药性同样由细菌的遗传物质（染色体、质粒等）所决定，所以一旦产生也不容易丧失。可由质粒将耐药基因转移给染色体而遗传后代，成为固有耐药性，也可因不再接触抗菌药物而消失。

三、耐药微生物的生物学和流行病学特征

1. 耐药微生物的生物学特征 耐药微生物与相应敏感微生物在分子水平上有明显差异，例如，*mecA* 基因是编码产生青霉素结合蛋白 PBP2a 的结构基因，由转座子携带并整合至葡萄球菌染色体的 mec 部位。*mecA* 片段是葡萄球菌染色体获得的外来片段，一般包含 30 ～ 50kb 的核苷酸片段。该片段只存在于耐甲氧西林的葡萄球菌中，敏感菌株中未发现该片段。尽管携带 *mecA* 片段的葡萄球菌可能在形态、质量、毒力、致病性、免疫原性、代谢水平、超微结构和亚结构上有所变化，但作为一个生命单位，其主要特性是对抗菌药物敏感性的变化。其基本结构、生化特性、培养特点等与相应敏感微生物比较一般差异不大，流行传播的方式和影响因素基本相同。

2. 微生物的耐药新类型 新的耐药类型总是伴随着新的抗感染药物的应用而出现。一般来说，耐药微生物的出现要迟于药物的应用，其间隔与微生物的种类及抗菌药物的类别、剂量、用药方式途径和使用频率等因素有关，可从几十分钟到几十年不等，多数细菌的耐药性发生在抗菌药物临床应用 2 ～ 3 年后。病毒耐药性发生的时间依病毒和药物类型不同而有差异。80% 的流感患儿服用金刚烷胺 3 ～ 5 天后即可出现耐药

株，HIV 和 HBV 耐药性一般发生于初次治疗数月到 1 年后。

3. 耐药微生物分布特点 耐药微生物分布具有区域性差异，不同地区、不同医院甚至不同病房的微生物耐药谱都可能存在明显差异，这一分布特点与临床用药习惯及微生物传播途径高度相关。

4. 耐药微生物的传播 耐药微生物传播的速度快、范围广。耐药微生物出现后可迅速在不同地区、不同种类和不同菌株之间传播，使耐药率不断上升。例如，从 20 世纪 60 年代出现耐甲氧西林金黄色葡萄球菌（methicillin–resistant staphylococcus aureus，MRSA）以来，世界各地都可检出这种细菌。该菌株在金黄色葡萄球菌感染临床病例中占到 40% 以上；自 1987 年分离得到耐万古霉素肠球菌以来，其感染率不断上升，其感染的科室以老年病房最高，其他科室有烧伤科、外科、肾内科、肿瘤科等。肿瘤、中性粒细胞减少症、由化疗引起的免疫功能低下、骨髓移植、固体器官移植、肾衰等患者易发生感染。

5. 多重耐药和交叉耐药 多重耐药和交叉耐药微生物不断增多。金黄色葡萄球菌、铜绿假单胞菌、大肠埃希菌、克雷伯菌、肠球菌等有重要临床意义的细菌大多数存在多重耐药现象。我国分离的 MRSA 90% 以上为多重耐药菌；HIV 和 HBV 也发生多重耐药和交叉耐药，这就影响药物应用的选择范围。

6. 耐药性的逆转 细菌耐药逆转的速度非常缓慢。理论上讲，细菌在没有选择压力的情况下会恢复对抗感染药物的敏感性。但有报道显示，在链霉素停用 30 年后，从 1/4 的婴儿尿布样品中检测出了耐链霉素的大肠埃希菌。真菌耐药性逆转至今未见报告。接受抗病毒治疗的 HIV 患者一旦停药，HIV 可恢复为不具耐药性的野生毒株，但人们却始终不能将病毒彻底杀灭。对一部分微生物来说，某些特定耐药类型一旦发生，其耐药性将很难逆转。

7. 耐药微生物的易感人群 耐药微生物感染多发生在儿童、老人及病情严重、免疫力低下、住院时间长的患者中。

四、微生物耐药性的危害

微生物耐药性的产生迫使人们加大对抗菌药物的使用量，其结果不仅增加了药物对人体的不良反应，甚至会引起二重感染；多重耐药菌株感染患者的住院时间延长，医疗费用增加，如果感染治疗失败，还会对生命健康带来直接威胁。微生物耐药性还会使人体内或者外部环境中微生物的种类变得复杂，引起人体微生态系统的变化，对人体的健康形成新的挑战和威胁。微生物耐药性迫使人们花大量的精力、人力和财力去研究新的抗菌药物，从而引起资源的巨大浪费。随着微生物耐药性的增强，人类面临严重感染时，甚至可能走到无药可用的境地。

五、微生物耐药性的防控对策

微生物耐药性的防控，应该遵循加强监控，尽早发现，综合治疗，预防为主，防治结合的原则。

1. 加强药政管理 规范市场行为，禁止假冒抗菌药物的生产、销售和流通；同时，各级政府应采取措施鼓励正确使用合适的抗菌药物，禁止无执业医务人员处方前提下使用抗菌药物；严格控制抗生素的预防使用和非医疗中农、林、牧、副、渔以及饲料的抗生素使用，以防止生态系统的污染。

2. 加强耐药株监测 医院应建立感染控制程序，控制医院内抗菌药物耐药性，制定并定期更新有关抗菌药物治疗和预防的指南及医院抗菌药物处方集；建立良好的微生物实验室并提供相匹配的微生物学实验服务，如病原微生物的鉴定、主要病原微生物的药敏试验，并及时报告相关结果，作出常见病原菌的耐药方式和感染特征的临床和流行病学监测报告，并及时将其反馈给医生和感染控制部门，从而达到监督抗菌药物使用的目的。

3. 合理使用抗菌药物 医生和药剂师（包括药商）应合理使用抗菌药物，了解控制耐药性的重要性，改变不良的处方习惯。通过监督和支持临床实践（尤其是诊断和治疗方案），改善抗菌药物的使用；鼓励制定和使用各种指南和治疗规范，促进合理使用抗菌药物，特别注意疾病预防的感染控制问题，做好医生和药剂师的培训和继续教育。

4. 加强宣传教育 患者应该对抗菌药物树立正确的认识，即抗菌药不能随便用；抗菌药使用的原则是能用窄谱的就不用广谱的，能用低级的就不用高级的，用一种能解决问题的就不要几种联合用；不要为了预防而使用抗菌药，特别是广谱抗菌药以避免诱发耐药微生物的产生。

总之，微生物耐药性的防控，需建立政府、医院、医务工作者和患者四级联动机制，并进一步加强综合防治，以降低其产生，减少其危害。

第二节 细菌的耐药性机制与防控策略

随着抗生素长期广泛的使用，细菌耐药性也日益增强，严重影响治疗的质量，甚至会使治疗失败。学习细菌耐药性机制与防控策略相关知识对于细菌耐药性的监测与逆转具有重要意义。

一、细菌的耐药性机制

细菌的耐药性机制可分为两种：一种为非特异性耐药机制，表现为细菌对多种类型抗生素均产生耐药；另一种为特异性耐药机制，表现为细菌仅针对某种或某一类的抗生素产生耐药。

（一）非特异性耐药机制

1. 细菌生物膜的形成 细菌生物膜（biofilm，BF）也称细菌生物被膜，是细菌通过自身产生的胞外聚合物（extracellular polysaccharide matrix，EPS）黏附于固体或有机腔道表面，形成微菌落，并分泌细胞外多糖蛋白复合物将自身包裹其中而形成的膜状物。该细菌群落可以是单一菌落，也可以由多种不同的细菌组成。在人、动物体内以及自然环境中，大部分的细菌都是以细菌生物膜的形式存在，而不是以浮游菌方式生长。形成生物膜是细菌对外界不利条件作出的应激性反应，这种存在方式能显著提高细菌的生命力。

（1）细菌生物膜组成及特点　细菌生物膜是由细菌、细菌分泌的胞外基质，以及黏附介质所组成的三维膜性复合物，分外层、中层和内层，其中，外层细菌通常以浮游菌的形式存在和生长，而中层和内层细菌一般处于休眠期。生物膜中含水量可达97%，除了细菌和水分外，细菌生物膜还含有细菌分泌的胞外基质（多糖、蛋白质等）、菌体裂解物以及细菌的代谢产物等。因此，细菌生物膜是集蛋白质、核酸、多糖、肽聚糖、磷脂等于一身的复合体。细菌生物膜是在自身或外界环境变化时所变现出来的一种生存方式。当细菌的遗传物质发生改变时，可以影响菌体生物膜的形成能力；当营养成分、pH值、渗透压、温度氧化还原电位等外界环境发生变化时，细菌生物膜的形成同样会受影响，其中营养成分对其的影响最大。在生长过程中，细菌生物膜与浮游细胞具有本质的区别，两者对环境的适应性也不相同。

（2）细菌生物膜的耐药机制　生物膜内的细菌表现出极强的耐药性，其内部的细菌对抗生素的抗性是浮游菌的1000倍以上，抗生素不仅不能有效清除生物膜，还可诱导耐药性产生。因此，细菌生物膜的形成与其多重耐药性的产生密切相关。细菌生物膜极易在植入隐形眼镜、人工心脏瓣膜和人体支架等医疗器械中形成，从而引起一系列严重的术后并发症，给其防治带来了严重挑战。生物膜产生耐药性的原因主要是以下两个因素。①渗透限制：生物膜中的大量胞外多糖形成分子屏障和电荷屏障，可阻止或延缓抗生素的渗入，同时多糖复合物还能通过反应中和一部分药物的活性，而且被膜中细菌分泌的一些水解酶类浓度较高，可促使进入被膜的抗生素灭活。②营养限制：生物被膜流动性较低，被膜深部氧气、营养物质等浓度较低，细菌处于这种状态下生长代谢缓慢，形成类似休眠状态的细菌，而绝大多数抗生素对此状态细菌不敏感，当使用抗生素时仅杀死表层细菌而无法穿透较厚的生物膜使其内部的细菌灭活，使感染不能彻底治愈，停药后迅速复发。

2. 药物的主动外排　药物外排泵（efflux pumps，EP）是存在于细菌细胞膜上的具有外排功能的蛋白质（膜转运蛋白），能够将进入胞内的抗菌药物泵出胞外，使菌体内药物浓度降低而导致耐药。这种膜转运蛋白是能量依赖型的外排蛋白，其能量主要来源为ATP水解释放的自由能（主要主动转运体）或跨膜质子移动产生的驱动能（次要主动转运体）。由外排泵介导的细菌对抗生素的外排作用是细菌多重耐药的重要机制之一，它具有底物广泛、外排蛋白多样、能量依赖和外排泵来源菌多样等特点。

（1）*底物广泛*　细菌的多药耐药外排泵可识别的底物十分广泛，已知可被外排泵排出的底物类别有抗生素类药物、合成类抗菌药物、抗菌染料、表面活性剂、去污剂、消毒防腐剂、金属离子等。这种广泛的底物识别特性是细菌排除有害物质的自我保护机制，也是产生多重耐药性的重要原因和生物学基础。由于这种多药耐药外排泵的存在及它对抗菌药物选择性的特点，使大肠埃希菌、金黄色葡萄球菌、表皮葡萄球菌、铜绿假单胞菌、空肠弯曲杆菌对四环素类、氟喹诺酮类、大环内酯类、氯霉素类、β-内酰胺类抗生素产生多重耐药。

（2）*外排蛋白多样*　药物外排泵本质是细胞膜上起转运作用的蛋白质。其种类丰富，主要有主要主动转运体、次要主动转运体、膜通道蛋白、组易位体和功能或机制不明的转运蛋白5类，其中主动外排耐药性的转运蛋白属于主要主动转运体和次要主动转动体两类。而细菌多重耐药的主动外排泵主要可分为5大家族。

①ATP结合盒家族：ATP结合盒家族（ATP-binding cassettes，ABC）是依靠ATP水解供能的，其家族成员都具有相似的4个结构域，包括两个疏水跨膜区域和两个核苷酸结合区域，前者通常各由6个跨膜的α螺旋构成，它们被两个亲水性的核苷酸结合区域分开。后者分布在细菌细胞膜的内表面上，是ATP水解的位点。ABC家族在葡萄球菌属、霍乱弧菌、屎肠球菌和乳酸乳球菌等细菌中均有发现。在细菌药物外排系统中，ABC家族对外排底物具有高选择性，如氨基酸、糖、有机铁复合物、维生素、金属离子和抗生素等。

②小多重耐药性家族：小多重耐药性家族（small mulitdrug resistance，SMR）为跨膜质子能驱动型外排系统，该家族是已知的最小

的外排蛋白系统，仅具有 110 个氨基酸残基，通常包括 4 个跨膜区域，前三个跨膜区包含许多保守的氨基酸，这些氨基酸残基的侧链与底物疏水区作用而运输底物。SMR 家族仅存在于细菌中，包括金黄葡萄球菌的 Smr（QacC）和大肠埃希菌的 EmrE 等。SMR 家族可能的药物转运机制：一是药物与带电荷残基的质子交换；二是通过一系列构象改变来驱动药物通过疏水通道进行转位；三是在外部培养基中用质子代替药物来恢复起始构象。转运的结果是药物和质子的交换。尽管 SMR 家族属于多药耐药外排泵，但它们作用的底物范围仅限于亲脂性阳离子，包括抗菌剂和消毒剂等。

③主要易化子超家族：主要易化子超家族（major facilitator superfamily, MFS）为跨膜质子能驱动型外排系统，可分为若干亚家族，其氨基酸序列高度保守，表现为 12 或 14 个跨膜蛋白。MFS 家族既有特异性的药物外排泵，也有多重药物外排泵，这体现了该家族底物特异性在进化上的反复，革兰阳性菌与革兰阴性菌的 MFS 族外排泵的外排模式不同。MFS 家族的药物转运机制与 SMR 相似，但是负责质子交换的残基是一个保守的精氨酸。金黄色葡萄球菌的 NorA 和 QacA，肺炎链球菌的 PmrA，粪肠球菌的 EmeA 等外排系统等都属于 MFS 家族。MFS 家族外排的底物除包括四环素类、氯霉素类和氨基糖苷类抗生素外，还包括糖、寡糖、磷脂等。

④耐药-结节化细胞分化家族：耐药-结节化细胞分化家族（resistance-nodulation-division，RND）为跨膜质子能外排系统，它具有特殊的拓扑结构，由 12 个跨膜区域（TMS）及两个大的膜外的环状结构构成，这两个环状结构分别位于 TMS1 和 TMS2，TMS7 和 TMS8 之间。RND 家族在大肠埃希菌、铜绿假单胞菌、空肠弯曲菌和淋病奈瑟球菌等细菌在均有发现，其中研究最多的是大肠埃希菌的 AcrB 蛋白。相较于 MFS 家族和 SMR 家族，RND 家族外排底物更为广泛，包括多种抗生素、染料、防腐剂和洗涤剂等亲脂性和两性分子。

⑤多药及毒性化合物外排家族：多药及毒性化合物外排家族（mulitdrug and toxic compound extrusion，MATE）是一类利用电化学梯

度作为驱动能量来源的外排系统，它与 MFS 家族的膜拓扑结构相似，但两者并不存在同源性。MATE 家族含有 12 个跨膜的 α 螺旋组成的转运蛋白，在 Na^+– 质子交换的情况下，实现对药物的外排作用。金黄色葡萄球菌的 MepA、铜绿假单孢菌的 PmpM、副溶血性弧菌的 NorM，霍乱弧菌的 VcrM，流感嗜血杆菌的 HmrM 和艰难梭状芽孢杆菌的 CdeA 等外排系统都属于 MATE 家族。该家族主要负责诺氟沙星、溴乙非啶等包括喹诺酮和氯霉素为主的阳离子型药物和氨基糖苷类的外排。

（3）能量依赖性　药物外排泵介导的主动外排过程是要消耗能量的，两种能量来源为质子移动力（PMF）或 ATP 的分解。因此，细菌外排系统可分为跨膜质子梯度能驱动型外排泵和 ATP 水解能驱动型外排泵两大类。上述外排蛋白 5 大家族中 ABC 家族为 ATP 型，而 SMR 家族、MATE 家族、MFS 家族和 RND 家族都属于 PMF 型。

（4）外排泵来源菌多样　多药耐药外排泵广泛分布于革兰阳性菌（金黄色葡萄球菌、肺炎链球菌、乳酸乳球菌、枯草芽孢杆菌、粪肠球菌）、革兰阴性菌（大肠埃希菌、铜绿假单胞菌、沙门菌、肺炎克雷伯菌、鲍曼不动杆菌、空肠弯曲杆菌、淋病奈瑟球菌）、真菌（白色念珠菌）以及分枝杆菌（结核分枝杆菌、耻垢分枝杆菌）中。不同来源微生物的外排泵种类各异，可以对不同种抗菌药物产生耐药，这是导致临床抗感染治疗失败的主要原因。临床常见几种菌的外排系统种类和所属家族类型见表 6–1。

表 6–1　临床常见微生物外排泵种类及所属家族

细菌种类	外排泵类型	所属家族
金黄色葡萄球菌	NorABC、MepA、SepA、MsrA、LmrS、SdrM	MFS、MATE、SMR、ABC、MFS、MFS
肺炎链球菌	PatAB、PdrM、MefE	ABC、MATE、MFS
铜绿假单胞菌	MexBDF、EmrE、PmpM、MexXY–OprM、MexAB–OprM、MexCD–OprJ	RND 、SMR、MATE、RND、RND、RND
大肠埃希菌	AcrB、EmrB、EmrE、MdfA、MefB、AcrAB–TolC、AcrAD–TolC、AcrEF–TolC、MacAB–TolC	RND、MFS、SMR、MFS、MFS、RND、RND、RND、ACB

续表

细菌种类	外排泵类型	所属家族
结核分枝杆菌	EfpA、Mmr、DrrAB、LfrA、Rv1217c-1218c、RV1258c、P55	MFS、RND、MFS、MFS ABC、MFS、MFS
白色念珠菌	CaCdr1p、CaCdr2p	ABC
肺炎克雷伯菌	AcrAB	RND
沙门菌	AcrAB-TolC	RND
淋病奈瑟球菌	MtrCDE	RND
空肠弯曲菌	CmeABC	RND
鲍曼不动杆菌	AdeABC	RND

3. 改变细菌外膜的通透性 细菌的细胞膜和细胞的细胞膜相似，是一种具有高度选择性的渗透性屏障。细菌细胞外膜上的某些特殊蛋白，即膜孔蛋白是一种非特异性的、跨越细胞膜的水溶性扩散通道，抗菌药物也可以通过这些膜孔蛋白进入菌体内部，发挥效用。而当细菌接触抗生素后，可以通过改变通道蛋白（porin）性质和数量来降低细菌的膜通透性而产生耐药性。正常情况下细菌外膜的通道蛋白以 OmpF 和 OmpC 组成非特异性跨膜通道，允许抗生素等药物分子进入菌体，这两个蛋白具有很高的同源性，结构和功能也相似。但这两个外膜蛋白对不同抗生素有不同的敏感性，OmpF 基因缺失可显著增强菌株对诺氟沙星、四环素、头孢菌素、先锋霉素、氨苄西林和头孢西丁的耐药性，轻微提高对氯霉素的耐药性；OmpC 缺失则可增强菌株对头孢菌素和头孢西丁的耐药性，而对诺氟沙星、氯霉素和四环素不敏感。此种耐药机制对抗菌药物的特异性差，具有多重耐药性。

（二）特异性耐药机制

1. 产生灭活酶或钝化酶 灭活酶或钝化酶是具有破坏或灭活抗菌药物活性的酶，它通过水解或修饰作用破坏抗生素的结构使其失去活性。

（1）β- 内酰胺酶 该酶由染色体或质粒介导合成，对 β- 内酰胺类抗生素耐药，使 β- 内酰胺环裂解而使该抗生素丧失抗菌作用。β- 内酰胺酶对抗生素的作用主要有水解和非水解两种方式。大多数 β- 内酰胺酶的活性位点具有一个纵行沟状结构，该结构疏松易弯曲，利于底物的结合。抗生素β-内酰胺环上的羰基碳可以不可逆的结合在该活性位点处的丝氨酸上，使抗生素β-内酰胺环解开，造成抗生素降解。β-内酰胺酶的类型随着新抗生素在临床的应用迅速增长，常见的β-内酰胺酶包括青霉素酶、碳青霉烯酶、超广谱β-内酰胺酶和头孢菌素酶。

（2）氨基苷类抗生素钝化酶　该酶由质粒介导合成，可以将乙酰基、腺苷酰基和磷酰基连接到氨基苷类的氨基或羟基上，使氨基苷类的结构改变而失去抗菌活性。多种抗生素可被同一种酶钝化，而同一种抗生素又可被多种酶钝化。常见的氨基苷类钝化酶有乙酰化酶、腺苷化酶和磷酸化酶。

（3）其他酶类　细菌可产生氯霉素乙酰转移酶灭活氯霉素；产生酯酶灭活大环内酯类抗生素；产生核苷转移酶灭活林可霉素。

2. 抗菌药物作用靶位改变　由于改变了细菌与抗生素结合部位的靶蛋白，降低其与抗生素的亲和力，使抗生素不能与其结合，导致抗菌的失败。如链霉素耐药菌株的核蛋白体30S亚基上链霉素受体P10蛋白质发生了构象变化，使链霉素不能与之结合而产生耐药。如耐甲氧西林金黄色葡萄球菌（MRSA）的青霉素结合蛋白（penicillin-binding protein，PBP）组成多个青霉素结合蛋白2a（PBP2a），PBP2a与β-内酰胺类抗菌药物的亲和力低，但具有其他高亲和力PBPs的功能，当高亲和力的PBPs被β-内酰胺类抗菌药物结合而失去功能时，PBP2a的存在仍能维持细菌生长与存活，使其成为耐药菌株。因而，PBP2a是MRSA对β-内酰胺类抗菌药物耐药的主要机制。如肠球菌对β-内酰胺类的耐药性是既产生β-内酰胺酶又增加青霉素结合蛋白的量，同时降低青霉素结合与抗生素的亲和力，形成多重耐药机制。

二、细菌耐药性的防控策略

为了避免细菌对抗菌药物产生耐药性，应采取综合措施加以防控。

1. 合理使用抗生素　抗生素只能用于治疗敏感性细菌引起的感染，而不可将其作为预防性用药及消炎药，避免外用。因此，应由专家委员会制定规范的抗生素用药指南以防止抗生素的滥用，这就要求医生在药敏试验的基础上选用针对性强的窄谱抗生素，少用广谱抗生素。在掌握联合用药指征情况下，能用一种抗生素控制的感染不用两种。在使用抗生素治疗过程中，一定要给予足够的剂量和疗程，确保细菌被完全杀灭。

2. 改变抗感染治疗的思路 把对细菌感染的预防放在提高人体免疫力上。中医学讲究“驱邪扶正”，两者不可偏废。中医学认为，人之所以患感染疾病是因为体内正气不足，邪气乘虚而入；只有改变体内正邪的势力对比，正气增加，祛除邪气，才能使其减少或消失。抗生素的使用主要起驱邪作用，但同时还必须提高人体自身的免疫力，从而驱逐邪气，以达到战胜疾病、恢复健康的目的。

3. 建立耐药菌监测系统 目前，许多国家还未建立完善的细菌耐药监测系统，一些监测数据其可靠性还有待进一步提高。因此，建立广泛的监测网络，加强细菌的耐药性监测对临床药物的选择和控制多重耐药菌的流行具有重要意义。

4. 加强实验室质量控制 应建立优良的临床微生物实验室以确保病原学诊断的正确性，包括病原菌的培养、鉴定及药敏试验，并将常见致病菌的种类以及对常用抗菌药物的敏感与耐药状况及时反馈给临床医师，以指导合理用药。

5. 开展全民教育活动 在全体在职医务人员中开展广泛的药理学知识教育，更新药学相关知识，加强抗菌药物使用方法学习和对细菌耐药性问题的认识与理解，充分认识细菌耐药的严峻形势和耐药菌株感染的严重后果。注重医德教育，杜绝因利益驱动而有意给患者使用抗生素。在全民中普及抗菌药物使用与细菌耐药性相关知识教育，树立平时使用抗菌药物越多，越有可能诱发细菌耐药，增加感染率和死亡率，甚至导致耐药性细菌暴发流行的意识，消除对抗菌药物的认识误区，使广大群众了解每种药物都有其相应的适应证和不良反应，克服用药的不良习惯，避免滥用。

6. 开发治疗感染的新疗法 药物研制者加强攻关，开辟药物研制新方向。开发抵抗细菌感染的抗微生物肽，如天然抵抗感染的抗菌肽、防卫素、鲨胺等；利用计算机辅助药物设计，经分子模拟、预测结合位点、筛选先导化合物并经过修饰与改造等步骤加速新型药物的研发；从中药中筛选系列有效成分用于耐药细菌的治疗、抑制耐药基因表达等；研发更多特异性强的细菌疫苗用于耐药性细菌预防。

第三节　真菌的耐药性机制与防控策略

由于广谱抗生素、免疫抑制剂等大量应用，器官移植、导管介入等诊疗技术的广泛开展，恶性肿瘤、血液病、新发传染病等严重疾病的发生率不断上升，真菌感染日益增多。抗真菌药物的长期、反复使用，导致真菌耐药现象日趋严重，给抗真菌治疗带来了严峻考验。

一、真菌的耐药性机制

真菌耐药性的产生与真菌细胞内药物积聚减少、药物作用靶酶改变、细胞膜固醇合成发生变化、细胞壁组成成分变化及生物膜形成等因素关系密切。

1. 菌体细胞内药物积聚减少　真菌细胞内的药物浓度降低是其产生耐药的重要原因。真菌可通过两种途径降低药物浓度：一是膜通透性降低，使进入胞内的药物减少；二是细胞膜上参与药物外排有关的运载蛋白表达上调，胞内的药物外排增加。药物外排增加是许多耐药真菌细胞内药物积聚减少的主要原因。

与外排泵有关的运载蛋白有两大类：ATP 结合转运蛋白和易化扩散载体超家族。ATP 结合转运蛋白是 ATP 能量依赖型的多药转运载体，是细胞膜上的外排泵。念珠菌的 Cdrl 与 Cdr2 基因是与外排泵表达密切的外排基因，它与唑类药物耐药有关。易化扩散载体超家族是通过电化学势能进行被动转运的，赋予非能量依赖载体。此家族中由 MDR1 编码的 MdrlP 有抑制摄入氮唑类抗真菌药物的作用。

2. 药物作用靶酶的改变　抗真菌药物的靶向酶的数量和活性差别，

是耐药菌与敏感菌的重要区别之一。药物作用靶酶的编码基因，会导致该酶结构、数量发生改变、基因表达过度、靶位缺失，均可影响真菌对药物的敏感性。

药物作用靶位的改变可由以下途径引起。

（1）*靶酶基因改变* 靶酶基因编码区发生改变，可引起酶活性和三维结构发生改变，导致酶与药物的亲和力降低而产生耐药。例如，甾醇14α-去甲基化酶（CYP51）是由ERG11基因编码的，唑类药物的作用靶酶。当ERG11发生突变，可改变甾醇14α-去甲基化酶的氨基酸序列，对酶分子空间构型产生影响，造成酶分子与药物分子之间的亲和力降低，致使耐药性增加。

（2）*靶酶基因过度表达* 靶酶基因调控区或相应的调节基因发生改变，靶酶基因过度表达，靶蛋白数量增加，导致没有结合的靶蛋白依旧可以维持真菌的正常形态、功能，细胞内药物不能完全抑制靶酶的活性而耐药。研究表明，一些菌株ERG11基因的拷贝数增加，14α-去甲基化酶会过度表达，唑类药物不能完全抑制该酶的活性，在较高浓度的唑类药物环境中，真菌仍能继续生长，并出现对唑类药物抵抗力。

（3）*靶位缺乏* 真菌代谢通路中会出现酶缺失现象，从而导致真菌代谢无法完全按照原有的途径进行下去，抗真菌药物因缺乏原有的作用位点，最终失去抗真菌作用。如唑类药物经过对甾醇14α-去甲基化酶的活性进行抑制，使羊毛固醇无法转换成14-去甲基羊毛固醇，最终对麦角固醇的合成产生阻断作用。麦角固醇的缺乏可以抑制真菌的生长。部分真菌由于ERG3基因的突变，甾醇去饱和酶失活，使14-去甲基类固醇在细胞内积累，它能部分替代麦角甾醇的功能，维持真菌细胞生长，从而使真菌对唑类药物具有抵抗力。

3.真菌细胞膜固醇合成发生变化 真菌细胞膜固醇参与多种细胞功能，对细胞膜的完整性、流动性及维护多种细胞膜结合酶的功能具有重要作用。唑类药物与念珠菌作用后，会阻滞去甲基化，引起麦角固醇合成受阻，麦角固醇被甲基化3,6-二醇替代。甲基化3,6-二醇为细胞毒性固醇，能干扰真菌固醇与磷酯的整合，致使细胞膜通透性发生改变，从而抑制真菌细胞生长，最终导致菌体死亡。相关研究发现，如果真菌体内缺乏 ERG3 编码的固醇去饱和酶，会导致细胞毒性低的固醇甲基黄酮醇聚集，使唑类药物对真菌的抑制作用被对抗而产生耐药性。另外还有一些 ERG 基因发生变异，均可在不同程度上影响真菌细胞膜固醇的生物合成，从而导致耐药性的产生。

4. 真菌细胞壁组成成分变化 细胞生长与形态改变的过程当中，细胞壁合成、修护会受到严密的调控，细胞壁在诸多抗真菌药物的刺激下会形成适应性改变，最终产生耐药性。白色念珠菌葡聚糖合成酶 FKS1 基因突变，影响细胞壁葡聚糖合成，可对棘白菌素类抗真菌药物产生耐药性。黄曲霉等曲霉细胞壁的葡聚糖发生改变，可导致其对多烯类药物产生耐药性。另外，念珠菌等酵母菌细胞壁几丁质合成受到抑制时，可诱导两性霉素 B 耐药性的产生。

5. 生物膜形成 真菌生长繁殖时可自身产生富含多糖成分的细胞外基质（extracellular matrix，ECM），包裹在菌体外形成生物膜。临床上常常会因真菌在留置导管、植入人工心脏瓣膜等材料上形成生物膜而引起感染。与分散、游离的真菌相比，生物膜内真菌对药物敏感性差，其耐药机制可能与以下因素有关：①生物膜内真菌细胞的生长速度缓慢。②包裹真菌细胞的 ECM 具有膜屏障保护作用。白色念珠菌等在材料表面形成生物膜屏障，使其对两性霉素 B 和氟康唑的耐药性增强。③诱导性耐药基因的过表达：研究发现白色念珠菌生物膜在氟康唑诱导下，麦角固醇合成途径相关酶的编码基因表达上调；在两性霉素 B 诱导下，B–1,6– 葡聚糖生物合成途径中的相关蛋白编码基因表达上调。④通过多种方式对抗机体的免疫防御机制，从而逃脱免疫系统的清除作用。⑤生物膜内耐药亚群的存在导致抗真菌药物无法完全清除生物膜。⑥麦角固醇可能参与了中期和成熟期生物膜对两性霉素 B 的耐药。麦角固醇水平在白色念珠菌生物膜形成的中期和成熟期与早期相比有明显下降。⑦生物膜耐药性可能与微环境的改变（如缺氧、pH 值）等因素有关，还可与植入物的表面粗糙程度有关。目前研究表明，没有一种单一的机制可以解释生物膜的耐药性，可能是两种或更多种机制的共同作用所致。

不同真菌对不同药物的耐药机制不同、且耐药性的产生过程较为复杂，常常为多因素、多水平调控的结果。尽管近年来在真菌耐药性方面取得许多研究进展，但仍未能揭示真菌耐药性产生的全貌。

二、真菌耐药性的防控策略

病原真菌的耐药现象日益严重，使得抗真菌治疗效果受到严重影响。因此，真菌耐药的防控迫在眉睫。真菌耐药的防控策略包括六个方面。

1. 合理使用抗真菌药物 抗真菌药物种类虽不多，但各种药物具有其特定的抗菌谱。此外，同一药物在体内针对不同组织部位的感染也具有特定的浓度。因此，选择合适的药物种类和剂量尤为重要，不合理的临床用药不但会耽误病程、给患者带来严重的经济负担，还会诱导真菌耐药性的产生。

2. 建立标准化抗真菌药物敏感试验 真菌耐药株的日益增多，抗真菌药物敏感性监测势在必行。理想的药敏试验应具有简便、快速、重复性好、价廉的特点，并对临床真菌感染的治疗具有重要的指导意义，其中最重要的是能及时发现并分离出对抗真菌药物敏感性降低或耐药的菌株。

近 20 年来，抗真菌药物体外敏感性试验取得了长足进步。从初期的纸片琼脂扩散法到试管倍比稀释法，再从微量液体稀释法和 E-test 法到全自动分析系统测定法。

然而，抗真菌药物敏感性试验同临床治疗之间关系的确定是一个巨大的挑战，因为敏感性试验并没有考虑一种真菌对一种抗真菌药物在体内的动力学和复杂的生物学，在临床上常难于判断耐药性出现。因此，判断真菌耐药时需要慎重，只有排除了其他可能造成失败的因素，从患者体内分离出与最初感染相同的真菌，而且治疗失败后分离的真菌对该抗真菌药物的 MIC 较治疗前明显升高，这时才能考虑耐药性产生。

3. 深入研究真菌耐药性机制 由于真菌耐药机制复杂，临床治疗真菌感染时应深入临床研究，以获得更多信息和证据。检测耐药真菌，分析其耐药性产生的原因和机制，掌握耐药性的变异规律，可为临床耐药菌株的早期诊断、合理使用抗真菌药物治疗、减缓耐药性的发生发展提供参考；也为寻找新的抗真菌药物作用靶点，研发高效、低毒、选择性更强的新型抗真菌药物奠定基础。

4. 利用新技术研制新的抗真菌药物 耐药真菌的出现迫使人类寻找新的抗真菌药。目前，一些研究人员运用先进的计算机辅助药物设计技术和分子生物学技术，建立了一套集分子设计、化学合成和分子筛选三大系统为一体的抗真菌药物的创新设计体系。利用这个体系可在短期内获得数十个优于现有药物的新型单体化合物，并从中筛选出广谱、高效、低毒的抗真菌新药。这一创新设计体系有效提高了创制新药的效率，为开发针对耐药真菌的新药提供策略。

目前开发针对耐药真菌的新药开发策略有：①对原有药物进行化学修饰。例如，针对氟康唑，一方面可以对其醇羟基酯化，另一方面可以利用三唑环 N 原子形成季铵盐化合物，使其抗菌活性得到明显提高。②开发新型结构的药物。例如，对真菌具有高选择性的 VT–1161、VT–1129、VT–1598 等四氮唑类药物，其中 VT–1161 对白念珠菌的 CYP51 具有高亲和力，比常规氮唑类药物更高的选择性。③开发新剂型的药物。多烯类药物对人体毒性大，限制了其应用。开发新剂型（如脂质体药物、纳米球药物等），可以显著降低药物毒性。④采用中药制剂。有研究显示，黄芩、黄柏、黄连及在麻黄茎中分离得到的原花青素 A 对白念珠菌有较强的抑菌效果。⑤寻找新的作用靶点。针对人体内没有而真菌细胞必不可少的代谢途径，开发药物阻断其代谢。如 ASP2397 通过靶向人体不具有而在真菌细胞中存在的铁转运蛋白而发挥药效。

5. 联合用药 由于许多真菌感染的难治性特征，联合治疗越来越作为增强抗真菌疗效，降低耐药性，降低潜在毒性的一种手段。从理论上讲，不同种类的抗真菌药有不同的作用机制和作用部位，联合应用可能有协同作用或相加作用，并可以减少单一用药的剂量及其毒副作用，缩短疗程，还可防止耐药的发生。在实际临床工作中，常用两性霉素 B 与 5– 氟胞嘧啶合用治疗隐球菌性脑膜炎，这种联合应用可以减少耐药菌株的产生。除此之外，对难治性真菌感染尚无充分的临床研究资料支持联合抗真菌治疗的益处胜过单独治疗。因此，对于联合用药还需要进行大样本的临床研究，以总结出安全可靠的用药方案。

6. 加强真菌耐药性的流行病学调查 对真菌耐药性进行流行病学调查，准确地检测耐药菌株，掌握其流行趋势，对于避免临床不适当的治疗、控制耐药性的发生发展、临床合理选择药物治疗及探寻控制耐药性产生的策略提供参考依据，对于提高临床抗真菌治疗质量和改善预后具有重要意义。如有研究检测1000余株白色念珠菌对抗真菌药物的耐药性时发现，唑类药物的耐药率高于其他抗真菌药物。

第四节　病毒的耐药性机制与防控策略

在人类传染病中，70%以上是由病毒引起的，病毒性传染病在人类历史发展长河中，严重威胁着人类健康及生命。尽管随着对病毒认识的逐渐加深、科学技术不断发展，使得大量抗病毒药物不断出现，许多病毒性传染性疾病得到有效治疗。但从目前临床实际情况看，病毒性疾病的治疗仍然是困扰医药学界的一大难题，特别是病毒耐药性的出现，使抗病毒药物的临床应用和新的抗病毒药物的研发面临巨大的挑战。

一、病毒的耐药性机制

病毒耐药性的研究是病毒学研究领域的又一大热点。抗病毒药物大致分为抗病毒化学药物和抗病毒细胞因子两大类。抗病毒化学药物主要包括核苷类药物和非核苷类药物；抗病毒细胞因子主要是干扰素。研究表明，病毒对化学药物的耐药机制主要包括基因突变和外排机制两方面。

1. 病毒基因突变导致的耐药性 基因突变是基因组发生的突然的、可遗传的变异现象。病毒基因突变可以导致耐药性的产生，其中，RNA病毒比DNA病毒更容易突变。目前已知病毒耐药的发生机制主要是病毒的基因变异造成的，其中最常见的是编码病毒专有酶的基因发生变异。病毒专有酶是指病毒基因组表达的与自身复制或性状表达直接相关的为病毒所特有的酶，如 HIV 的逆转录酶（HIV RT），HBV 的 DNA 聚合酶，HSV 的胸甘激酶。目前开发核苷类抗病毒药物的靶点多是针对病毒的专有酶，或是针对病毒增殖的特点和它们与宿主细胞在代谢上的差异性。

（1）病毒胸苷激酶的缺失与失活　核苷类抗病毒药物须在病毒及感染细胞内的某些特异性酶的作用下方可转化为病毒复制的有效抑制物。以 HSV 为例，HSV 对常用核苷类抗病毒药物产生抗药性的机制可能有三种：一是病毒胸苷激酶（thymidine kinase，TK）缺陷，突变体（TK^-）的产生；二是酶基因突变，TK 酶对底物的特异性酶促反应发生变化；三是病毒 DNA 多聚酶突变体的产生。就前两种机制而言，当通过组织培养，HSV 敏感株在核苷类药物阿昔洛韦（ACV）存在时，经药物诱导可选择出病毒 TK 突变体或丢失 TK 酶特异性功能的突变体，使敏感株成为抗药株。TK 突变体的出现是 HSV 对 ACV 产生抗药性的最普遍方式，也是临床使用 ACV 产生抗药性的最重要原因。

（2）抑制病毒 DNA 多聚酶或 DNA 酶基因变异　核苷类或类核苷药物可通过抑制病毒 DNA 多聚酶的活性，使病毒 DNA 合成受阻来达到抗病毒效果。因此，病毒 DNA 多聚酶活性的改变能导致病毒对 ACV 等药物的耐药性。在乙型肝炎患者的治疗中发现，核苷类似物抑制 HBV 复制作用迅速但不持久，故需长期用药以保持疗效。但在长期用药过程中发现部分患者出现耐药性，研究表明此耐药性的产生与多聚酶基因（polymerasegene，Pgene）变异有关。目前发现 P 基因变异主要见于拉米夫定和泛昔洛韦治疗的患者，变异是多位点的。

（3）病毒对干扰素的耐药性机制　干扰素（interferon，IFN）是有核细胞在病毒等刺激下分泌的一组宿主蛋白。IFN 有较好的抗病毒和免疫调节作用。在慢性乙肝治疗中，IFN 可阻断 HBV–DNA 的复制，清除 HBV 患者的 HBeAg，出现抗 –HBe，同时也能使 HBV–DNA 转阴。IFN 还能通过免疫调节机制，调节机体对 HBV 的免疫应答，以协助抗病毒效应。但 DNA 前 C 区变异的 HBV 能耐受 IFN 所介导的免疫清除作用，这是 HBV 变异株的患者 IFN 治疗近期效果好，而停药后容易复发的主要原因。外源性IFN是通过诱导蛋白酶和提高免疫反应而达到抗病毒的目的，如果病毒出现变异的部位越多，IFN抗病毒能力就越差。这可能就是多位点变异患者对IFN没有应答的原因，尤其是C区的多位点变异更易导致对IFN耐受。研究显示，在应用IFN治疗病毒感染过程中，病毒蛋白可通过影响细胞内IFN的众多信号转导级联反应，而改变正常应答途径导致IFN抵抗。

2. 由细胞跨膜蛋白导致的病毒耐药性 由于病毒是严格细胞内寄生的非细胞型微生物，病毒和细胞的生物功能相互影响，所以病毒耐药性的发生既有病毒本身的基因突变等造成对化学药物的耐药性，也可通过细胞泵出系统的作用导致病毒耐药性的发生。

细胞的泵出系统是细胞的一种自我保护机制或排泄机制，这种机制会排斥一切非细胞自身成分如药物。细胞的跨膜蛋白中有一个家族叫做多重耐药性蛋白亚家族（multidrug resistance protein subfamily，MDRF），MDRF至少由6个成员组成，分别称为MRP1、MRP2、MRP3、MRP4、MRP5、MRP6，其中MRP1是一种糖蛋白，能把药物从正常的细胞及癌细胞中泵出；MRP4、MRP5也有类似的作用，其中MRP5能导致HIV对核苷类似物的耐药性。MDRF发生的功能性突变同时也可能造成对药物的耐药性。如MRP1的药物结合位点发生的突变导致对某些药物的转运功能的增加及药物结合位点的改变而导致耐药性的发生。病毒也可通过编码某些泵出蛋白而具有耐药性。如肝细胞可以通过多重耐药相关蛋白2（MRP2）和胆盐泵出系统Bsep排除胆汁成分牛磺胆酸盐和牛磺石胆酸盐，这两种泵出系统是肝细胞排斥药物（包括抗肝炎病毒药物和抗癌药物）的耐药机制之一。在成人T淋巴细胞白血病患者中（ATL），HTLV-1可以激活MRP和LRP（lung-resistance protein，LRP）基因使之表达，而使ATL细胞获得对抗癌药物及抗病毒药物的多重耐药性。

二、病毒耐药性的防控策略

随着抗病毒药物的广泛使用，病毒耐药情况也变得越来越严重。

因此，应该采取综合措施有效延缓或减少病毒耐药现象和撤药反应的出现。

1. 加强和改进病毒耐药性检测 对易出现耐药性的病毒进行及时监测以防耐药性发生，是病毒耐药性防控的重要措施。例如，在获得性免疫缺陷综合征（AIDS）的抗病毒治疗中，极易出现治疗疲劳，存在由于漏服药物致使耐药毒株出现和流行的巨大风险。耐药基因突变是HIV感染新细胞时，在反转录过程中发生的，耐药性产生与病毒复制密切相关。因此，加强对治疗患者的病毒载量监测，能够及时发现病毒反弹，在多个耐药突变出现前改善患者依从性或调整治疗方案，避免耐药突变积累，从而预防耐药的发生和传播。同时，由于HIV基因序列具有高度的异质性，最广泛的HIV耐药检测方法Sanger测序经常出现一个位置多个碱基的情况，也就是混合碱基，使得序列解读十分困难，需要改进检测，建立标准化的处理混合碱基的方法，并评估序列的质量，加强实验室间的比对。

2. 抗病毒治疗的适应证和疗程选择 从目前研究的成果来看，公认的观点是抗病毒药物用药的适应证以及治疗开始的时间应根据患者的症状、组织病理学状况和病毒在体内的复制水平而定，一般应尽可能延迟用药开始的时间。如拉米夫定（3TC）治疗HBV感染的效果与治疗前谷丙转氨酶（ALT）和机体免疫反应水平相关，治疗前ALT水平越高，提示机体抗HBV免疫反应越强，用拉米夫定的治疗效果越好。因此，慢性乙型肝炎患者病毒复制指标（HBV RNA）阳性伴ALT升高者，是应用治疗的合适指标。

但抗病毒药物使用的疗程目前还是一个有争议的问题，应具体问题具体考虑。实施规范化抗病毒治疗是防止HBV耐药变异产生的关键。应严格掌握抗病毒治疗的适应证，维持足够的疗程，把握停药的指征和时机，熟悉病毒耐药的表现和监测方法。由于不同患者的治疗应答不同，因而疗程不可能完全相同，应强调疗程个体化和长期性。

3. 药物的联合治疗方案 将几种不同作用特点的药物联合应用既可以克服单药治疗效果不理想的问题，又可推迟或减少病毒耐药现象的出现。联合用药药物选择可遵循三点：①作用于病毒不同复制周期的药物联合使用：如 HIV 治疗药物 AZT 与司他夫定（d4T）属于在活化的细胞内抗病毒活性强的抗 HIV 药物，而去羟肌苷（ddI）、扎西他滨（ddc）、3TC 属于在静止细胞内活性强的抗 HIV 药物，这两类药物联合用药时一般有协同作用，临床联合用药时需将在活化细胞内活性强的药物与在静止细胞内活性强的药物联合应用。②作用病毒不同靶点的药物联合使用：HIV 治疗中提出的鸡尾酒疗法和 HAART（Highly Active Anti-Retroviral Therapy）都属于联合用药疗法，即采用 3 种药或 3 种药以上的联合用药，常用组合为一个蛋白酶抑制剂（PIS）或非核苷类逆转录酶抑制剂（NNRTIS）再加用两个作用于病毒不同复制周期的逆转录酶抑制剂（NRTIS）。③根据不同药物诱导的病毒耐药株变异位点的差异选择联合用药：从耐药株产生的分子机制出发，选择那些无交叉变异位点的药物联合用药能够产生一定的协同作用。

4. 提高患者的依从性 患者用药依从性对预防耐药性突变非常重要。因此，在用核苷（酸）类似物进行抗病毒治疗期间出现突破感染的患者时，首先应当确定患者的治疗依从性，对于长时间脱漏服药的患者应当恢复正规治疗。大量研究表明，相当一部分抗病毒治疗早期应答不理想或发生病毒学突破的患者是由于没有严格按医嘱服药，因此，在用核苷（酸）类似物进行抗病毒治疗期间，要反复向患者强调遵医嘱按时、足量服药，不可自行停药。

5. 建立可有效减少耐药性变异的新型防治模式 例如，建立 HIV 感染诊断、抗病毒治疗、病毒载量及耐药检测紧密衔接的工作模式，使患者能在一个地点完成诊断和检测、依从性教育和评估、取药及入院治疗等所有的事项，并根据临床指征进行病毒载量和耐药检测，及时反馈结果。优化抗病毒治疗服务，确保药物供应不中断，最大限度保持治疗、减少脱失，有效评估、促进和保持患者的依从性。

6. 病毒耐药的流行病学调查 例如，通过监测和分析获得 HIV 耐药毒株流行现状和趋势的报告，为国家制定抗病毒治疗及其相关服务政策提供依据。在检测过程中，应将 HIV 耐药监测与病毒载量监测结合起来，如果观察到不理想的病毒载量抑制，就应进行治疗前调查，分析其是否为病毒抑制不理想的原因，获得性耐药是否正在发生和传播；还应审查早期预警指标，查找病毒抑制不理想和耐药发生的可能原因。

【知识拓展】

鸡尾酒疗法的发明

何大一院士（美国科学院院士、中国工程院外籍院士）在研究中发现：艾滋病病毒在传播和繁殖的过程中，经常发生一些结构和功能的变化，导致药物疗效下降，病毒在体内大量繁殖。这使何大一院士想到：单一的药物治疗可能产生了抗药性，应该针对艾滋病病毒复制的不同环节，联合使用三种或三种以上的药物来提高治疗效果，最大限度地抑制病毒的复制。经过反复实验和验证，何大一院士终于发明了“鸡尾酒”疗法。“鸡尾酒”疗法公布后，立即轰动了整个医学界，它的应用使艾滋患者的死亡率已经下降到了20%。

“鸡尾酒”疗法告诉我们：科学研究是一个不断攀登的过程。这个过程当中一定会碰到挫折与挑战，但一定要坚持，要有信念。一个成功的科学家必须拥有热情，勇于尝试，独立思辨，勤奋不懈，追求卓越，坚定信念。

思考题：

1. 你关注过耐药性相关知识吗？请结合本章内容谈一谈微生物耐药性的流行病学特征。

2. 请结合本章学习内容谈一谈微生物耐药性的防治对策。

3. 请查阅“新冠肺炎”继发感染中，哪些病原微生物容易产生耐药性？其可能机制有哪些？

第七章　人体微生态系统

人体微生物种类繁多，数量巨大，它们共同组成了人体微生态系统。由于受到复杂繁多的人体内外因素的影响，因而人体微生态系统是一个非常复杂的系统。

第一节　人体微生态系统概述

从群体生物学和生态学的角度观察人体，可以将人体视作人的真核细胞群与微生物的原核细胞群、真核细胞群及非细胞型生物组成的生物共同体。据测算，人体表与体内的原核生物数量是人体自身细胞数量的10倍。它们参与了人体的代谢过程、人体内环境的稳态调节及人体免疫系统的构建，是正常人体不可或缺的部分，故称之为人体微生态系统（microbial ecosystem）。

一、人体微生态系统的分类

按照正常微生物群在微生态系统中所占的空间不同把人的微生态系统分为口腔微生态系统、胃肠道微生态系统、泌尿道微生态系统、生殖道微生态系统、皮肤微生态系统和呼吸道微生态系统。各系统正常菌群总数量达到百万亿计，总重量相当于肝脏的重量，其中肠道内的正常菌最多，占人体正常菌群总量的78%左右。研究显示，一些我们传统认为不存在微生物的部位，其实也有细菌定植，比如肺部、乳腺，甚至胎盘中是否有微生物，也成为近年来科学家们关注的焦点。

二、人体微生态系统的构成

人体微生态系统目前已知由细菌、古细菌、真菌和病毒组成，其中细菌部分的研究最为深入。例如，人们耳熟能详的很多益生菌就是我们体内的常住成员。古细菌和真菌在整个人体微生态系统中的占比不大。随着卫生条件的提高，肠道类的多细胞真核生物（比如：蠕虫）已逐渐消失，但是它们在肠道微生物的进化过程中曾是最重要的组成部分。目前研究较多的病毒为噬菌体，它们是一类寄生于细菌的病毒，不会对人体细胞造成伤害。噬菌体等也是机体微生态系统的重要组成部分，参与维持人体健康。

人体不同部位的生理状态不同，环境因素对微生物群的定植和分布会产生各种各样的影响。因此，人体不同部位的微生态系统的组成也不同。比如，肠道不同部位的微生物群分布有差异，小肠中多存在需氧菌，大肠中则是厌氧菌占优势。相对于小肠来说，大肠内微生物群的多样性程度更高，且细菌种类的波动较小。

影响人体微生态系统结构的因素很多，包括人体健康状况、年龄、性别、遗传、分娩方式、饮食、抗生素使用，等等。但人体微生态系统可以形成抵御外界刺激的防御屏障，并且在饮食、生活方式和周围环境的变化方面具有高度适应性。为适应在人体内定植，微生物自身会发生多种变化，随着人类生活方式的改变，人体微生态系统也进化为更适宜现代生活方式的模式。人类的进化也决定了人体微生态系结构的进化。

三、人体微生态系统与人类的关系

人体微生态系中的微生物自我们离开母体呱呱落地就开始定植，并伴随终身。经过漫长的生物进化过程，它们与人体处于共生状态，并与人体建立起密切的关系，对促进人体生理机能的完善尤其是免疫功能的成熟起着非常重要的作用。它们与机体已形成相互依存、互为利益、相互协调又相互制约的统一。这种统一体现了人类微生态的动态平衡，平衡则健康，失衡则致病。

第二节　正常微生物群

正常微生物群（normal flora）是寄生在人的体表和与外界相通的开放性部位，经过长期进化而形成的微生物群。一般情况下，对机体有益无害。正常微生物群中以细菌为主，且对细菌研究得较多而深入，因此，又通称为正常菌群（normal flora）。

一、正常微生物群

（一）正常微生物群的分类

正常微生物群包括细菌、真菌、病毒等微生物。从微生态学出发，正常微生物群可以分为两类。

1. 原籍菌与外籍菌　按生境可分为原籍菌（autochthony）与外籍菌（allchthony）。原籍菌是指长期寄生于皮肤黏膜，在一定年龄和一定部位相对固定的菌群；是在宿主一定时期的特定解剖部位占位密度最高，免疫原性较低，且在正常情况下对宿主健康有益的细菌，常为专性厌氧菌，一般伴随人的终生，又称常驻菌（resident flora）。外籍菌是指暂时寄生在皮肤黏膜上的来源于外环境的非致病菌和潜在致病菌。可存在数小时、数天，最多达数月，称暂驻菌（transient flora）。外籍菌在宿主一定时期的特定解剖部位占位密度较低，而免疫原性较高，常为需氧或兼性厌氧菌。

2. 共生菌与寄生菌　按共生关系可分为共生菌（symbiotic fora）与寄生菌（parasitism flora）。共生菌是指与原籍菌有共生关系的细菌。正常微生物群中各种细菌之间常为共生关系。寄生菌是指与宿主有寄生关系的细菌。病原微生物中寄生现象非常普遍，病原体常作为寄生物损害机体而引起疾病。

（二）正常微生物群生理功能

正常微生物群在阻止外来致病菌突破皮肤黏膜生理屏障，使机体免受感染；在参与机体的物质代谢、营养物质转化及合成；在促进机体免疫器官的发育和刺激其产生免疫应答；以及在抗衰老作用和抗肿瘤等方面，都有一定的作用。

1. 生物拮抗 生物拮抗（biological antagonism）指分布在皮肤和黏膜的正常微生物群可以妨碍或抵御外源病原生物的入侵与繁殖，对宿主起到生物屏障作用。这种保护性作用是通过三种机制来实现的：①生物屏障和占位性保护作用：正常菌群在上皮细胞表面的生长繁殖，形成生物屏障，优先占领了生存空间，妨碍或抑制外来致病菌的定植。②产生对病原菌有害的代谢产物：人体内寄居的大量厌氧菌，可产生乙酸、丙酸、丁酸以及乳酸等酸性产物，降低了环境中的 pH 值与氧化还原电势，使不耐酸的细菌和需氧菌受到抑制；另外，口腔中的链球菌以及阴道中的乳酸杆菌等可以产生过氧化氢，对其他细菌有抑制或杀伤作用。③营养竞争：一定生存环境中的营养资源是有限的，由于正常菌群的定植，它可以优先利用营养资源，使之大量繁殖而占据优势地位，这种情况下不利于外来病原微生物生长繁殖。

2. 营养作用 正常菌群在宿主体内对宿主摄入的营养物质进行初步代谢、物质转化和合成代谢，形成一些有利于宿主吸收、利用的物质，甚至合成一些宿主自己不能合成的物质供宿主使用。例如，肠道内脆弱类杆菌和大肠埃希菌可产生维生素 K 和维生素 B 族，乳杆菌和双歧杆菌等可合成烟酸、叶酸及维生素 B 族等。另外，还有些肠道杆菌能参与某些物质的代谢、转化（如胆汁代谢、胆固醇代谢及激素转化）等过程。

3. 免疫作用 宿主的免疫系统有赖于抗原的刺激，才能发育与成熟，正常菌群作为抗原，可以促进宿主免疫器官的发育，刺激免疫系统的成熟与免疫应答，产生的免疫物质，对具有交叉抗原组份的致病菌有一定程度的抑制或杀灭作用。如双歧杆菌能刺激肠黏膜下淋巴细胞增殖，诱导 sIgA 产生，而它又与某些肠道致病菌有共同抗原，当 sIgA 与肠道致病菌发生反应时，就可阻断它们对肠道黏膜上皮细胞的黏附和定植作用。

4. 抗衰老作用 研究表明，人在一生的不同阶段，肠道正常菌群的构成与数量是不一样的，它们与人体的发育、成熟和衰老有着一定关联。例如，儿童及青少年时期肠道的双歧杆菌、乳杆菌比老年时期多，而人到老年后，肠道的产气杆菌较多。这是肠道菌群与其环境（人体肠道）相互作用的结果。

5. 排毒作用 如双歧杆菌能使肠道过多的革兰阴性杆菌下降到正常水平，减少内毒素的吸收。

（三）正常微生物群分布

人体许多组织器官在正常情况下没有微生物，即便有少量微生物侵入血流和组织器官，也可由机体内的免疫系统所清除。不同种属的正常微生物群，在人体各部位的分布也有所差异。人体各部位常见微生物分布见表 7–1。

表 7–1 人体各部位常见微生物分布

部位	常见菌
皮肤	表皮葡萄球菌、类白喉杆菌、绿脓假单胞菌、痤疮丙酸杆菌、白假丝酵母菌、粉刺棒状杆菌、非致病性分枝杆菌等
口腔	表皮葡萄球菌、甲型溶血性链球菌、丙型链球菌、类杆菌、乳梭杆菌等
鼻咽腔	甲型溶血性链球菌、卡他球菌、肺炎球菌、流感杆菌、乙型溶血性链球菌、葡萄球菌、绿脓假单胞菌、大肠埃希菌、变形杆菌等
眼结膜	表皮葡萄球菌、结膜干燥杆菌、类白喉杆菌等
胃	正常情况下一般无菌
肠道	类杆菌、双歧杆菌、大肠埃希菌、肠球菌、葡萄球菌、白假丝酵母菌、乳酸杆菌、变形杆菌、破伤风梭菌、产气英膜梭菌等
阴道	乳酸杆菌、白假丝酵母菌、类白喉杆菌、大肠埃希菌等
尿道	表皮葡萄球菌、类白喉杆菌、耻垢杆菌等

二、微生态平衡与失调

（一）微生态平衡

微生态平衡（microeubiosis）是在长期进化过程中形成的正常微生物群与其宿主在不同发育阶段的动态的生理性组合。这个组合是指在共同的宏观环境条件下，正常微生物群各级生态组织结构（种类及数量）与其宿主体内、体表的相应的生态空间结构正常的相互作用的生理性统一体。这个统一体的内部结构和存在状态就是微生态平衡。

当宿主、正常微生物群或外界环境等因素打破了微生态平衡，就会导致微生态失调（microdysbiosis）。微生态失调时，一些正常微生物群可能成为机会致病菌而引起宿主发病。机会致病菌（opportunistic pathogen）是指在正常情况下并不致病，只有在某些特定情况下才可引起致病，所以机会致病菌也称为条件致病菌（conditioned pathogen ）。

（二）微生态失调的诱发因素

微生态失调的诱发因素包括内源性感染（endogenous infection）、定位转移（translocation）、菌群失调（dysbacteriosis），最常见的是菌群失调。

1. 内源性感染 内源性感染是指正常微生物群在宿主抵抗力下降时侵入血流或组织所造成的感染。如使用大剂量皮质激素、抗肿瘤药物或放射治疗，以及艾滋病患者晚期等，患者免疫功能下降，使正常微生物群中的某些类型能穿透黏膜等屏障，引起局部组织或全身性感染，严重者可因败血症而死亡。

2. 定位转移 定位转移也称为易位。例如，大肠埃希菌在肠道通常是不致病的，但如果它借助鞭毛从肠道进入泌尿道，或手术时通过切口进入腹腔和血流，也可以引发尿道炎、肾盂肾炎、腹膜炎，甚至败血症等。这种情况在微生态失调中相当普遍。外科手术包括手术、整形、插管以及一切影响宿主生理解剖结构的方法与措施，都有利于正常菌群的寄居部位改变。因此，在微生态失调的诱发因素中，外科治疗措施占有重要位置。

3. 菌群失调 菌群失调是指在应用抗生素治疗感染性疾病的过程中，导致宿主某部分寄居细菌的种群发生改变，或各种菌群的数量及比例发生大幅度变化，从而导致的疾病。预防菌群失调的措施有：①合理应用抗生素，避免滥用或长期使用。可用可不用者不用，可用窄谱不用广谱。对年老体弱、慢性消耗性疾病者，使用抗生素或者激素时，要严格掌握适应证，最好能做药物敏感试验、选择最敏感的抗生素。②对老年、幼年及病后衰弱者，用抗生素时应同时口服乳酶生、维生素 B 族及维生素 C 等，以防肠道菌群失调。③大手术前，应注意配合全身支持疗法，如提高营养、服维生素类药物、输血等。

三、微生态制剂

微生态制剂（probioties）也称为微生态调节剂，是在微生态学理论指导下，用益生菌及其代谢产物或其生长促进物制成的制剂，用以补充和扶持宿主生理性微生物，调整和维持微生态平衡，达到防病治病的目的。微生态制剂根据其物质组成，主要分为三类：益生菌制剂、益生元制剂、合生素制剂。

1. 益生菌制剂 益生菌制剂是指有益于宿主健康和生理功能的含活菌、死菌或包括其组成和产物的细菌制品，经口或其他途径加入机体，可以改善宿主黏膜表面微生物或酶的平衡，促进微生态平衡的细菌制剂。目前常见的此类益生菌制剂有单一活菌制剂如整肠生、丽珠肠乐胶囊等。多菌联合制剂如培菲康、妈咪爱、金双歧。死菌制剂如乳酸菌素片、乐托尔等。

制备益生菌制剂所采用的菌种主要来源于宿主正常菌群中的生理性优势细菌，非常驻的共生菌等。常见菌属有以下五种：①乳酸杆菌属（Lactobacillus）：是人和动物胃肠道中的主要正常菌群，常见种类有乳酸杆菌、嗜酸乳杆菌、保加利亚乳酸杆菌等。乳酸杆菌制品在食品、保健品以及药品等领域应用最广泛。②双歧杆菌属（Bifidobacterium）：是人类肠道正常微生物群的主要成员，常用种类有青春型双歧杆菌、两歧双歧杆菌、婴儿双歧杆菌、长双歧杆菌等。③肠球菌属（Enterococcus）：是人和动物肠道正常菌群的成员，在大多数哺乳动物和鸟类的粪便中含有大量的粪肠球菌（粪链球菌）和屎肠球菌，这两个品种已作为肠道疾病预防或改善的制剂而广泛应用。④链球菌属（Sterptococcus）：主要有嗜热链球菌、乳酸链球菌等。⑤芽孢杆菌属（Bacillus）：主要有枯草芽孢杆菌、蜡样芽孢杆菌、地衣芽孢杆菌等。另外还有梭菌属、明串株菌属、片球菌属、乳球菌属、类杆菌属、酵母菌等亦都属于益生菌，被广泛应用于食品、饲料添加、发酵等许多领域。

2. 益生元制剂　益生元制剂是指一些不被消化的食物成分，能够选择性地促进肠内一种或几种有益菌生长繁殖，抑制有害细菌生长，从而达到调整肠道菌群，促进机体健康的目的。此类物质有：①各种寡糖类物质，例如乳果糖、蔗糖低聚糖、低聚果糖、棉子低聚糖、异麦芽低聚糖、玉米低聚糖和大豆低聚糖。②一些中药，例如人参、党参、黄芪、枸杞子、五味子、刺五加、云芝、阿胶、四君子汤、扶正固本丸等。

3. 合生素制剂　合生素制剂也叫合生元，是指益生菌和益生元同时并用的制剂，既可发挥益生菌的活性，又可以选择性的增加这些菌的数量。

第三节　肠道微生物

肠道微生物（enteric microorganism）指寄居在人类肠道内微生物群落的总称，包括细菌、古细菌和单细胞真核生物等，与肠道环境共同构成了一个巨大而复杂的生态系统。根据基因组测序证实，人类肠道微生物的基因数达 500 万，是人类基因的 150 倍，其中超过 99% 的基因来自细菌。肠道内的细菌总重量达 1.5kg，相当于正常人体肝脏的重量。

一、肠道微生物结构与功能

（一）肠道微生物的结构

肠道微生物具有一定的组成结构，虽然人体肠道微生物种类可达1000多种，但各种细菌的数量差别很大，在健康人的肠道微生物中，拟杆菌门和厚壁菌门较多，较少的菌门有放线菌门、变性菌门等。肠道微生物组成结构并非是一成不变的，其数量和种类呈现时间、空间、种族及个体特异性。

1. 时间特异性 胎儿在母体子宫内是无菌的，出生后在几小时内，来自母亲以及环境中的微生物迅速在新生儿肠道定植，此时的新生儿肠道微生物相对简单，但处于高度动态变化中。多种因素影响着微生物的种类及数量，例如，分娩的方式、抗菌药物的应用、喂养方式以及外界环境卫生状况等。1岁婴儿的肠道微生物构成趋于成熟，以厚壁菌门和拟杆菌门为主，接近于成人。在3岁时儿童的肠道微生物构成趋于稳定。正常成年人肠道微生物相对稳定，处于轻度波动中，厚壁菌门和拟杆菌门仍占主导地位，其次为放线菌门和变形菌门。老年人消化功能衰退、饮食以及免疫状态的改变使肠道微生物的构成发生较大改变，相对于年轻人，其肠道内的双歧杆菌和厚壁菌门的构成比减少，拟杆菌门构成比增加。

2. 空间特异性 微生物在人体肠道内不同部位的分布有差异，结肠内微生物的分布密度最高，其次是小肠和胃。微生物在肠道内不同部位的构成也不同，胃内微生物多具有耐酸性，除已知的幽门螺杆菌外，还发现有128种微生物；随着氧含量和pH值的改变，小肠内的厌氧菌增多，结肠是肠道内含厌氧菌最多的部位，预估其可能包含800种微生物。不同组织部位的差异主要是由pH值、氧含量、营养物质形式、宿主分泌以及黏膜的免疫组织等因素的差异所造成的。

3. 地域特异性 不同地域的人群，其肠道微生物也有较大差异。例如，南美洲人与美国人肠道微生物存在差异，美国人的肠道内微生物高表达参与蛋白质降解以及维生素合成的酶，南美洲人肠道微生物高表达参与糖类物质代谢的酶，推测二者差异主要由饮食结构的不同所致。

4. 个体特异性 正常人肠道中占主导地位的微生物组是相同的，但每个人的微生物构成又有所不同。有研究发现，肠道微生物具有个人特异性。因此，肠道微生物组的测序结果可作为个人鉴定的依据之一。

以上特异性的产生受到多种因素的影响，其中主要是饮食结构、健康状况以及抗菌药物的使用。抗菌药物的应用在较大程度上影响肠道微生物菌群的构成。短期口服抗菌药物，肠道微生物菌群恢复原有结构至少需要 4 周，长期口服抗菌药物，则可导致肠道微生物多样性下降，甚至菌群失调。

（二）肠道微生物的功能

数量庞大的肠道微生物具备代谢、免疫和内分泌的功能，在维持肠道微环境中起着重要的作用，其生理功能主要表现在以下方面。

1. 促进食物的消化吸收 肠道是人体最大的消化器官，很大一部分营养物质都是在肠道中被消化吸收的，而肠道内的微生物对这一生理过程起着重要的调节作用。肠道微生物基因组含有许多编码各种碳水化合物活性酶的基因，如糖苷水解酶、碳水化合物酯酶、糖基转移酶和多糖裂解酶等，它们可以帮助宿主水解消化复杂的糖类。

2. 参与物质代谢 肠道微生物能合成多种人体生长发育必需的维生素，如维生素 B 族，维生素 K，烟酸、泛酸等，并参与糖类和蛋白质的代谢，同时还能促进铁、镁、锌等矿物元素的吸收。

3. 刺激机体免疫系统发育 肠道也是人体重要的免疫器官，肠道微生物与宿主在肠道黏膜表面的交流促进了免疫系统的建立和发展，成为人体重要的免疫屏障。

肠道黏膜免疫的发育和成熟依赖于肠道共生菌的刺激。若肠道缺乏细菌，会使肠道相关淋巴组织的生成和成熟受影响，固有层淋巴结数目减少且明显缩小，树突状细胞也显著减少。

4. 保护肠道黏膜 肠道内的乳酸菌和双歧杆菌可以抑制病原微生物

对胃肠道黏膜的黏附，维护肠道微生物群落结构的平衡，并完善胃肠道黏膜的完整性和屏障功能。

二、肠道微生物与人类疾病

正常情况下，人体肠道微生物之间、肠道微生物与宿主之间保持生态平衡，这种平衡一旦被打破，就会诱发多种人类疾病。研究发现，肠道菌群与肥胖、糖尿病、心脑血管疾病、炎症性肠炎、胃肠道癌症和自身免疫性疾病等具有一定的相关性。

（一）心脑血管疾病

研究发现，肠道微生物变化对心脑血管疾病的发生有重要的作用，肠道微生物促进心血管疾病发生的机制可能是：①肠道微生物变化导致的代谢紊乱（肥胖、血脂异常、胰岛素抵抗等）是心血管疾病发生的危险因素。②肠道微生物释放低水平的脂多糖可引发低度炎症，促进促炎因子的释放，内皮细胞功能紊乱，斑块形成、破裂以及血栓形成。③肠道微生物代谢产物如氧化三甲胺（trimethylamine oxide，TMAO）是心血管疾病发生的重要诱因。因此，适量补充益生菌，调节肠道微生态，可以有效预防心血管疾病。

（二）肠道疾病

人们已经认识到，滥用抗生素导致的肠道微生物失调会提高肠道疾病发生的概率。在临床上，常见的与肠道微生物相关的肠道疾病主要有以下三种。

1. 炎症性肠病 炎症性肠病（inflammatory bowel disease，IBD）是指原因不明的一组非特异性慢性胃肠道炎症性疾病，包括非特异性溃疡性结肠炎（ulcerative colitis，UC）与克罗恩病（crohns disease，CD）。炎症性肠病患者的黏膜病变是由共生微生物过度和免疫的失调引起的，异常菌群降低了肠道微生物生态系统的复杂性。另外，有学者认为肠道菌群参与了脑肠轴的功能反应。脑肠轴是将大脑和肠道的功能相连接互传信息的双向通讯系统，包括肠神经（ENS）、迷走神经、交感神经和脊神经等，也包括细胞因子、激素和神经肽等信号分子。其中，肠神经几乎控制了整个肠道的功能。因此，肠道微生物对炎症性肠病的发生有重要的作用。

2. 肠易激综合征 肠易激综合征（irritable bowel syndrome，IBS）是一种免疫 – 炎症模式的胃肠道疾病，其特征为腹痛、腹胀、便秘或腹泻。随着人们生活节奏的加快、饮食结构的改变，肠易激综合征发病率呈上升趋势。流行病学和临床资料均表明肠道微生物与 IBS 的关系密切，表现在七个方面：①动物模型的研究已经证实肠道微生物失衡可导致胃肌轻瘫、小肠转运时间延迟、结肠扩张等胃肠道功能紊乱。② IBS 人群肠道微生物构成和数量与健康人群存在差异。③ IBS 人群肠道微生物代谢产物含量异常。④部分 IBS 与早期患急性胃肠炎有关。⑤ IBS 可能伴随小肠内细菌过度生长，且两者症状相似。⑥益生菌制剂可调节 IBS 患者肠道菌群，缓解 IBS 相关症状。⑦抗生素临床试验性治疗 IBS 可能有效。

3. 肠道肿瘤 肠道微生物在人类宿主中的致癌作用越来越受到重视。目前认为导致肠道肿瘤发生、发展的肠道微生态机制主要有三个方面：①肠道微生物紊乱使肠道黏膜促炎症反应信号传导机制异常，导致肠道黏膜上皮损伤修复加剧，最终出现组织恶变。②某些微生物种属对肠道黏膜上皮细胞具有直接的细胞毒性作用，或者通过旁观者效应发挥毒性作用。③某些肠道微生物参与营养物质代谢过程中的产物对肠道上皮细胞具有毒性作用，受损肠道黏膜上皮的不完全修复可导致其致瘤性转化。目前已知的可能与肠道肿瘤有关的肠道微生物主要有牛链球菌、拟杆菌属的某些种（如脆弱拟杆菌）、败血梭菌、大肠埃希菌的某些种，其他链球菌属如唾液链球菌、血链球菌和粪肠球菌等。

（三）代谢综合征

代谢综合征指机体内的碳水化合物、蛋白质和脂质等代谢发生异常而导致的一组代谢紊乱证候群，包括向心性肥胖、胰岛素抵抗、血脂异常和糖代谢异常等。代谢综合征的病因多归于遗传易感性和生活习惯不良等。近年研究发现肠道微生物是促进代谢综合征发生的重要原因之一。

1. 肥胖 由于肥胖的产生与饮食有重要联系，而饮食的种类又会直接影响到肠道微生物组成。因此，研究肠道微生物可以间接地说明某种细菌与肥胖的关系。

研究表明，肥胖与肠道微生物的种类相关联；厚壁菌门对肥胖有一定影响，例如，肥胖小鼠比同窝生的瘦型小鼠拟杆菌门少、硬壁菌门多。居住生活在北方的人肠道中存在较多的厚壁菌门。肥胖不仅与肠道菌群的种类相关，与丰富程度也有一定联系。微生物基因丰度较低的肥胖者比丰度较高的肥胖者的体重更容易增加。

2. 糖尿病 糖尿病的治疗手段较多，分析与调整糖尿病患者肠道菌群成为研究热点。Ⅱ型糖尿病患者以中度肠道菌群失调为特征。例如，糖尿病人与非糖尿病人相比，一些常见的产丁酸盐细菌丰度下降，而各种条件致病菌增加，其他微生物功能如还原硫酸盐和抗氧化应激能力增强。另外，Ⅱ型糖尿病与健康人群在肠道菌群的门类和属类之间有显著性差异。具体表现在糖尿病人与非糖尿病人相比，厚壁菌门相对丰度低，而拟杆菌门和变形菌门丰度高。

（四）神经精神疾病

越来越多的研究表明，肠道菌群失调可导致神经精神疾病（焦虑、重度抑郁症、孤独症谱系障碍等）的发生发展。例如，在孤独症儿童肠道菌群中脱硫弧菌属细菌数量显著增加，而在重度抑郁症患者肠道中双歧杆菌和乳酸杆菌数量减少。

近年来提出了肠道菌群－肠－脑轴的概念，指出肠道菌群与大脑中枢神经系统之间进行着双向调节。肠道细菌可以调节肠道中的内分泌细胞产生神经活性物质，并通过神经内分泌系统、自主神经以及神经免疫等途径调控中枢神经系统，提示调节肠道菌群平衡可以作为治疗神经精神系统疾病的一个新策略。

除了以上疾病，研究者还发现肠道菌群与自身免疫性疾病、艾滋病、过敏性疾病、肝硬化、营养不良、肾脏疾病等都存在一定联系。

总之，肠道微生物在人体健康中发挥着重要作用，人们逐渐认识到维持肠道菌群平衡的重要性，并认识到人体的生理代谢不仅受其自身基因的控制，同时受到肠道微生物的调控。

第四节　口腔微生物

口腔微生物是定植于人体口腔的微生物集合，被统称为口腔微生物群（oral microflora），近来也称为口腔微生物组（oral microbiome）。口腔中检出细菌、真菌、支原体、原虫和病毒等几大类微生物，其中细菌的数量最多，种类最复杂。

一、口腔微生物的分类

虽然口腔中的微生物在不同个体之间、相同个体口腔不同部位之间存在着差异，但口腔微生物中的优势菌均为兼性厌氧链球菌，并且韦荣球菌及革兰阳性杆菌最多，占口腔细菌的 80% 左右。口腔细菌主要包括四类。

1. 革兰阳性球菌　从口腔中分离出的革兰阳性球菌主要包括葡萄球菌属、链球菌属、消化链球菌属及口腔微球菌属。口腔链球菌属分为四个群。其中变形链球菌细胞壁的表面物质有利于细菌黏附聚集和对牙表面的定植。该菌所产生的酶在糖代谢中起主导作用，该菌的产酸能力和耐酸性在菌斑酸化和釉质脱矿中有重要作用，变形链球菌是主要致龋菌。

2. 革兰阴性球菌　革兰阴性球菌主要包括奈瑟菌属与韦荣菌属。一般来说，出生一周的婴儿口腔内是没有奈瑟菌的，但到 8 个月后，几乎所有的婴儿口腔中都能检测到奈瑟菌；而在 7 ～ 12 岁儿童的唾液中，奈瑟菌的检测率为 80%；在青年和老年人牙菌斑中，奈瑟菌的检出率几乎达到 100%。奈瑟菌黏附能力较弱，但它却与血链球菌是最早定植于干净牙表面的细菌，主要存在于菌斑外层和早期菌斑中。

3. 革兰阳性杆菌和丝状菌 以兼性厌氧菌为主，主要菌属有放线菌属、乳杆菌属等。这些细菌是口腔的正常菌群，其数量仅次于口腔链球菌，主要定居部位是牙菌斑和龈沟，其次是唾液和舌背，在其他部位黏膜表面比较少见。

乳杆菌是口腔内较早定植的细菌，数量不多，但由于其具有较强的耐酸力，在强酸环境中不但能生存，并且能继续发酵糖产酸，所以它们也参与了龋齿的发展，使牙釉质和牙本质脱矿。近年来，国内外学者的研究均认为乳杆菌不是诱发龋齿的病原菌，但在龋齿已形成，促龋发展中起到作用。由于唾液中可检出大量的乳杆菌，所以常通过测定唾液中乳杆菌数量来预测龋齿的进展趋势，在流行病学中也可用此菌作为龋标志菌。

4. 革兰阴性杆菌或球状菌 无芽孢，无鞭毛，有的有荚膜，有的是动物疫源菌，不发酵碳水化合物，产酸。例如，拟杆梭菌，它是绝对厌氧的革兰阴性短杆或球杆菌。这一类细菌均为在牙菌斑中占较大比例的菌群。其中牙龈卟啉单胞菌是侵袭牙周组织的病原菌，破坏牙周组织而导致牙周炎。

二、口腔微生物的分布及影响因素

口腔中的微生物在不同个体之间、相同个体之间的口腔不同部位之间存在着差异。同一微生物类群可以分布于口腔中的不同部位。另外，口腔微生物分布通常具有区域特性。罗氏菌属通常存在于舌和齿面，西蒙斯氏菌属通常存在于硬腭，唾液链球菌主要在舌上，密螺旋体通常存在于龈下的裂缝中。

影响口腔微生物分布的原因主要有：①物化因素：主要包括温度、氧张力和 pH 值等。口腔各个部位的氧浓度有很大的差别，氧张力和氧化还原电势也不同，舌前部表面氧张力为 16.4%，适于需氧菌生长；牙周袋氧张力为 0%，适于厌氧菌生长。口腔具有相对恒定的 pH 值（5.0 ～ 8.0），但外源性物质（如饮料、食物，以及细菌发酵、唾液缓冲等）都能改变口腔 pH 值，从而影响口腔微生物的分布。②宿主因素：宿主的口腔环境，如黏膜表面的光滑程度、唾液和龈沟液组成等影响口腔微生物的分布。唾液和龈沟液物质组成复杂且不稳定，在人的一生中不断发生变化。此外，还有性别、年龄、饮食习惯、口腔卫生等因素都会导致口腔微生物的不同。③细菌因素：口腔微生物自身抵抗宿主防御系统的能力大小，以及对所附着的黏性表面或牙体表面的亲和力大小、细菌间的协同或拮抗作用、对口腔内营养物质的利用能力不同等因素也会导致口腔菌群分布的不同。

三、口腔微生物与人类疾病

口腔微生物对于人体健康来说非常重要，多变的口腔微生物通过共生和拮抗作用，帮助人抵御外部不良因素的侵袭。然而，微生物群失调会不仅能引起口腔疾病，还可能会导致全身性疾病。研究口腔微生物群及其与全身微生物群的相互作用，对于我们认识人体和改善人类健康具有重要意义。

（一）口腔疾病

1. 龋病　龋病俗称虫牙、蛀牙，可以继发为牙髓炎和根尖周炎，甚至能引起牙槽和颌骨炎症。龋病是由牙齿表面的微生物引起的，并具有传染性，是口腔主要疾病，世界卫生组织已将其与肿瘤和心血管疾病并列为人类三大重点防治疾病。

目前认为龋病是多种微生物共同作用的结果。龋齿菌斑中存在的微生物主要分为两种类型：一类是产酸菌属，其中主要为变形链球菌、放线菌属和乳杆菌，它们可使碳水化合物分解产酸，导致牙齿无机质脱矿；另一类是革兰阳性球菌，可破坏有机质，经过长期作用可使牙齿形成龋洞。有研究结果证实，变形链球菌、唾液链球菌、血链球菌、储酸乳杆菌和黏性放线菌都可引起实验性龋病，只是其致龋性和致龋部位存在差异。

2. 牙周病　牙周病是牙齿支持组织，包括牙龈、牙骨质、牙周韧带和牙槽骨因炎症所致的种疾病，是最常见的口腔感染性疾病之一，也是导致牙齿脱落的主要原因之一。

牙周病包括两大类，即牙龈病和牙周炎。牙龈病是指只发生在牙龈组织的疾病，而牙周炎则是累及四种牙周支持组织的炎症性、破坏性疾病。一般认为，菌斑细菌是牙周病的始动因子，牙龈下革兰阴性厌氧菌是牙周病的重要致病菌，细菌的毒素及代谢产物能够直接破坏牙周组织，牙周组织局部的免疫和炎症反应也会间接造成组织损伤，但根本原因还是宿主和口腔微生物之间的关系出现了不平衡。

3. 牙菌斑　牙菌斑是指黏附在牙齿表面或口腔其他软组织上的微生物群，由大量细菌、细胞间物质、少量白细胞、脱落的上皮细胞和食物残屑等组成。牙菌斑不能用漱口或用水冲洗的方法去除。因此，现在把牙菌斑看成是细菌附着在牙石上的一种复杂的生态结构。在人类口腔中最常见的两大类疾病（龋齿和牙周病）的发病机理中，牙菌斑均起了重要作用。根据所在部位类型不同，牙菌斑具有四种类型。①龈上菌斑：位于牙龈以上的牙面，主要由革兰阳性球菌和杆菌组成，随着菌斑的成长，革兰阳性球菌，杆菌和丝状菌逐渐增多。②龈下菌斑：位于龈下，为牙龈所覆盖。其中含有多种细菌，表面有较多丝状菌和螺旋体。③光滑面菌斑：位于牙齿的光滑表面上，含革兰阳性球菌和丝状菌等。④沟裂菌斑：位于牙龈的沟裂内，主要包含球菌和杆菌，也有丝状菌。

（二）口腔外疾病

近年来，随着人类微生物组计划的完成，人们对口腔微生物的认识更加深入，不仅进一步解析了口腔微生物在龋病、牙周病等口腔疾病发生发展中的作用，还发现口腔微生物与多种全身系统性疾病密切相关。以下简单介绍几种与口腔微生物关系密切的口腔外疾病。

1. 类风湿性关节炎　类风湿关节炎患者的口腔微生物群发生了显著性生态失调，这种失调可通过类风湿关节炎的治疗得到纠正，且恢复程度与患者对治疗的反应密切相关，提示口腔微生物群的变化为预测该疾病的发生及治疗效果提供了重要信息。

2. 动脉粥样硬化　动脉粥样硬化是常见的心血管疾病之一。几乎所有动脉粥样硬化斑块中均可检出口腔共生菌；而牙周袋内的梭杆菌、链球菌、奈瑟菌的水平与血浆胆固醇水平密切相关。目前认为，口腔菌群失调可促进血栓形成。此外，口腔细菌可造成牙周上皮屏障缺损，进入血液循环并影响血管内皮细胞功能，导致内皮功能紊乱。因此，口腔细菌可能参与了动脉粥样硬化斑块的发生发展，具有作为了解该疾病窗口的重要潜能。

3. 不良妊娠结局　不良妊娠结局包括早产、低出生体重、巨大儿和新生儿窒息等；这类情况的发生与口腔微生物组的变化有关。有研究发现：①患牙周病的妇女出现早产、低出生体重的风险增加。②不良妊娠的母亲有更高水平的福氏拟杆菌和直肠弯曲菌。③早产患者的胎盘中发现了口腔病原体，如牙龈卟啉单胞菌（及其内毒素）。④在产妇的羊水中检测到了伯杰菌，其 16Sr R NA 序列与产妇龈下菌斑中的一致。这些结果提示口腔微生物可能与不良妊娠结局相关。

第五节　皮肤微生物

皮肤作为人体最大的器官，表面积可达 1.8 平方米。由于皮肤与自然环境中广泛存在的各种微生物直接接触，皮肤上经常有一些微生物存在，有些微生物可较长期地寄生在人体的皮肤上，称为皮肤正常微生物群，也称为皮肤正常菌群。皮肤正常微生物群从我们出生时刻即开始建立。直至成人后达到稳态。新生儿的皮肤微生物群来源于母体。所以自然分娩的新生儿皮肤菌群，最初与母亲阴道菌群类似，而剖宫产的新生儿菌群则与母亲腹部菌群类似。

一、皮肤微生物的分类

根据现有文献报道，皮肤 94% 的细菌由放线菌门、厚壁菌门和变形菌门组成。即便皮肤与外界频繁接触，成人的皮肤微生物组仍保持高度稳定。这一稳态是每个人独特的微生物印记。皮肤表面的微生物按照定植特性分为三类。

1. 常驻菌群　永久定居于皮肤上，其定居在皮肤表面、角质层和表皮外层及皮肤和毛囊的深缝中。这些微生物能够在皮肤上生长和繁殖，不侵入或破坏皮肤组织。较深皮肤区域中的这些菌群不能通过洗涤轻易除去。固有微生物是无害共生体。常见的有微球菌科、棒状微生物、丙酸菌属、糠秕孢子菌属等。

2. 暂驻菌群　主要存在于暴露部位的皮肤上，一般不在皮肤表面繁殖，或者在皮肤上繁殖但只短期存在。其数量和种类变化较大。暂驻菌群中有一些可能是病原体，如棒状杆菌、产色素的微球菌、需氧革兰阴性杆菌等。

3. 偶存菌　仅在短时期附着于皮肤并增殖，受到环境及常驻菌群活性的影响。

二、皮肤微生物的分布与影响因素

（一）分布

1. 同一个体不同部位的分布　微生物主要分布在人体皮肤三大区域。①湿润区：腋窝、肚脐、手掌心、足部、鼻孔等部位。②油脂区：前额、面颊、鼻翼以及前胸、后背等部位。③干燥区：胳膊、腿、臀部等部位。不同部位栖居的微生物种类和数量都不同。例如在人前额主要为表皮葡萄球菌和痤疮丙酸杆菌，而在腋窝主要是表皮葡萄球菌及类白喉杆菌。藏在腋窝的微生物每平方厘米高达 10 亿～ 100 亿个，用香皂洗澡可以减少一个数量级的微生物，且能暂时将潜在的致病菌从皮肤表面去除。

2. 不同个体同一部位的分布　不同个体同一部位分布的微生物群有差异。例如腋窝，皮肤干燥的人腋窝处多为凝固酶阴性葡萄球菌，而皮肤湿润的人腋窝处多为棒状杆菌。

（二）影响因素

人体微生物群的总体组成与分布受性别、年龄、饮食、卫生产品的使用、种族、同居、栖息地和地理位置的影响。新生儿皮肤微生物定植主要取决于分娩方式，随着年龄增长，与环境不断接触，皮肤这些微生物组成会发生改变。青春期，皮肤微生物菌群会重新调整，主要由于激素的增加会刺激油脂部位产生油脂。因此，青春期后的皮肤有利于亲脂微生物的增长，例如，丙酸杆菌、棒状杆菌、真菌、马拉色菌属等丰度会增加，但厚壁菌门（包括金黄色葡萄球菌和链球菌属）的丰度会相应减少。而在青春期前，皮肤中丰富的菌群主要是厚壁菌门、拟杆菌门、变形菌门和一个更丰富的真菌菌群。总体而言，皮肤微生物的组成与年龄相关，因此许多皮肤病与年龄也有关。又比如，共同生活的夫妻或情侣之间的微生物组成具有一些共性，其中足底菌群的相似度是最高的。

三、皮肤微生物的功能

1. 营养作用 皮肤微生物分解脂类、固醇类、角质蛋白等产生的营养物质，可通过角质层细胞膜、毛囊开口处及细胞间隙，被皮肤棘细胞和基底层圆柱细胞等吸收，促进皮肤细胞的生长，延缓皮肤老化和皱纹的产生。

2. 保护皮肤 皮脂腺分泌的脂质由微生物作用形成一层乳化脂质膜。它可以中和沾染皮肤的碱性物质，抑制细菌、真菌等致病微生物生长，对皮肤起保护作用；它与角质层一起防止水分过度蒸发，对皮肤体温调节有重要作用。

3. 免疫作用 皮肤微生物能刺激机体的免疫系统，以增强机体一般免疫力。通过竞争皮肤表面的附着位点和必需营养来防御病原微生物的定居。

4. 自净作用 固有皮肤菌群的有机体能够产生抵抗病原微生物的抗菌物质，包括抗细菌、抗真菌、抗病毒甚至抗癌的物质，具有重要的皮肤自净作用。例如，皮脂腺内寄生的丙酸杆菌、糠秕孢子菌，可将皮脂中甘油三酯分解成游离脂肪酸，它们对皮肤表面的金黄色葡萄球菌、链球菌和白色念珠菌以及皮癣真菌有一定抑制作用。

四、皮肤微生物与皮肤疾病

一般情况下，皮肤微生物与人体保持着动态平衡，微生物之间也是相互制约的。但当这种平衡被打破，或者机体免疫力降低时，某些正常寄居于人体皮肤上的微生物就可引起疾病。

（一）痤疮

痤疮是一种毛囊皮脂腺单位的慢性炎症性疾病。痤疮发病机制主要包括三个方面：皮脂腺大量分泌，毛囊皮脂腺导管上皮过度角化，微生物尤其是痤疮丙酸杆菌的定植及炎症反应。研究表明，定植于毛囊部位的痤疮丙酸杆菌可以通过影响皮脂腺、毛囊角栓的形成和机体的炎症反应参与痤疮发病，其具体作用机制如下。

1. 促进皮脂分泌 痤疮丙酸杆菌的数量与皮脂含量高度相关，皮脂可作为痤疮丙酸杆菌的代谢底物促进其生长。同时痤疮丙酸杆菌能够通过增加甘油二酯酰基转移酶的活性，促进皮脂分泌，进而加重痤疮患者的皮脂溢出。

2. 促进粉刺形成 痤疮丙酸杆菌具有脂肪分解活性，能够分解皮脂腺分泌的甘油三酯并释放游离脂肪酸；同时痤疮丙酸杆菌还能释放卟啉，卟啉已经被证实是角鲨烯氧化的催化因子。游离脂肪酸和氧化的角鲨烯能够促进粉刺形成。

3. 促进炎症反应 痤疮丙酸杆菌可以诱导细胞产生多种细胞因子和多肽，引起炎症反应；它还可以激活补体的经典途径和替代途径，增加血管通透性，趋化白细胞参与炎症应答。此外，它还能刺激皮脂腺细胞，诱导该细胞释放炎症介质。在上述因素的共同作用下，引起了痤疮相关的炎症。

另外，痤疮丙酸杆菌可以产生脂肪酶、蛋白酶、透明质酸酶、磷酸酶，并诱导多种细胞产生基质金属蛋白酶，直接损伤毛囊皮脂腺单元和真皮细胞外基质，从而进一步导致毛囊皮脂腺单位产生痤疮皮损，如微粉刺、粉刺、丘疹、脓疱等。

除了痤疮丙酸杆菌，也有研究者发现表皮葡萄球菌、马拉色菌等其他微生物似乎也参与了痤疮的形成，但它们的作用还有待进一步证实。

（二）特应性皮炎

特应性皮炎，又称遗传过敏性湿疹，是一种好发于儿童青少年的慢性、复发性、瘙痒性皮肤疾病。其发病与多种因素的共同作用有关，包括表皮屏障损伤、免疫细胞活化和相关皮肤微生物群落的改变等，其中皮肤微生物尤其是金黄色葡萄球菌的大量定植，与特应性皮炎的发病及病情的严重程度密切相关。有研究发现：特应性皮炎患者的皮肤存在严重的菌群失调，金黄色葡萄球菌可诱发和加重本病，在特应性皮炎患者的皮肤环境有利于葡萄球菌，特别是金黄色葡萄球菌的生长。而金黄色葡萄球菌是一种可以引起严重感染的致病菌，它可分泌各种毒素，诱发和加重皮肤屏障功能的破坏和特应性皮炎疾病的发生。

（三）银屑病

银屑病是一种常见的、慢性、复发性、炎症性皮肤病，其特征为红色或棕褐色，斑丘疹或斑块，表面覆盖着银白色鳞屑，边界清楚，多半发生于头皮及四肢，少数患者有脓疱性损害或关节炎症状，或是全身皮肤发红、脱屑而呈红皮症。其发病病机制至今尚未明确，但很多研究结果表明，皮肤微生物群结构的改变，与其发病有一定关系。研究者对银屑病患者皮损区进行细菌种群鉴定，鉴定结果如下：①皮损区在门水平上的优势菌为厚壁菌门、放线菌门和变形菌门，其中厚壁菌门较正常皮肤增多，放线菌门较正常皮肤减少。②属水平上皮损区丙酸杆菌属降低，链球菌属与丙酸杆菌属的比例显著升高。③种水平上皮损区痤疮丙酸杆菌显著减少，且物种丰度和均度都下降。这些结果说明，银屑病与细菌群落构成及优势菌的改变相关。

【知识拓展】

人类微生物组计划

人类微生物组计划是人类基因组计划的延伸。该计划是人类基因组计划完成之后的一项规模更大的DNA测序计划，目标是通过绘制人体不同器官中微生物元基因组图谱，解析微生物菌群结构变化对人类健康的影响。

中国作为此计划的参与者一直积极推动此项计划的研究工作，其研究包括由中国科学院上海生命科学研究院和上海交通大学主导的2007年初启动的中国—法国人体肠道元基因组科研合作计划。2008年4月11日，深圳华大基因研究院以其规模名列国际前茅的新一代高通量测序技术平台，作为唯一的非欧盟国家的科研单位，参加到肠道元基因组欧盟第七框架项目中，承担重要的测序任务。2009年，英、美、法、中等国家的科学家在德国海德堡成立国际人类微生物组研究联盟（IHMC），旨在对国际人类微生物组研究进行全面的协调。由此可见，中国科学家为人类微生物组计划实施做出了重要贡献。

思考题

1. 什么是人体微生态系统？它包括了哪些子系统？
2. 微生态制剂有几种类型？试举实例说明。
3. 为什么说肠道微生态是一个共生系统？肠道菌群是一个器官吗？

第八章　微生物与食品

微生物作为自然界存在的一大类生物，与食品有着密切的关系。正确认识微生物与食品的关系，有利于我们进一步挖掘微生物的功能，减少微生物的危害。

第一节　微生物与食品的概述

在食品领域中，微生物对人类来说是一把双刃剑，一方面人类可以利用微生物菌体获取营养物质，利用微生物发酵获得各类产品；另一方面微生物也可以引起食品的腐败变质，影响人类生命健康。

一、微生物在食品领域中的应用

微生物在食品领域中的应用包括食用型微生物的应用和发酵型微生物的应用。

（一）食用型微生物的应用

食用型微生物的菌种资源比较多，有真菌、细菌以及微型藻与放线菌等。最常见食用型微生物是食用菌。食用菌俗称“蘑菇”，常见的有平菇、木耳、猴头菇、香菇、金针菇等。食用菌是人类食用的一种优质食品，具有高蛋白、低糖、低脂肪的特点，蛋白质含量高达30%～40%，而碳水化合物只有3%～8%，脂肪小于2%。食用菌蛋白质的氨基酸种类齐全，几乎所有的菇类都含有人体所需的8种必需氨基酸，并有丰富的维生素和矿物质元素。食用菌具有一定的医疗保健作用，如调节机体平衡，增强免疫力，抗疲劳；降低胆固醇、血糖和血脂；抑制肿瘤、减轻癌症症状；抗病毒、抗菌消炎，对肝脏有一定保护作用；止咳祛痰、健胃消化、通便利尿及抗衰老等。食用菌作为植物性食品和动物性食品之外的第三类食品，素有“植物肉”之称。目前，国际食品界已将食用菌列为21世纪八大营养保健食品之一。

（二）发酵型微生物的应用

很多日常食品都是通过微生物发酵作用生产的。例如，食醋是以粮食等淀粉质为原料，经微生物制曲、糖化、发酵等阶段酿制而成；发酵乳制品是原料乳经过杀菌后，接种特定的微生物进行发酵作用，生产的具有特殊风味的食品；啤酒是以优质大麦芽为主要原料，大米、酒花等为辅料，经过制麦、糖化、发酵等工序酿制而成的一种含有二氧化碳、低酒精度和多种营养成分的饮料酒。白酒酿造是多种微生物共同发挥作用的复杂过程，其中霉菌（多细胞真菌）在白酒酿造过程中能够产生淀粉酶、蛋白酶等功能性酶分解淀粉和各类蛋白，酵母菌利用糖类发酵产生酒精，细菌利用糖类发酵产生已酸和丁酸，这些产物赋予白酒典型香气。此外，在酱油、泡菜、面食等食品生产中，发酵型微生物也发挥了重要作用。

二、微生物与食品的腐败变质

食品在加工前、加工过程中以及加工后，都可以受到外源性和内源性微生物的污染。污染食品的微生物有细菌、真菌以及由它们产生的毒素。污染的来源有原料生长地土壤、加工用水、环境空气、工作人员、加工用具、杂物、包装、运输设备、贮藏环境，以及昆虫、动物等。

（一）微生物引起食品腐败变质的条件

1. 食品本身具有丰富的营养成分 各种食品都有水分、蛋白质、脂肪、碳水化合物、维生素和无机盐等存在，只是比例不同。在一定的温度条件下，适宜微生物的生长繁殖。

2. 食品所处环境的温度 当环境为低温时，微生物的生长和代谢速率会降低，因而会减缓由微生物引起的腐败变质。当环境温度超出微生物可忍耐的高限，微生物很快死亡。当环境温度在适宜生长范围内时，微生物的生长会随着温度的提高而加快，食品的腐败变质随之会加快。

3. 食品所处环境的湿度 高湿度不仅有利于微生物的生长与繁殖，也有利于微生物的生命活动，微生物不会因湿度太小而失水死亡。

（二）控制食品微生物污染的措施

控制食品因微生物的污染而造成的腐败变质，首先应掐断微生物的污染源，其次是抑制微生物的生长繁殖。

1. 加强生产环境的卫生管理 食品生产厂和加工车间必须符合卫生要求，应及时清除废物、垃圾、污水和污物等，对污水、垃圾实行无害化处理。生产车间、加工设备及工具要经常清洗、消毒，严格执行各项卫生制度。操作人员必须定期进行健康检查，传染病患者不得从事食品生产。工作人员要保持个人卫生及工作服的清洁。生产企业应有符合卫生标准的水源。

2. 严格控制生产过程中的污染 在食品加工、贮藏、运输过程中尽可能减少微生物的污染，防止食品腐败变质。原料应选用健康无病的动植物体，不使用腐烂变质的原料，采用科学卫生的处理方法进行分割、冲洗。食品原料如不能及时处理需采用冷藏、冷冻等有效方法加以贮藏，避免微生物的大量繁殖。食品加工过程中的灭菌条件要能满足商业灭菌的要求。使用过的生产设备、工具要及时清洗、消毒。

3. 注意贮藏、运输和销售卫生 食品的贮藏、运输及销售过程中也应防止微生物的污染，控制微生物的大量生长，应采用合理的贮藏方法，保持贮藏环境符合卫生标准。食品运输车辆应做到专车专用，有防尘装置，车辆应经常清洗消毒。销售前食品应有合理的包装，以防止微生物二次污染。

（三）食品微生物检验的意义

食品腐败变质不仅对食品造成损失浪费，同时也严重影响人们的身体健康。因此，我们预防和控制微生物的污染的同时，要加强对食品微生物的严格检验。通过食品微生物检验，可以判断食品加工环境及食品卫生环境，能够对食品被细菌污染的程度作出正确的评价，为各项卫生管理工作提供科学依据。通过食品微生物检验，还可以有效防止或者减少食物中毒人畜共患病的发生，保障人民的身体健康；同时，它对提高产品质量，避免经济损失，保证出口等方面具有政治上和经济上的重要意义。

第二节　微生物与食品营养

微生物与食物营养关系密切，微生物菌体、微生物酶，以及微生物代谢产物在食物领域中得到广泛应用。

一、食用型细菌

食用型细菌（edible bacteria）是指细菌自身可以作为食品的微生物。包括螺旋藻、普通念珠藻等。

（一）螺旋藻

螺旋藻（spirulina），属于蓝藻门、蓝藻纲、颤藻科、螺旋藻属，是一种古老的低等水生植物。由于其丰富的营养成分和优良的药理学作用，螺旋藻已被开发出多种多样的食品和保健品。

1. 生物学特征　螺旋藻是一类低等的原核单细胞或多细胞原核生物。

（1）形态特征　由单细胞或多细胞组成丝状体，体长 200 ～ 500μm，宽 5 ～ 10μm，圆柱形，呈疏松或紧密的有规则的螺旋形弯曲，形如钟表发条，故而得名。

（2）生长条件　最佳生长温度是 28 ～ 35℃，15℃和 40℃分别为其最低和最高生长温度，其喜温和耐热品系可在 35 ～ 40℃下培养；最佳生长 pH 值为 8.3 ～ 10.3，当 pH 值为 11 时，仍然生长良好。因此，它可以聚集生活在较严酷的环境中，如碱水湖、一些海洋环境和盐碱湖（主要的生长地），当 pH 值高于 11.0 时将不利于生长。

（3）营养类型　螺旋藻体内含有藻红素和藻蓝素等色素，在营养和温度适应的情况下，光照是影响其生长的一个重要因素。螺旋藻是严格的光能自养型藻类，靠阳光和吸收的 CO_2，进行光合作用。螺旋藻的光合能力极强，其光合效率是一般农作物的 3 倍以上。

（4）分布情况　生长于各种淡水和海水中，常浮游生长于中、低潮带海水中或附生于其他藻类和附着物上形成青绿色的被覆物。世界天然能够自然生长螺旋藻的四大湖泊分别是：非洲的乍得湖、墨西哥的特斯科科湖、中国云南丽江的程海湖和鄂尔多斯的哈马太碱湖。

2. 营养成分　螺旋藻的化学组成具有高蛋白、低脂肪、低糖类的特点，并含有多种维生素及微量元素，营养价值高。

（1）蛋白质　蛋白质含量为其干重的 60% ～ 70%，而且含有人体所需要的 8 大类型的必需氨基酸，包括异亮氨酸、亮氨酸、赖氨酸、蛋氨酸、苯丙氨酸、苏氨酸、色氨酸、缬氨酸。

（2）脂肪　脂肪含量一般为其干重的 5% ～ 6%，其中 70% ～ 80% 为不饱和脂肪酸（UFA），尤其是亚麻酸的含量高达人乳的 500 倍。

（3）维生素和矿物质　维生素和矿物质含量也极其丰富，前者包括维生素 B_1、维生素 B_2、维生素 B_6、维生素 B_{12}、维生素 E 和维生素 K 等；后者包括锌、铁、钾、钙、镁、磷、硒、碘等微量元素，螺旋藻的生物锌与铁的比例基本与人体生理需要一致，最容易被人体吸收。

（4）其他营养成分　螺旋藻还含有 γ- 亚麻酸甲酯（GLAME）、β- 胡萝卜素、藻蓝蛋白（CPC）、藻多糖（PSP）、叶绿素 a 等多种营养成分。

3. 主要功能

（1）降低胆固醇　螺旋藻里的 γ- 亚麻酸可以降低人体的胆固醇，从而降低高血压和心脏病的发生率。

（2）调节血糖　螺旋藻中存在螺旋藻多糖、镁、铬等多种降糖物质，可通过多种途径（如减缓糖吸收、促进物质代谢，抗氧化等）调节血糖代谢。

（3）调节免疫功能　螺旋藻中的螺旋藻多糖和藻蓝蛋白均能增强骨髓细胞的增殖活力，促进胸腺、脾脏等免疫器官的生长，增强机体免疫功能。

（4）防癌抑癌　螺旋藻中藻多糖、β- 胡萝卜素、藻蓝蛋白与脱氧核糖核酸（DNA）的修复有关，在防癌抑癌方面有一定的作用。

（5）抗氧化作用　螺旋藻可以减轻运动引起的氧自由基损伤，保护细胞膜结构，有抗运动疲劳作用。

（6）改善贫血症状　缺铁性贫血是非常普遍的一个现象，而螺旋藻含有极为丰富的铁质和叶绿素，这些营养元素可以有效改善人体贫血的状况。

（二）普通念珠藻

普通念珠藻（nostoc commune），又名地木耳，是一种固氮蓝藻，平时所见的是其原植体，它外由胶被包裹，内由藻丝弯曲、相互缠绕而成。普通念珠藻含有多种营养成分，为中国传统副食品。

1. 生物学特征　普通念珠藻是一类低等的原核生物。

（1）形态特征　藻体自由生长，最初为胶质球形，其后扩展成片状，大可达 10cm，状如胶质皮膜，暗橄榄色或茶褐色，干后呈黑褐色或黑色。藻丝卷曲，仅在群体周缘的藻丝有明显的胶鞘，黄褐色，厚而有层理，并在横隔处收缢。

（2）生长条件　多生长在潮湿土壤上，尤其在向阳而稍潮湿处生长较旺盛，夏秋季常见；耐干旱，干至手搓即碎时，遇水亦能生长；耐寒冷，在 -30℃条件下仍能生存。

（3）营养类型　体内含有叶绿素和藻蓝素等色素，能通过阳光和吸收的 CO_2，进行光合作用。其细胞中存在固氮酶，可以将大气中游离态的分子氮还原成可供植物利用的氮素化合物，同时在其生长繁殖过程中不断分泌出氨基酸、多肽等含氮化合物和活性物质。

（4）分布情况　广泛分布于世界各地。主要生长在山丘和平原的岩石、砂石、砂土、草地、田埂以及近水堤岸上。

2. 营养成分 普通念珠藻蛋白质含量比较高、脂肪含量比较低，并含有多种维生素及矿物元素，营养价值极高。

（1）蛋白质 普通念珠藻蛋白质含量高于鸡蛋、木耳等，尤其含有人体所需要的 8 大必需氨基酸（缬氨酸、异亮氨酸、亮氨酸、苏氨酸、甲硫氨酸、赖氨酸、苯丙氨酸、色氨酸）和半必需的两种氨基酸（精氨酸及组氨酸）。

（2）脂肪 普通念珠藻脂肪含量极低，约为其干重的 0.5% 左右。

（3）维生素 普通念珠藻有丰富的维生素 C 和少量的维生素 E、维生素 A、维生素 B_1、维生素 B_2，其中维生素 C 是紫菜含量的 19 倍。

（4）矿物元素 普通念珠藻有丰富的矿物元素，包括钙、铁、磷、镁、钠、锌、硒、钴等，其中以钙和铁的含量最高。

（5）其他营养成分 普通念珠藻还含有海藻糖、蔗糖、半乳糖葡萄糖、果糖、木糖、甘露醇、山梨醇等多种营养成分。

3. 主要功能

（1）补充营养 普通念珠藻含有丰富的蛋白质、钙、磷、铁等，可为人体提供多种营养成分，具有补虚益气，滋养肝肾的作用。

（2）降脂明目 普通念珠藻是一种很好的低脂肪营养保健菜，能降脂减肥，同时，对目赤、夜盲、脱肛等疾病症状也有一定的改善作用。

（3）清热降火 普通念珠藻性寒而滑，具有清热解毒的功效；内服外用，可辅助治疗烧伤、烫伤及疮疡肿毒。

（4）调节免疫力 普通念珠藻营养成分与人体的新陈代谢和正常生理机能有关，长期食用可增进人体的健康，提高机体对疾病的抵抗能力。

（5）促进生长发育 普通念珠藻含有丰富的维生素 C 和少量的维生素 B_1、维生素 B_2、维生素 A、维生素 E，可以通过主宰体内营养成分的分配，调节体内的生理机能，充当辅助酶素，促进体内各类生物化学反应的顺利进行，促进人体的生长发育。

二、食用型真菌

食用型真菌（edible fungus）是指真菌自身可以作为食品的一类微生物。蕈菌是最常见的食用型真菌。蕈菌又称伞菌、担子菌，通常是指那些能形成大型肉质子实体的真菌。常见的蕈菌有香菇、草菇、蘑菇、木耳、银耳、猴头、竹荪、松口蘑（松茸）、口蘑、红菇、灵芝、虫草、松露、白灵菇和牛肝菌等。

（一）蕈菌的生物学特征

1. 形态特征 蕈菌的最大特征是形成形状、大小、颜色各异的大型肉质子实体。典型的蕈菌，其子实体是由顶部的菌盖（包括表皮、菌肉和菌褶）、中部的菌柄（常有菌环和菌托）和基部的菌丝体三部分组成。

2. 生长条件 蕈菌一般能适应的 pH 值为 3 ～ 8（香菇为 4.0 ～ 5.4，木耳为 5.0 ～ 5.4，双孢蘑菇为 6.8 ～ 7.0，金针菇为 5.4 ～ 6.0，猴头菇为 4.0，草菇为 7.5）；不同类型的蕈菌其最适温度不尽相同。例如，喜低温或低温结实的有金针菇和滑菇，喜高温的有草菇；培养相对湿度一般控制在 80% ～ 90%；当 CO_2 浓度在 1000ppm 以下时，平菇子实体尚可正常形成，但当其浓度超过 1300ppm 时，子实体出现畸形。

3. 营养类型 蕈菌没有根、茎、叶的区分，体内没有叶绿素，不能进行光合作用，也不能自己制造养料，必须从其他生物等处摄取养料，因此，多为腐生或寄生。

4. 分布情况 不同地域所生长的蕈菌也不尽相同，在山区森林中生长有香菇、木耳、银耳、猴头菇、松口蘑、红菇和牛肝菌等。在田头、路边、草原和草堆上生长有草菇、口蘑等。南方生长较多的是高温结实性真菌；高山地区、北方寒冷地带生长较多的则是低温结实性真菌。

（二）蕈菌的营养成分

食用蕈菌蛋白质含有高，脂肪含量低较，该菌含有多种维生素和可溶性纤维素等，营养价值高，具有较好的保健功效。

1. 蛋白质 食用蕈菌的蛋白含量接近于肉类和蛋类，明显高于瓜果和蔬菜。其蛋白质属于优质蛋白，含有 18 种氨基酸，其中亮氨酸和赖氨酸的含量尤为丰富。

2. 脂肪 食用蕈菌的脂肪含量较低，而且以不饱和的脂肪酸为主。如黑木耳、银耳和香菇中不饱和的脂肪酸的含量分别占脂肪含量的 73.1%、69.2% 和 75%。食用蕈菌中不含胆固醇，类甾醇含量丰富，可以降低血液中胆固醇含量。

3. 维生素 食用蕈菌含多种维生素，如维生素 B_1、维生素 B_2、维生素 B_{12}，维生素 D，维生素 E 和尼古丁酸等。

4. 其他营养成分 食用蕈菌含有较多的可溶性纤维素，可被人体吸收利用，并把人体中不能消化的物质带出体外。

（三）蕈菌的主要功能

食用菌中含有生物活性物质，对维护人体健康有重要的作用，具有较好的药用保健价值。

1. 防癌抑癌 食用菌的蛋白质、多糖，能刺激抗体的形成，提高机体的防御能力，降低某些物质诱发肿瘤的发生率，并对多种化疗药物有增效作用。此外一些蕈菌中富含的有机硒，可作补硒食品，若长期食用，可降低肿瘤的发生率。

2. 预防感染 牛舌菌的发酵液中含有抗真菌的抗生素（牛舌菌素），蜜环菌的发酵液中有四种可溶于氯仿的抗生素（酚类化合物），对革兰阴性细菌、真菌和病毒有明显的抑制作用。

3. 调节血糖 从灵芝子实体中提取的多糖 B 和多糖 C 及一些灵芝杂多糖均有降血糖作用；银耳多糖和银耳孢子对小鼠四氧嘧啶糖尿病有明显的预防作用。

4. 利胆保肝 假蜜环菌含假蜜环菌甲素系香豆素类化合物，是治疗胆道感染的一种有效成分，对于治疗胆囊炎、急性或慢性肝炎和迁延性慢性肝炎有一定的效果。

5. 改善心血管疾病症状 双孢蘑菇中含有的酪氨酸酶，香菇含有的酪氨酸氧化酶都有降血压作用；干香菇中分离出香菇素有降低血清胆固醇的作用；毛木耳含有腺嘌呤核苷可破坏血小板凝集进而抑制血栓形成；灵芝酊剂或菌丝的乙醇提取物及水溶性多糖有明显的强心作用，冬虫夏草能对抗氯化钡、乌头碱所致大鼠心律不齐。

6. 免疫调节 香菇多糖、猪苓多糖、云芝多糖、冬虫夏草制剂等能增强单核巨噬细胞的吞噬功能，从而增强单核巨噬细胞系统功能，同时这些多糖还增强细胞免疫功能、体液免疫反应和促进细胞因子产生。

三、发酵型细菌

发酵型细菌（fermentative bateria）是指利用底物发酵产生具有风味物质的代谢产物的细菌。用于发酵食品中的细菌，主要有醋酸杆菌、乳酸菌和非致病棒杆菌。这里主要介绍乳酸菌和醋酸菌。

（一）乳酸菌

1. 生物学特征 乳酸菌（*Lactobacillus*）一类能利用可发酵碳水化合物产生大量乳酸的细菌的统称。因其能够将碳水化合物发酵成乳酸，故而得名。

（1）形态特征 革兰阳性杆菌，无芽孢。大多数乳酸菌不运动，少数以周毛运动。菌体常排列成链，乳酸链球菌族，菌体球状，通常成对或成链。乳酸杆菌族，菌体杆状，单个或成链，有时成丝状，产生假分枝。

（2）培养特性 微需氧，但在厌氧环境下生长更好。最适合生长的温度为 30 ～ 40℃，最适合生长的 pH 值为 5.5 ～ 6.2，在 pH 值 3.5 时仍能生长。

（3）抵抗力 具有强抗酸能力。大部分乳酸菌具有很强的抗盐性，能够在 5% 以上 NaCl 浓度的环境中生存。

（4）分布情况 广泛分布于含有碳水化合物的动植物发酵产品中，也见于人或者动物的口腔、阴道和肠道内。

2. 主要用途

（1）人体正常微生物群的重要组成　乳酸菌是一种存在于人类体内的益生菌。乳酸菌在机体内能发挥四种生理功能：①调节胃肠道正常菌群、维持微生态平衡，从而改善胃肠道功能。②提高食物消化率和生物效价。③抑制胆固醇吸收，降血脂、降血压作用。④增强人体免疫力和抵抗力。

（2）常用于酸奶、乳酪、酸菜、泡菜、腌渍食品等制造　经乳酸菌发酵的奶酪蛋白及乳脂被转化为短肽、氨基酸和小分子的游离脂类等不仅更易被人体吸收，而且赋予食品具有丰富而独特的风味。原料奶中丰富的乳糖被分解成乳酸，乳酸与钙结合形成乳酸钙，极易被人体吸收，乳酸菌奶能促进胃液分泌，促进消化，对胃具有保养功能，并能抑制肠道内腐败菌的生长，其生物保健价值远远高于牛奶。

（3）提高食品的保藏性能　乳酸菌发酵过程中，乳酸菌能转化糖生成乳酸、醋酸、丙酸、丁酸、戊酸和己酸及醇类，这些物质能抑制有害菌的繁殖，同时某些乳酸菌还能产生乳链球菌素、过氧化氢等抗性物质。

（二）醋酸菌

醋酸菌（acetobacter aceti）是重要的工业用菌之一，在发酵工程中常用来酿醋。

1. 生物学特征　醋酸菌属于醋酸单胞菌属，是一类能使糖类和酒精氧化成醋酸等产物的短杆菌。

（1）形态特征　革兰阴性杆菌，有多种形态，细胞从椭圆到杆状，单生、成对或成链。在老培养物中易呈多种畸形，如球形、丝状、棒状、弯曲等。具有鞭毛，端毛菌或周毛菌。

（2）培养特性　好氧菌，代谢类型属于异养需氧型，故在发酵过程中一直需要氧气的参与。生长繁殖的适宜温度为 28 ～ 33℃，生长的最适 pH 值为 3.5 ～ 6.5。

（3）抵抗力　不耐热，在 60℃下经 10 分钟即死亡。一般的醋酸杆菌能耐受醋酸达 7% ～ 9%。醋酸杆菌对酒精的耐受力颇高，酒精浓度可达 5% ～ 12%（体积分数），但对食盐的耐受力很差，当食盐浓度超过 1% ～ 1.5% 时就停止活动。

（4）分布情况　分布广泛，在果园的土壤中、葡萄或其他浆果或酸败食物表面，以及未灭菌的醋、果酒、啤酒、黄酒中都有生长。

2. 主要用途　醋酸菌是一种常用于制醋的细菌。在糖源充足的情况下，可以直接将葡萄糖变成醋酸；在缺少糖源的情况下，先将乙醇变成乙醛，再将乙醛变成醋酸；在氧气充足的情况下，能将酒精氧化成醋酸，从而制成醋。

四、发酵型真菌

发酵型真菌（fermentative fungus）是指利用底物发酵产生具有风味物质的代谢产物的真菌。用于发酵食品的真菌，主要有酵母菌、各种不同的霉菌等。这里着重介绍酵母菌和毛霉菌。

（一）酵母菌

酵母菌（yeast）一般泛指能发酵糖类的各种单细胞真菌，可用于酿造生产。在工业、农业、医药行业得到广泛应用。

1. 生物学特征　酵母菌属于微生物的真菌类，它能将糖发酵成酒精和二氧化碳。

（1）形态特征　单细胞真菌，细胞宽度（直径）2 ～ 6μm，长度 5 ～ 30μm；形态多样，通常有球形、卵圆形、腊肠形、椭圆形、柠檬形或藕节形等；无鞭毛，不能游动。

（2）培养特性　兼性厌氧菌，在有氧和无氧的环境中都能生长，有氧环境生长较快。在有氧条件下，酵母菌把糖分解成二氧化碳和水；在缺氧条件下，酵母菌把糖分解成酒精和二氧化碳；在 pH 值为 3.0 ～ 7.5 生长，最适 pH 值为 4.5 ～ 5.0；最适生长温度一般在 20 ～ 30℃，在低于水的冰点或者高于 47℃的温度下，酵母细胞一般不能生长。

（3）生殖方式　酵母菌的生殖方式分无性繁殖和有性繁殖两大类。

无性繁殖包括芽殖、裂殖、芽裂。有性繁殖方式为子囊孢子。

（4）分布情况　酵母菌在自然界中分布很广，尤其喜欢在偏酸性且含糖较多的环境中生长，例如，在水果、蔬菜、花蜜的表面和在果园土壤中最为常见。

2. 主要用途

（1）面团发酵　①改善面食口感：酵母菌发酵面团产生大量的二氧化碳，使面筋网络组织的形成，使烘烤食品组织疏松多孔，体积增大，面食就变得松软好吃。②提高面食保健功能：酵母菌里的硒、铬等矿物质能抗衰老、抗肿瘤、预防动脉硬化，提高机体的免疫力。③促进营养物质吸收：酵母菌发酵使面粉里影响钙、镁、铁等元素吸收的植酸可被分解，从而促进人体对这些营养物质的吸收和利用。

（2）啤酒发酵　啤酒是以大麦芽、酒花、水为主要原料，经酵母菌发酵作用酿制而成的饱含二氧化碳的低酒精度酒，是一种低浓度酒精饮料。啤酒含酒精度最低，营养价值高，成分有水分、碳水化合物、蛋白质、二氧化碳、维生素及钙、磷、硅等物质，有“液体面包”的美誉。

（二）毛霉菌

毛霉菌（mucor）主霉菌又叫黑霉、长毛霉，是接合菌亚门接合菌纲毛霉目毛霉科真菌中的一个大属。在制曲、酿酒、酿制腐乳等发酵工业方面有广泛应用。

1. 生物学特征　毛霉菌属于丝状真菌，具有较强的分解蛋白质能力。

（1）形态特征　多细胞真菌，菌丝无隔、多核、分枝状，在基质内外能广泛蔓延，无假根或匍匐菌丝，毛霉菌菌丝初期白色，后灰白色至黑色。菌丝体上生长出孢子囊梗，顶端生成球形孢子囊，内含大量的孢子囊孢子。

（2）培养特性　好氧真菌，可在 10 ～ 38 ℃生长，在最适温度 20 ～ 25℃条件下培养，3 ～ 5 天长出白色或者灰白色的长绒毛。湿度高的情况下毛霉容易生长繁殖，干燥的环境中毛霉容易老化，变成黄色或褐色，发酵能力下降。

（3）生殖方式　生殖方式分无性繁殖和有性繁殖。无性繁殖产生孢子囊孢子。有性繁殖方式产生接合孢子。

（4）分布情况　广泛分布于酒曲、植物残体、腐败有机物、动物粪便和土壤中。

2. 主要用途

（1）腐乳制作　在腐乳制作中，毛霉菌的作用是产生蛋白酶和脂肪酶，将豆腐中的蛋白质分解成可溶性的小分子多肽和氨基酸，将其中的脂肪分解成甘油和脂肪酸，使腐乳产生芳香物质或具鲜味的蛋白质分解物。

（2）制曲酿酒　毛霉菌有较强的糖化力，可将淀粉液化、糖化变成糖，其中可发酵性糖经过酵母发酵产生酒精。发酵产物经过人工蒸馏提香便可得到蒸馏酒。

第三节　微生物与食物中毒

中华人民共和国《食物中毒诊断标准及技术处理总则》（GB1493894）中规定，食物中毒是指摄入了含有生物性、化学性有毒有害物质的食品或者把有毒有害物质当作食品摄入后出现的非传染性（不属于传染病）的急性、亚急性疾病。

食物中毒可分为细菌性食物中毒、真菌性食物中毒、化学性食物中毒、动物性食物中毒、植物性食物中毒和病毒性食物中毒，其中最主要的是细菌性食物中毒。本节重点介绍由细菌引起的食物中毒，简要介绍真菌性食物中毒。

一、食物中毒的特点

有毒食物进入人体内发病与否主要取决于摄入有毒物的种类、毒性和数量，同时也与食者胃肠空盈度、年龄、体重、抵抗力、健康与营养状况等有关。食物中毒常呈集体性暴发，其种类很多，病因也很复杂，一般具有三个共同特点：①潜伏期短，来势急剧，短时间内可能有多人同时发病。②发病与食入某种中毒食品有关，凡进食此种有毒食品的人大都发病，未进食者不发病，或者停止食用此种食品后，发病立即停止。③患者都具有相似的临床表现，多见于急性胃肠炎。④发病率高而且集中，人与人之间不直接传染；一般无传染病流行时的余波。

食物中毒的流行具有明显的季节性和地区性。其季节性与食物中毒的种类有关，细菌性食物中毒主要发生在秋季，化学性食物中毒全年均可发生；大多数食物中毒的发生有明显的地区性，如副溶血性弧菌食物中毒以及河豚毒素中毒常见于我国沿海地区，肉毒素中毒主要发生在新疆等地。

二、细菌与食物中毒

细菌性食物中毒（bacterial food poisoning）是人体因摄入了被致病性细菌或其毒素污染的食品后而出现的非传染性急性、亚急性疾病。细菌性食物中毒发病率为食物中毒事件总数的30%～60%，中毒人数占总中毒人数的60%～90%。其致病菌有沙门菌、金黄色葡萄球菌、致病性大肠埃希菌、变形杆菌、副溶血性弧菌、肉毒梭菌、单核细胞增生李斯特菌、空肠弯曲杆菌、蜡样芽孢杆菌、志贺菌、产气荚膜梭菌、小肠结肠炎耶尔森菌、椰毒假单胞菌酵米面亚种等。

（一）细菌性食物中毒类型

细菌性食物中毒根据毒素形成的机制，可以分为三种主要类型。

1. 毒素前体物中毒 在金黄色葡萄球菌食物中毒和蜡状芽孢杆菌呕吐综合征中，食物中含有毒素前体物，经过代谢转换成毒素，进而引起中毒。这类食物中毒属毒素型食物中毒。

2. 非侵入型感染中毒 在非侵入型感染中，活菌随着食物进入身体，往往黏附在肠上皮细胞表面，在肠腔中繁殖，并产生肠毒素，导致食物中毒。例如，霍乱弧菌进入机体后，黏附于肠黏膜表面，并大量繁殖，产生霍乱肠毒素。霍乱毒素由5个B亚基和1个A亚基组成，B

亚基与肠细胞表面特定的神经节脂（一种酸性糖脂类）受体结合，在细胞膜上形成一个亲水性通道，使A亚基通过通道进入细胞，促使环腺苷酸（cAMP）积累，cAMP抑制Na^+和Cl^-离子的吸收，同时刺激Cl^-、HCO_3^-和Na^+离子的分泌，造成大量稀薄的腹泻液。

3. 侵入型感染中毒 病原体侵入肠上皮细胞并在其中大量繁殖，引发腹泻、发烧等症状的中毒现象。例如，沙门菌，侵入回肠，繁殖并产生肠毒素使液体分泌到肠腔，引起腹泻。这类感染还能引起局部炎症，导致发热和寒战等症状。最近研究结果表明，各种引起腹泻的毒素都有类似于霍乱毒素的结构，即含有5个连接的B亚基和1个A亚基，B亚基能与靶细胞结合，从而促进A亚基进入细胞而发挥毒性作用。

非侵入型感染中毒和侵入型感染中毒都是由于细菌进入人体后才引发的疾病，都属于感染型食物中毒。

（二）细菌性食物中毒的原因

引起细菌性食物中毒的原因有三点。

1. 食品被污染 在屠宰或收割、运输贮藏、销售过程中食品受到病原菌的污染；食品从业人员患肠道传染病、化脓性疾病及无症状带菌者，将致病菌污染到食品上；食品原料、半成品或成品受鼠、蝇、蟑螂等污染，将致病菌传播到食品中。

2. 细菌过度繁殖 被病原菌污染的食品在较高的温度下存放，食品水分、pH值及营养条件满足病原菌大量生长繁殖并产生毒素。

3. 食品在食用前未被彻底加热 污染食品未烧熟煮透或煮熟的食物受到生熟交叉污染或食品从业人员带菌者的污染。引起细菌性食物中毒的主要食品包括动物性食品，如肉、鱼、奶和蛋以及植物性食品，如剩饭、米糕、面类、发酵食品等。

（三）细菌性食物中毒的预防原则

预防为主，综合防治。①加强食品安全的监督与管理，防止食品在加工、贮存、运输、销售过程中被污染。②低温保存食品，控制细菌繁殖和毒素形成。③食品加热充分，彻底杀灭病原菌和破坏毒素。④加强对食品从业人员的管理和卫生培训，进行定期健康体检。

（四）细菌性食物中毒的常见致病菌

1. 沙门菌　沙门菌属（Salmonella）的细菌引起感染型细菌性食物中毒。引起食物中毒的沙门菌有鼠伤寒沙门菌、猪霍乱沙门菌、肠炎沙门菌、甲型副伤寒沙门菌、乙型副伤寒沙门菌、丙型副伤寒沙门菌、鸭沙门菌，等等。据统计资料表明：沙门菌食物中毒占细菌性食物中毒的42.6%～60%。

（1）形态与染色性　为革兰阴性、两端钝圆的短杆菌，大小为（0.4～0.9）μm×（1～3）μm，无荚膜和芽孢，有周鞭毛。

（2）培养特性　需氧或兼性厌氧菌，在10～42℃的范围均生长，最适生长温度为37℃，最适生长pH值为7.2～7.4。在普通营养培养基上生长良好，培养18～24小时后，形成中等大小、圆形、表面光滑、无色半透明、边缘整齐的菌落。从污水或食品中分离的沙门菌有部分为粗糙型菌落。在肉汤培养基中呈均匀浑浊生长。

（3）致病物质　主要包括侵袭力、内毒素与肠毒素。沙门菌有菌毛，因而对肠黏膜细胞有侵袭力，能穿过小肠上皮细胞到达黏膜固有层；沙门菌属各菌株均具有较强毒性的内毒素；鼠伤寒沙门菌、肠炎沙门菌在适宜条件下代谢分泌肠毒素。此种肠毒素为蛋白质，在50～70℃时可耐受8小时，不被胰蛋白酶和其他水解酶所破坏，并对酸碱有抵抗力。

（4）中毒症状　沙门菌引起的食物中毒主要表现为急性胃肠炎。潜伏期短，一般12～36小时，短的6～8小时。主要临床症状表现为头痛、恶寒、呕吐、水样腹泻、有时伴黏液或脓性腹泻，重者出现寒战、抽搐和昏迷等。病程一般3～7天，一般愈后良好。沙门菌引起食物中毒是沙门菌活菌对肠黏膜的侵袭及其内毒素的协同作用以及肠毒素毒性作用的结果。

2. 大肠埃希菌　埃希菌属（Escherichia）是重要的肠道杆菌，其中大肠埃希菌（*Escherichia coli*，*E.coli*）是其代表菌种。非致病性大肠埃希菌是人及动物的肠道正常菌群，致病性大肠埃希菌可以引起食物中毒。

（1）形态与染色特性　为革兰阴性菌、两端钝圆的短杆菌，大小为（0.4 ～ 0.7）μm×（2 ～ 3）μm，有时为卵圆形。多数菌株为周毛菌、能运动，有菌毛，不产生芽孢，许多菌株有荚膜。

（2）培养特性　需氧或兼性厌氧菌，对营养要求不高，在10 ～ 50℃内均能生长，最适生长温度为37℃，最适pH值为7.2 ～ 7.4。在普通琼脂上形成圆形、凸起、光滑、湿润、半透明的或接近无色的中等大光滑型菌落，但也可形成干燥、表面粗糙、边缘不整齐、较大的粗糙型菌落。在肉汤中培养18 ～ 24小时后均匀浑浊，继续培养后管底可出现黏性沉淀。

（3）生化特性　一般菌株的生化特性为发酵葡萄糖、乳糖、麦芽糖、甘露醇产酸产气；各菌株对蔗糖、卫矛醇、水杨苷发酵结果不一致；赖氨酸脱羧酶试验阳性，苯丙氨酸脱羧酶试验阴性；硫化氢、明胶液化、尿素酶、氰化钾试验阴性。IMViC试验（靛基质、甲基红、VP、枸橼酸盐试验）结果为＋＋－－。利用IMViC试验可快速鉴别大肠埃希菌与产气肠杆菌。

（4）致病物质　黏附素（菌毛等结构）具有高度特异性，能使细菌紧密黏附在小肠和泌尿道细胞上。大肠埃希菌能产生多种类型的外毒素（肠毒素、溶血素等）在致病中起重要作用。

（5）中毒症状　致病性大肠埃希菌可引起人类胃肠炎（食物中毒），与食入污染食物或饮水有关，为外源性感染。引起胃肠炎的致病性大肠埃希菌有：①肠产毒性大肠埃希菌（enterotoxigenic *E.coli*，ETEC）：是婴幼儿和旅游者胃肠炎的重要病原菌。患者有水样便、恶心、呕吐、低热等症状。②肠侵袭性大肠埃希菌（enteroinvasive *E. coli*，EIEC）：可引起成人和儿童菌痢样腹泻、水样便、少量血便、发热等。③肠致病性大肠埃希菌（enteropathogenic *E. coli*，EPEC）：可引起婴儿腹泻、水样便、恶心、呕吐、发热、无血便。④肠出血性大肠埃希菌（enterrohemorrhagic *E. coli*，EHEC）：可引起出血性结肠炎；剧烈腹痛、水样便、大量血便、低热或无热。⑤肠集聚性大肠埃希菌（enteroaggregative *E.coli*，EAEC 或 EggEC）：可引起婴幼儿持续性腹泻，伴有脱水。

三、真菌性食物中毒

真菌性食物中毒（fungous food poisoning）是因食入被真菌及其毒素污染的食品而引起的食物中毒。其病原菌包括由黄曲霉毒素、镰刀菌毒素、黄变米毒素、展青霉毒素、杂色曲霉毒素、棕曲霉毒素、交链孢霉毒素等引起的食物中毒，以及霉变甘蔗和甘薯中毒、麦角中毒、毒蘑菇中毒等，常见的真菌性食物中毒有麦角中毒、黄变米中毒、赤霉病麦中毒和黄曲霉毒素中毒。

（一）真菌性食物中毒的流行病学特征

1. 一般烹调方法不能去除　由于真菌毒素结构简单，分子量小，对热稳定，因此，采用一般的烹调方法和加热处理不能破坏食品中的真菌毒素。

2. 中毒与食品有关　中毒的发生主要通过被污染了的食品，通常在可疑食品中可检出真菌或其毒素。

3. 临床表现为脏器损伤症状　与细菌性食物中毒表现为急性胃肠炎症状不同，真菌性食物中毒主要损害实质器官。一种毒素可作用于多个器官，引发多部位病变和多种症状。

4. 有一定的季节性和地区性　这是由于真菌繁殖和产毒需要一定的温度和湿度条件。

5. 潜伏期较短　有些毒素几分钟即可发病。

6. 目前尚无特效治疗药物　一般是对症治疗。

（二）常见真菌性食物中毒

1. 麦角中毒　麦角是麦角菌寄生在麦上形成的一种突出的、长而微弯的角状物。麦角含有多种生物碱，包括麦角毒（ergotoxin，$C_{35}H_{39}N_5O_5$）、麦角胺（ergotamine，$C_{35}H_{35}N_5O_5$）和麦角新碱（ergometrine，$C_{19}H_{23}N_3O_2$）等，粮食中含有 0.5% 的麦角。7% 的含量为致死量。麦角中毒会引起呕吐、腹泻、头痛、头晕、乏力等症状。

2. 黄变米中毒 黄变米是由于粮食被真菌污染而使米粒变黄引起。引起黄变米的真菌主要有黄绿青霉（penicillium citroviride）、冰岛青霉（penicillium islandium）和橘青霉（penicillium citrinum），这些真菌在引起米粒变黄的过程中产生毒素，被食用后可侵犯中枢神经，或引起动物肝脏硬变和诱发肝癌，或对肾脏产生毒害作用等。

3. 赤霉病麦中毒 赤霉病麦是一些镰刀霉感染谷物并在其上分泌毒素的病麦。这些毒素有五种，分别是致呕毒素（vomitoxin）、赤霉烯酮（zearalenone）、瓜类萎醇（vivalnol）、镰刀烯酮 –X（fusarenon-X）、F–2 毒素（F–2 toxin），可以引起急性食物中毒，在食用后 30 ～ 60 分钟即有头昏、腹胀、呕吐、手足麻木、颜面潮红和酒醉样等症状出现，症状持续 2 小时后恢复正常。

4. 黄曲霉毒素中毒 黄曲霉毒素是黄曲霉和其他一些真菌在作物上产生的混合毒素，到目前为止，已经鉴定的毒素有 12 种，划分为 B1 和 G1 两大类，其中 B1 毒性较大。黄曲霉毒素引起的毒性主要表现在对人类和动物的肝脏引起致癌作用。

第四节　微生物与食品卫生

食品安全是社会公共安全的重要组成部分，它关系公众的身体健康和生命安全，经济的发展与社会稳定。加强食品卫生标准的控制与监测对降低食品安全事故的发生具有重要意义。

一、食品卫生的概念与卫生标准

（一）食品卫生的概念

食品卫生（food hygiene）是指为防止食品污染和有害因素危害人体健康而采取的综合措施。即在食品原料生产、加工及制造直至最后消费的各个阶段都必须是安全的，符合卫生的和有益健康的；食品不能含有营养成分以外的、人为添加的、污染的或天然固有的有毒有害物质或杂质。

《中华人民共和国食品卫生法》第六条指出，食品应当是无毒、无害，符合应当有的营养要求，具有色、香、味等感官性状。这一条就明确地规定了食品的卫生要求。

（二）食品卫生标准

食品卫生标准是检验食品卫生状况的依据，是判定食品、食品添加剂及食品用产品是否符合食品卫生法的主要衡量标志。它规定了食品中可能带入的有毒、有害物质的限量。我国制定的食品卫生标准一般包括以下三个方面的内容。

1. 感官指标（sensory index） 感官指标是指感觉器官（可以通过目视、鼻闻、手摸和口尝等方式）检验食品鲜度的标准，包括外观、色泽、组织形态、气味、弹性等指标。

2. 理化指标（physical and chemical index） 理化指标是指食品的物理化学指标，包含食品的电导度、折光率、黏度、酸碱度、各种离子、化合物的含量等。

3. 微生物指标（microbiological index） 微生物指标是指食品中含有的微生物的种类和数量。这里着重介绍我国食品卫生标准中的微生物指标。主要包括细菌总数、霉菌和酵母菌数、大肠菌群数、致病菌。

（1）细菌总数　细菌总数是指每毫升或每克或平方厘米面积食品中所含细菌数，并不考虑细菌的种类。目前细菌总数计算的国标法为平板计数法。细菌总数表示方法有两种：①是在严格规定条件下，使适应这些条件的每一个活菌细胞必须而且只能生成一个肉眼可见的菌落，结果称该食品的菌落总数。②是将食品经过适当处理后，在显微镜下对细菌细胞数进行直接计数。其中包括各种活菌，也包括尚未消除的死菌，结果称细菌总数。我国食品卫生标准中采用第一种表示方法。

细菌总数作为食品卫生质量评定的主要意义有：①作为食品被污染程度即清洁状态的指标，以控制食品污染的允许限度。②用来预测食品耐储藏的程度或期限，即利用食品中的细菌数作为评定食品腐败变质（或新鲜度）的指标。从食品卫生观点来看，食品中的细菌数越多，则病原菌污染的可能性也愈大。细菌数的测定对评定食品的卫生程度或新鲜度起着一定的卫生学指标作用，但必须配合大肠菌群数和其他的项目才能对食品卫生做出正确判断。

发酵食品（尤其是细菌类发酵食品）不适于用细菌（杂菌）总数作为卫生质量指标。

（2）*霉菌和酵母菌数*　霉菌（多细胞真菌）和酵母菌（单细胞真菌）是食品酿造的重要菌种，但也可造成食品的腐败变质，有些霉菌还可以产生毒素，可引起急性或慢性食源性疾病，例如，黄曲霉毒素等真菌毒素具有强烈的致癌性。因此，霉菌和酵母数也可作为评价食品卫生质量的指标之一，以判断食品的污染程度。常见的食品中微生物指标标准见表 8–1。

表 8–1　常见食品中微生物指标标准

食品种类	细菌总数	大肠菌群数	霉菌数
酱油	≤ 30000 cfu/mL	≤ 30 MPN/100mL	—
食醋	≤ 10000 cfu/mL	≤ 3 MPN/100mL	—
酸牛乳	—	≤ 90 MPN/100mL	—
糕点	≤ 1500 个 /g	≤ 30 个 /g	≤ 100 个 /g
豆浆	≤ 100 个 /mL	≤ 3 个 /mL	—
肉灌肠	≤ 50000 cfu/g	≤ 30 MPN/g	—
瓶装汽水	≤ 100 个 /mL	≤ 6 个 /mL	≤ 10 个 /mL
凉拌菜	≤ 50000 个 /g	≤ 70 个 /g	—

续表

食品种类	细菌总数	大肠菌群数	霉菌数
饮用水	≤ 100 个 /mL	≤ 3 个 /mL	—
含乳饮料	≤ 10000 cfu/mL	≤ 40 MPN/100mL	≤ 10 个 /mL

（3）大肠菌群数　大肠菌群并非细菌学分类命名，而是卫生细菌领域的用语，它不代表某一个或某一属细菌，而是指具有某些特性的一组与粪便污染有关的细菌，这些细菌在生化及血清学方面并非完全一致。该菌群细菌可包括大肠埃希菌、产气肠杆菌、柠檬酸杆菌、产气克雷伯菌等。该菌群的共同特性是需氧及兼性厌氧，在 37℃能分解乳糖产酸产气的革兰阴性无芽孢杆菌。

大肠菌群数作为食品卫生质量指标的原因是：①大肠菌群是人和动物肠道中的正常菌群，并且只存在于人和动物肠道中，是较为理想的粪便污染指示菌。②大肠菌群通常与动物肠道病原菌同时存在，只是数量不同。③动物肠道致病菌抵抗外界不良环境的能力差，在体外环境中极易死亡，因此，难以在食品中检出。基于这些原因，通常采用大肠菌群数来预测食品被粪便、肠道病原菌污染的可能性。

冷冻食品，经射线照射处理过的食品和 pH 值较高的食品不适于用大肠菌群数作为卫生质量指标。在这些食品中大肠菌群的细菌比许多肠道病原微生物更易死亡。

（4）致病菌　从食品卫生要求来说，食品中不允许有致病性病原菌的存在。所以，在食品卫生标准中规定，所有食品均不得检出致病菌。但鉴于以下两点原因，病原菌一般不能作为常规检验项目。①病原菌种类繁多，在国家食品卫生标准中要求检测的病原菌至少有 15 种，而且检验食品中病原菌的方法还存在一定的局限性，不可能借一种或少数几种检测方法即能将多种病原菌全部检出。②食品种类繁多，加工储存方法不一，以致病原菌的菌种和污染的数量不会太多，在一般检验中往往检验不出。因此，一般食品卫生检验，只能根据不同食品可能污染情况进行针对性的重点检查。例如，禽、蛋、肉类食品必须做沙门菌的检测；低酸性罐头类食品必须做肉毒梭菌及毒素检测。

二、食品卫生中的微生物检测技术与方法

随着社会科技水平的日新月异，食源性病原菌的检测方法和鉴定技术也在不断地发展和完善，已由传统的检测技术向更灵敏、更简单、更省时的方向发展，这些技术主要包括 ATP 生物化学发光检测方法、分子生物学方法、免疫学方法、生物传感器等技术。

（一）传统培养检测方法

传统的培养和检测技术依然是检测食品中菌落数的“金标准方法”。该种方法是建立在以从食品中分离培养为基础的常规方法。传统的检测方法主要包括五个步骤：①预增菌：一般用高营养、无选择性的培养基对样品进行预增菌，一般采用缓冲蛋白胨水培养基，将样品在 37℃条件下培养 16 ～ 20 小时进行预增菌。②选择性增菌：在选择培养基上，使目的菌不断生长富集而抑制其他微生物增长并使其数量减少。③分离培养：挑选目的菌株画线接种于培养基上进一步进行培养，并在平板上识别目的菌的特征性菌落。④生化试验：利用生物化学的方法来测定微生物的代谢产物、代谢方式和条件等来鉴别细菌的类别、属种。⑤血清型鉴定：对目的菌表面的抗原成分进行检测，由于有些抗原并非目的菌所特有，因此，在对待测菌株进行血清型鉴定时还需结合生理生化试验的结果进行综合判定。

一般来说，传统的检测技术结果是准确、可靠的，但需经过预增菌以及生化试验等一系列复杂烦琐的操作，检测周期一般需要 4 ～ 7 天才能完成。因此，传统的检测技术已无法满足对食品中沙门菌的快速检出。

（二）ATP 生物化学发光检测方法

三磷酸腺苷（ATP）生物发光法是一种经过简化的生物化学方法，利用 ATP 与荧光素 – 荧光素酶复合物的反应来测定是否存在 ATP。该法可用于食品中微生物总数的测定。ATP 是所有生物细胞中一种活性

物质，它的三个磷酸根是靠高能磷酸键接在腺苷分子上的，分解出磷酸根时就释放出能量，这是生物生存所需的能量来源。一般说来，一个细菌细胞中平均含有 10 ～ 15g（1fg）ATP。使细菌释放出 ATP，即可利用生物化学方法测定 ATP 含量。在测定过程中，ATP 自细菌细胞放出来后，即使用萤光虫素和萤光虫素酶使磷酸根从腺苷分解下来，从而释放出能量。这些能量产生像萤火虫发出的光，化学上称为磷光（又称冷光）。光的强度大小代表细菌所含的 ATP 的量，光的强度可用光度计测出，从而推算出菌落总数。这种方法可以在几分钟内得出结果，大大缩短了检测时间。

ATP 生物发光法已应用于食品工业的众多领域。例如，测定肉类食品中细菌污染情况。

（三）免疫学检测方法

免疫学方法是利用抗原－抗体的特征性反应来对微生物的种类进行鉴别的方法。由于菌体抗原、毒素分子等特异性抗体的存在，使得人们可以利用这一系列抗体对食品中的微生物进行快速检测。到目前为止，已建立了酶标抗体（ELISA）、同位素标记抗体（放射免疫试验）、荧光抗体染色（免疫荧光法）、免疫扩散、免疫传感器等免疫学技术快速检测食品中的微生物。其中，ELISA 技术仍然是被最广泛采用方法。免疫学方法检测准确率高而且结果可靠，尤其是单克隆抗体技术的问世和发展，使得其检测的假阳性率明显降低，进一步提高了检测的准确性、灵敏性和特异性。

免疫学方法也存在许多不足之处。首先，需要较多的仪器设备而且试剂盒价格昂贵，检测所需的成本较高；其二，要求操作者的操作技能要强，由于 ELISA 技术是通过级联放大反应来产生检测信号，如果操作者在加样的关键点上控制不好，产生的误差就会被逐级放大，从而导致检测结果出现偏差甚至出现假阴性或假阳性信号。因此，如果能解决以上问题将能够极大的促进免疫学方法以及相关技术的进步和发展。

（四）分子生物学检测方法

分子生物学诊断技术是现代分子生物学与分子遗传学取得巨大进步的结晶，是在人们对基因的结构以及基因的表达和调控等生命本质问题的认识日益加深的基础上产生的。近年来，分子诊断技术研究取得了很大进展，尤其是核酸探针技术和基因芯片技术的发展又将分子生物学诊断技术提高到一个崭新的阶段。

1. 核酸探针技术 核酸探针技术利用核苷酸碱基顺序互补的原理，用特异的基因探针，即识别特异碱基序列（靶序列）的有标记的一段单链 DNA（或 RNA）分子与被测定的靶序列互补，以检测被测靶序列的技术。每一种微生物在进化的过程中都保留了其独特的核酸片段，因此我们可以通过分离和标记这些片段用来制备出检测相应微生物的核酸探针，并将其用于食品中微生物的诊断等研究。核酸探针可分为四类：基因组 DNA 探针、cDNA 探针、RNA 探针和人工合成的寡核苷酸探针。作为诊断试剂，应用最为广泛的是基因组 DNA 探针，可以通过 PCR 技术从基因组中获得大量高纯度、特异的 DNA 探针。目前，核酸探针技术已被广泛地应用到沙门菌、金黄色葡萄球菌、致病性大肠杆菌等常见的食源性致病菌的诊断和研究，这些技术从不同的角度对核酸探针技术进行改进，甚至有些已经与纳米技术相连接，极大地拓展了核酸探针技术的应用范围，同时也使检测的灵敏性和准确性得以提高。

2. 基因芯片技术 基因芯片技术是采用显微印刷或光导原位合成等方法在经过相应处理的玻片、硅片、硝酸纤维素膜等载体上密集、有序地固定上大量特定序列的探针分子，然后将标记的待测样品加入其中，并在体系中进行多元杂交，可以通过检测反应后杂交信号的强弱及分布，来分析目的分子的有无、数量及序列，从而获得受检样品的信息的新技术。该技术的所有反应都是在一张 DNA 芯片上完成的，所以又称 DNA 微阵列技术，它的工作原理是通过已知核酸序列与互补的靶序列杂交并根据所产生的杂交信号对靶物质进行定性与定量分析的过程，其检测原理和过程与经典的核酸分子杂交如 Southern 和 Northern 印迹杂交是一样的。该技术自20世纪80年代出现以来，基于其微型化、连续化、自动化、集成化和高通量等优点已在食品微生物的检测领域得到广泛应用。

（五）生物传感检测方法

生物传感器是一种将固定化的生物分子作为识别元件（包括抗体、抗原、酶、生物膜、核酸适配体等生物活性物质），将识别元件和靶分子相互作用后所产生的生理生化信号转化成可定量检测的物理和化学信号，从而对生命活性物质以及化学物质等一系列靶物质进行实时监控的装置。该方法自20世纪60年被发现以来，已在生物学和化学等领域广泛应用，尤其是材料学的发展以及各种新技术的出现，生物传感器已成为集生物、化学、材料学及信息学等学科于一身的新型交叉学科。同时，由于生物传感器的高灵敏、高特异性等优点，已在食品微生物的检测领域得到了广泛应用。目前，出现的电化学生物传感器、光学生物传感器、免疫学生物传感器、表面等离子体共振生物传感器（SPR）等各种生物传感器已被应用于沙门菌、金黄色葡萄球菌等食源性病原菌的检测分析工作。

【知识拓展】

渊源流传的中国酿造技术

发酵食品营养价值极高，人类食用发酵食品已有相当长的历史。据考证，在中国曲法酿酒远在四千多年前的夏朝就已存在，一千多年后，又相继出现了中国酱油和发酵制品（例如豆腐乳、豆豉等），这些酿造技术和产品先后传播到朝鲜、日本及东南亚等国家和地区，对亚洲乃至全世界人民的饮食生活和健康起到了很重要的作用。这说明我国古代劳动人民对发酵技术的灵活运用和传承及其对微生物发酵工业所做出的巨大贡献。目前，我国在醋、酱油、柠檬酸、抗生素（如青霉素）和谷氨酸等方面的产量都位居世界第一，但我国目前暂时还不是发酵强国，我们需要进一步优化工艺技术、提高生产水平、降低生产耗能、减少环境污染、创新酿造产品，这就需要我们继续努力学习、开拓创新，为中国酿造事业的发展献策献力！

思考题：

1. 你关注过食物中毒相关知识吗？请结合本章学习内容谈一谈食物中毒的特点与危害。

2. 请结合本章学习内容谈一谈如何预防食物中毒？

3. 请查阅食源性病原菌的检测技术还有哪些？它们的原理是什么？有哪些优缺点？

第九章　微生物与呼吸道感染性疾病

呼吸道感染性疾病（respiratory infectious disease，RIDs）是由细菌、病毒、真菌等病原体经呼吸道侵入体内而引发的感染性疾病。由于已知病原体不断变异和新型病原体不断被发现等问题，呼吸道感染性疾病对人类健康的危害日益严重。学习其基本知识对其预防和控制有重要意义。

第一节　呼吸道感染性疾病概述

人类的呼吸道与外界直接相通，并且肺部组织温暖湿润，是各种病原体进入体内生长繁殖的理想途径和场所。以肺炎、支气管炎为代表的呼吸道感染性疾病是造成人类死亡的重要病因。

一、呼吸道感染性疾病的类型

根据感染的部位可分为上呼吸道感染性疾病和下呼吸道感染性疾病。

1. 上呼吸道感染性疾病　上呼吸道感染（upper respiratory tract infection）是由病原体感染引起的鼻腔、咽和喉部炎症的统称。上呼吸道感染性疾病是人类最常见的传染病之一，多发生于冬春季节，主要通过飞沫传播，或经污染的手和用具接触传播。引起感染的病原体70% ～ 80% 为病毒，包括鼻病毒、冠状病毒、流感和副流感病毒、腺病毒以及呼吸道合胞病毒等。此外，还有 20% ～ 30% 为细菌，可原发或继发于病毒感染之后，以口腔定植的溶血性链球菌多见，其次为流感嗜血杆菌、肺炎链球菌和葡萄球菌等。上呼吸道感染性疾病通常病情较轻、病程短、可自愈，预后良好。但由于发病率高，不仅影响工作和生活，有时还可伴发严重并发症，并具有一定的传染性，应积极治疗。

2. 下呼吸道感染性疾病 下呼吸道感染（lowerrespiratory tract infection）是由病原体感染引起的气管、支气管和肺部炎症的统称。其病原体与上呼吸道感染类似，常见的病毒为腺病毒、流感病毒、冠状病毒、鼻病毒和呼吸道合胞病毒等，常见的细菌为流感嗜血杆菌、肺炎链球菌、卡他莫拉菌等。气管－支气管炎多为散发、无流行倾向，年老体弱者易感，临床症状主要为咳嗽和咳痰。根据患病的环境分类，肺炎主要分为社区获得性肺炎（community acquired pneumonia，CAP）和医院获得性肺炎（hospital acquired pneumonia，HAP），两者的致病病原体存在较大的差异，CAP 以细菌和呼吸道病毒感染最常见，HAP 常见病原体为肺炎链球菌、流感嗜血杆菌、金黄色葡萄球菌、肺炎克雷伯菌等细菌。细菌性肺炎是最常见的肺炎，对儿童及老年人的健康威胁极大。

二、呼吸道感染性疾病的特点

呼吸道感染性疾病与其他感染性疾病比较，具有以下特点。

1. 主要传播途径为呼吸道 呼吸道感染性疾病通过短距离飞沫、气溶胶或接触污染的物品传播。容易在学校、医院等人群聚集的场所传播，传染性强，传播范围广，暴发或散发流行。

2. 感染的病原体复杂多样 引起呼吸道感染性疾病的病原体种类繁多，包括细菌、病毒、支原体、真菌和寄生虫等，70% ～ 80% 的呼吸道感染性疾病由呼吸道病毒引起。除病毒外，肺炎链球菌、结核分枝杆菌等细菌也是呼吸道感染性疾病的重要病原体。

3. 发病具有多发性、易感性的特点 人群普遍易感，发病率高，对工作和学习影响大。大多数呼吸道感染性疾病起病急，并发症多，感染症状不特异。由病毒引起的呼吸道感染性大多为黏膜表面感染，病后不易获得牢固免疫力，因此反复感染。

4. 防治困难 呼吸道感染病原体中，新型病原体不断被发现，已知病原体变异快，流行性广，对人类健康危害大。此外，由于缺乏特效药和耐药性的产生，呼吸道感染性疾病的治疗难度也逐渐增大。

三、呼吸道感染性疾病的危害

1. 严重影响工作和生活　主要通过飞沫和直接接触传播，人群普遍易感，且传播迅速、传播面广，常在人群中暴发和流行，患者出现鼻塞、流涕、咽痛、咳嗽、胸痛、呼吸困难等症状，严重影响人们的工作、学习和生活。

2. 损害患者免疫系统　呼吸道感染多为黏膜表面感染，损害黏膜免疫组织，导致患者的免疫功能出现暂时性或者是永久性的抑制，而这种抑制可对患者的免疫系统造成严重的损害，不仅损害患者的呼吸道，还可能引发其他严重的疾病。

3. 引发严重的并发症　呼吸道感染性疾病往往起病急、进展快，特别是对于免疫力低下者，如老年人、儿童、基础营养状况不佳人群的发病率高，容易出现严重并发症，可导致呼吸衰竭和急性呼吸窘迫综合征，甚至并发多器官功能衰竭甚至死亡，危害极大。

四、呼吸道感染性疾病的防治对策

呼吸道感染性疾病重在预防，采取隔离传染源、切断传播途径和保护易感人群等措施有助于防控其传播。治疗要点包括对症治疗、抗感染治疗、支持治疗和预防并发症。

1. 预防　加强锻炼、增强体质、生活饮食规律、改善营养，避免受凉和过度劳累，有助于降低易感性；改善生活卫生环境，保持居室空气流通，注意隔离消毒，预防交叉感染；年老体弱者应注意防护，疾病流行时应戴口罩，避免在人群聚集的公共场所出入，注射疫苗；及时隔离传染源。

2. 治疗　①以对症治疗为主：可应用解热镇痛药、止咳祛痰药等；给予足量维生素及蛋白质，多饮水及少量多次进软食，酌情静脉输液及吸氧。保持呼吸道通畅，及时消除呼吸道分泌物等。②抗感染治疗是常用的治疗方法：由于引起感染的病原体种类繁多，包括各种真菌、病毒以及细菌等，因此，我们可以针对引发呼吸道感染的病原体和药物敏感试验结果进行抗感染治疗。此外，还应根据患者年龄、有无基础疾病、住院时间长短和疾病严重程度等选择抗感染药物和给药途径。③支持治疗和预防并发症：维持水电解质平衡，密切观察、监测并预防并发症。对一些病情比较严重的呼吸衰竭患者给予呼吸支持治疗。

第二节　细菌与呼吸道感染性疾病

广义概念的细菌包括细菌、衣原体、支原体、螺旋体、立克次体、放线菌。目前，已知能够引起呼吸道感染疾病的细菌有结核分枝杆菌、嗜肺军团菌、肺炎链球菌、葡萄球菌、肺炎支原体、肺炎衣原体、铜绿假单胞菌、肺炎克雷伯菌、溶血性链球菌、流感嗜血杆菌、卡他莫拉菌等 10 种以上，本节重点介绍结核分枝杆菌、嗜肺军团菌的基本知识。

一、结核分枝杆菌

分枝杆菌属（mycobacterium）是一类细长弯曲的杆菌，因有分枝状生长的趋势而得名。分枝杆菌属的细菌很多，根据其致病特点，可分为结核分枝杆菌复合群、非典型结核分枝杆菌复合群和麻风分枝杆菌复合群三类，其中结核分枝杆菌复合群是引起人和动物结核病的病原菌。结核分枝杆菌（M. Tuberculosis）简称结核杆菌，可侵犯全身各器官，但以肺部感染最多见。结核病是目前全球尤其是发展中国家危害最为严重的慢性传染病之一。

（一）生物学性状

1. 形态特征　菌体大小 1 ～ 4μm×0.4μm，呈单个、分枝状或团束状排列，无芽孢，无鞭毛，有荚膜，为细长稍弯曲的杆菌。结核分枝杆菌细胞壁含有大量脂质，不易着色。但经加温或延长染色时间着色后又能抵抗盐酸乙醇脱色，用齐尼抗酸染色法处理，结核分枝杆菌被染成红色，其他非抗酸菌及背景被染成蓝色。

2. 培养特性 为专性需氧菌，最适生长温度35℃～37℃，最适pH值6.5～6.8，生长缓慢，繁殖一代时间约为18小时，在固体培养基上2～4周才可见菌落生长。营养要求高，必须在含蛋黄、甘油、马铃薯、无机盐和孔雀绿等的罗氏培养基（Lowenstein–Jensen medium）上才能生长。典型菌落为粗糙型，表面干燥，乳白色或米黄色，呈菜花样。液体培养时形成粗糙皱纹状菌膜，有毒株在液体培养基中呈索状生长。

3. 抵抗力 抵抗力较强。黏附在尘埃上可保持传染性8～10天，在干燥的痰内可存活6～8月；在3%的盐酸、6%硫酸和4%氢氧化钠中30分钟仍有活力，因此，常用酸、碱处理污染的标本和消化标本中黏稠物质，以提高检出率。但对湿热、乙醇、紫外线抵抗力弱，在液体中加热62～63℃ 15分钟或煮沸即被杀死，直接日光照射2～3小时可被杀死，在70%乙醇中两分钟死亡。

4. 变异性 可发生形态、菌落、毒力和耐药性等变异。如卡介苗（Bacille Calmette–Guerin，BCG）就是卡尔梅特（Calmette）和介朗（Guerin）将有毒的牛型结核分枝杆菌在含胆汁、甘油、马铃薯的培养基中经13年230次传代培养，获得的减毒株，现已广泛用于人类结核病的预防。结核分枝杆菌对异烟肼、链霉素和利福平等药物容易产生耐药性变异，近年来，对两种及两种以上的抗结核药产生耐药的多重耐药结核菌（multiple–drug resistance berculosis，MDRTB）已成为全球共同面临的挑战。

（二）致病性与免疫性

1. 传染源 痰中带有结核分枝杆菌的患者是主要传染源，其痰内含菌量决定传染性的大小。痰标本涂片检出结核分枝杆菌属于大量排菌者，痰标本涂片未检出而仅培养出结核分枝杆菌属于微量排菌者。

2. 传播途径 结核分枝杆菌主要通过咳嗽、喷嚏、大笑、大声谈话等方式把含有结核分枝杆菌的微滴排到空气中传播，因此，飞沫传播是结核病最重要的传播途径，也经消化道和皮肤等其他途径传播。

3. 致病物质

（1）脂质　脂质是其主要毒力因子，脂质多呈糖脂或脂蛋白形式，包括：①索状因子：因能使细菌在液体培养基中呈索状生长而得名，主要毒性是损伤线粒体膜，影响细胞呼吸，且能抑制粒细胞游走和引起慢性肉芽肿。②磷脂：能促进单核细胞增生，并使炎症灶中巨噬细胞转变成类上皮细胞，引起结核结节与干酪样坏死。③硫酸脑苷脂：可抑制吞噬体与溶酶体融合，使结核分枝杆菌能在吞噬细胞内长期存活。④蜡质D：具有佐剂作用，可激发机体产生迟发型超敏反应。

（2）荚膜　能与吞噬细胞表面的补体受体3（CR3）结合，有助于结核分枝杆菌的黏附、侵入。荚膜还与细菌抵抗吞噬及其他免疫因子杀伤，耐受酸碱有关。

（3）蛋白质　主要为结核菌素，具有抗原性，和蜡质D结合后能使机体发生迟发型超敏反应，引起组织坏死和全身中毒症状。

4. 所致疾病　人对结核分枝杆菌普遍易感，多数引起潜伏结核病感染，仅极少数发展为结核病。结核分枝杆菌可通过呼吸道感染、消化道和破损的皮肤黏膜感染机体，侵犯多种组织器官，引起相应的结核病，其中以肺结核最为常见。

（1）肺部感染　根据机体感染时的状态和免疫应答特点等，肺结核可分为原发感染和继发感染两大类。①原发感染：多见于儿童，是指首次感染结核分枝杆菌在肺部发生病变。当结核分枝杆菌经呼吸道进入肺泡后被巨噬细胞吞噬，由于细菌含有丰富的脂质，逃避巨噬细胞杀伤的同时还能在细胞内大量繁殖，最终导致巨噬细胞崩解，释放出的结核分枝杆菌被另一巨噬细胞吞噬，重复上述过程，引起渗出性炎症，形成原发灶。原发灶内的结核分枝杆菌可沿淋巴管扩散到肺门淋巴结，引起淋巴管炎和淋巴结肿大，导致原发综合征。感染3～6周后，随着机体特异性免疫的建立，90%以上的原发感染可经纤维化和钙化而自愈。但原发灶内仍有少量结核分枝杆菌长期潜伏，不断刺激机体维持抗结核免疫，也可成为日后内源性感染的来源。感染后极少数免疫力低下者，结核分枝杆菌可经淋巴系统和血流播散至全身，引起全身粟粒性结核病或结核性脑膜炎。②原发后感染：多见于成年人，常为内源性感染，少数为外源性感染所致。由于原发感染后机体已建立了特异性免疫，对再次感染有较强的局限能力，因此，原发后感染的特点是病灶局限，一般不累及邻近的淋巴结。但由于迟发型超敏反应，病变发生迅速且剧烈。主要表现为慢性肉芽肿性炎症，形成结核结节，发生纤维化或干酪样坏死。

（2）肺外感染　部分患者结核分枝杆菌可进入血液循环引起肺外播散，导致肺外结核病，如脑、肾、骨、关节、生殖系统等结核。在极少数原发感染患儿或免疫力极度低下的个体（如艾滋病病人）中，严重时可形成全身粟粒性结核或播散性结核。肺结核病人也可因痰菌咽入消化道引起肠结核、结核性腹膜炎等。结核分枝杆菌也可通过伤口感染导致皮肤结核。

4. 免疫性　结核分枝杆菌的致病性和免疫性均与感染后诱发的T淋巴细胞介导的两种免疫应答反应有关，即细胞免疫应答和超敏反应。结核分枝杆菌是胞内感染菌，抗感染免疫主要依靠细胞免疫，致敏的T淋巴细胞可直接杀死含结核分枝杆菌的靶细胞，并释放TNF-α、IL-2、IL-6、IFN-γ等多种细胞因子，吸引巨噬细胞、T细胞、NK细胞等聚集炎症部位，并直接或间接地增强该类细胞的杀菌活性。此外，机体对结核分枝杆菌可产生抗体，但其免疫保护作用尚不明确。

（三）微生物学检查

根据感染类型，采取病灶部位的适当标本。如肺结核采取咳痰（最好采取清晨第一次咳痰，挑取带血或脓痰），肠结核采取粪便标本，肾或膀胱结核采取中段尿液或无菌导尿，结核性脑膜炎采取脑脊液，腹膜炎、骨髓结核或脓胸等穿刺采取脓汁。

1. 涂片染色镜检　咳痰可直接涂片，经抗酸染色后镜检，如找到抗酸杆菌，可能为结核分枝杆菌，通常应报告“找到抗酸性杆菌”。如标本中结核分枝杆菌量少，可以采用离心沉淀法浓缩集菌后，再涂片染色镜检，以提高阳性检出率。

2. 分离培养与鉴定 结核分枝杆菌生长缓慢，将待检标本浓缩集菌后，接种于改良罗氏固体培养基，37℃培养 4 ～ 8 周后检查结果。根据菌落干燥、乳白色呈菜花样，涂片染色为抗酸性杆菌等特点，可判定为结核分枝杆菌。如菌落、染色都不典型，则应进一步做鉴别试验。

3. 免疫学检查和核酸检测 目前一些免疫学技术和分子生物学技术已应用到结核分枝杆菌的临床实验室检查中。

（1）结核菌素试验 人感染结核分枝杆菌后，产生免疫力的同时也会发生迟发型超敏反应，结核菌素试验就是根据这一原理设计而成。目前该试验采用的结核菌素为纯蛋白衍生物（purified protein derivative，PPD）。具体操作：取 5 个单位 PPD 注入受试者前臂掌侧皮内，48 ～ 72 小时内观察局部反应情况，红肿硬结直径＜ 5mm 为阴性，5mm ≤红肿硬结直径＜ 15mm 为阳性，红肿硬结直径≥ 15mm 为强阳性。阳性表明机体感染结核分枝杆菌或卡介苗接种成功，强阳性则表明可能为活动性结核病。结核菌素试验可用于婴幼儿结核病诊断、卡介苗接种效果测定、结核病流行病学调查肿瘤患者细胞免疫功能测定等。

（2）IFN-γ 释放试验 当体内特异性的记忆 T 细胞再次被结核分枝杆菌活化增殖后可产生 IFN-γ 等细胞因子，通过酶联免疫斑点试验进行检测，1 ～ 2 天即可获得结果，具有敏感性和特异性高的特点，对鉴别潜伏感染与卡介苗接种后反应和非结核分枝杆菌感染有重要价值，并可用于结核病尤其是肺结核的辅助诊断。

（3）抗体检测 结核分枝杆菌感染后可产生多种抗体，可采用 ELISA 等方法检测病人血清中特异性抗体。此外，PCR 检测结核分枝杆菌的敏感性高，可用于结核病的早期快速诊断。

（四）防治原则

1. 预防接种 接种卡介苗可降低结核病的发病率。我国规定新生儿出生后即接种卡介苗。目前，国内外正在研究的新型结核病疫苗达数十种，包括亚单位疫苗、重组活疫苗、DNA 疫苗等。

2. 治疗 抗结核治疗的原则是早期、联合、足量、规范、全程用药，尤其是联合和规范用药最重要。常用的药物有异烟肼（INH）、链霉素（SM）、吡嗪酰胺（PZA）、利福平（RFP）、乙胺丁醇（EMB）和氨硫脲（TB1）等。联合使用抗结核药物，有协同作用，且能降低细菌耐药性的产生，减少毒性。对于潜伏感染者，WHO 推荐口服异烟肼，疗程 9 个月。对于耐药结核患者，如耐多药结核分枝杆菌和广泛耐药结核分枝杆菌患者，需要至少 4 种有效药物的联合治疗，疗程为培养转阴后至少治疗 18 个月。

二、嗜肺军团菌

军团菌属的细菌是一类革兰阴性杆菌，广泛分布于自然界，尤其适宜温暖潮湿地带的天然水源及人工冷、热水管道系统中。本属细菌现已有 50 余种，对人致病的主要为嗜肺军团菌（L.pneumophila），引起人类军团病。在世界许多国家有军团病的发生，我国 1982 年首次报道该菌感染病例。

（一）生物学性状

1. 形态特征 革兰阴性球杆菌，不易着色。菌体形态易变，在组织中呈短杆状，在人工培养基上成长丝状或多形性。常用 Giemsa 染色（呈红色）或 Dieterle 镀银染色（呈黑褐色）。有 1 至数根端鞭毛或侧鞭毛和菌毛及微荚膜，无芽孢。

2. 培养特性及生化反应 为专性需氧菌，2.5% ～ 5%CO_2 可促进生长。最适温度为 35℃，最适 pH 值为 6.4 ～ 7.2。兼性胞内寄生，营养要求较高，生长时需要 L- 半胱氨酸、甲硫氨酸等，在活性炭 - 酵母浸出液琼脂（bufered charcoal yeast extract agar，BCYE）培养基上 3 ～ 5 天可形成 1 ～ 2mm、灰白色有光泽的 S 型菌落。若在 BCYE 培养基中加入 0.1g/L 溴甲酚紫，菌落呈浅绿色。本菌不发酵糖类，触酶阳性，氧化酶阳性或弱阳性，可液化明胶，不分解尿素，硝酸盐还原试验阴性。

3. 抗原组成 主要有菌体（O）抗原和鞭毛（H）抗原。根据 O 抗原可将本菌分为 16 个血清型，其中 1 型是最常见血清型，也是 1976 年军团病的病原菌。我国主要流行的是 1 型和 6 型。该菌的外膜蛋白具有良好的免疫原性，能刺激机体产生免疫应答。

4. 抵抗力 本菌能与一些常见原虫、微生物形成共生关系，可寄生于阿米巴变形虫内而保持致病活力，故军团菌在适宜的环境中存活时间较长。如在蒸馏水中可存活 100 天以上。对常用化学消毒剂、干燥、紫外线较敏感，但对氯或酸有一定抵抗，在 pH 值 2.0 盐酸中可存活 30 分钟。

（二）致病性与免疫性

军团菌在自然界广泛存在，主要经飞沫传播，带菌飞沫、气溶胶被吸入下呼吸道，可引起以肺为主的全身性感染。

1. 致病物质 军团菌产生的多种酶类、毒素和溶血素可直接损伤宿主。细胞毒素阻碍中性粒细胞氧化代谢；磷酸酯酶阻碍刺激中性粒细胞超氧化物阴离子产物，使中性粒细胞内第二信使编排陷于混乱。这些物质可抑制吞噬体与溶酶体的融合，使吞噬体内的细菌在吞噬细胞内生长繁殖而间接导致宿主细胞死亡。此外，菌毛的黏附作用、微荚膜的抗吞噬作用及内毒素毒性作用参与发病过程。

2. 所致疾病 主要引起军团病，临床上有流感样型、肺炎型和肺外感染三种类型。①流感样型：为轻症感染，表现为发热、寒战、肌肉酸痛等症状，持续 3 ～ 5 天症状缓解，预后良好，X 线无肺炎征象。②肺炎型：起病急骤，以肺炎症状为主，伴多器官损害，如不及时治疗可导致死亡，死亡率可达 15% ～ 20%。③肺外感染型：为继发性感染，出现脑、肾、肝等多脏器感染症状。

3. 免疫性 本菌为胞内寄生菌，抗菌感染主要依靠细胞免疫。细胞因子活化单核细胞后抑制胞内细菌的生长繁殖。胞外细菌则通过抗体及补体促进中性粒细胞的吞噬和杀菌作用。

（三）微生物学检查法

采集下呼吸道分泌物、肺活检组织或胸腔积液等标本，用 BCYE

培养基分离细菌，再根据培养特性、菌落特征、生化反应等进行鉴定，并根据O抗原对细菌进行血清学分型。此外，还可采用ELISA、直接免疫荧光试验和PCR技术等进行检查。

（四）防治原则

目前尚无特异性疫苗。空调冷却水、辅助呼吸机等所产生的气溶胶颗粒中能检出此菌。因此，本菌的主要控制措施是加强医院水源管理及人工输水管道和设施的消毒处理。治疗可首选红霉素。

第三节　真菌与呼吸道感染性疾病

真菌可经呼吸道感染引起的支气管－肺部疾病。真菌引起的呼吸道感染性疾病包括原发性和继发性肺部真菌感染两大类。其中，原发性肺部真菌感染主要是由真菌孢子被吸入肺部而导致疾病，而继发性肺部真菌感染多是因为体内其他部位真菌感染经淋巴或血液循环到肺部而致病。引起肺部感染的常见真菌包括：肺孢子菌、曲霉菌、白色念珠菌、新生隐球菌等。

一、肺孢子菌

肺孢子菌（pneumocycstis）广泛分布于自然界，可以通过气溶胶感染人和多种哺乳动物的肺内。常见的肺孢子菌有卡氏肺孢子菌（P.carinii）和伊氏肺孢子菌（P.jiroveci）。

近年来，长期使用激素或化疗药物的慢性病患者、器官移植病人、HIV感染者等免疫力低下的人群感染肺孢子菌肺炎的发病率明显上升。近90%的艾滋病患者有肺孢子菌的体内定植，其致病特点是进展速度很快，患者症状严重，如果不及时治疗患者的死亡率为100%。

（一）生物学性状

1. 形态特征　肺孢子菌为单细胞型真核生物，兼具原虫和酵母菌的特征，其超微结构和基因及其编码的蛋白均具有真菌的特点。

肺孢子菌的形态有滋养体、包囊前期、孢子囊三种形态。其滋养体具有类似原虫伪足的结构和活动方式，单个细胞核，形态较为多变，包括小滋养体（圆形）和大滋养体（不规则形）。滋养体进一步发育成近圆形或卵圆形的包囊前期，其囊壁较薄；包囊的细胞核进行分裂，逐渐形成 2 ～ 8 个圆形孢子，发育为成熟的孢子囊，破裂释放出孢子。

肺孢子菌的包囊表面光滑，直径 5 ～ 8μm，囊壁较厚，可达 100 ～ 160nm。可以利用亚甲蓝染色。亚甲蓝染色后包囊囊壁呈褐黑色，具有特征性的新月形囊壁，但囊内小体不着色。

2. 培养特性 肺孢子菌在人工培养基中难以持续性生长，目前还不能进行体外培养。

（二）致病性与免疫性

肺孢子菌主要通过空气传播感染宿主，在宿主体内可经胎盘垂直传播感染胎儿。

肺孢子菌经呼吸道吸入肺部，附着于肺上皮细胞表面，多呈隐性感染，但是免疫缺陷或低下者，可引起机会感染，即肺孢子菌肺炎（pneumocystis pneumonia，PCP）。该病起病隐匿，缺乏一定的特异性表现，发病初期表现为进行性呼吸困难，肺部特征少，肺部 X 线检查可见间质性肺炎表现，纤维支气管镜活检可见肺间质单核细胞浸润，肺泡含嗜伊红物质。随着病情的发展，典型临床表现可能有以下特征：发热（多以低热为主）、干咳、嗜睡、咯血、胸闷、气促等。但是该病病情进展迅速，重症患者可能会因窒息在 2 ～ 6 周内死亡。肺孢子菌肺炎也是艾滋病最常见的并发症。

（三）微生物学检查

1. 直接染色镜检 采集患者痰或支气管灌洗液，经甲苯胺类染色、Giemsa 染色、瑞氏染色或免疫荧光染色等方法处理，在显微镜下观察到包囊和滋养体作为确诊的金标准。

2. 免疫学检测法 采集患者血液，利用ELISA、间接免疫荧光试验、免疫印迹试验等免疫学方法检测血清中的特异性抗体，进行辅助诊断。

3. 分子生物学检测 常规PCR、毛细管PCR、实时荧光定量PCR等分子生物学技术也作为传统检测的补充手段，用于流行病学调查和治疗监测。

（四）防治原则

1. 预防 目前暂无有效的预防措施，确诊患者应进行有效隔离；长期大量使用免疫抑制剂的人群应警惕防止该菌的感染。

2. 治疗 肺孢子菌对原虫的药物如戊烷脒、磺胺类药物较为敏感，临床上治疗药物可以选择复方磺胺甲噁唑、羟乙基磺酸烷脒，以及卡泊芬净等棘球白素类抗菌药。

二、曲霉菌

曲霉（Aspergillus）在自然界中分布广泛，种类较多，主要致病株包括烟曲霉（A.fumigatus）、黄曲霉（A.flavus）、构巢曲霉（A.nidulans）、黑曲霉（A.niger）、土曲霉（A.terreus），其中烟曲霉感染最为常见。

（一）生物学性状

1. 形态特征 曲霉菌丝为分枝状多细胞性有隔菌丝，接触到培养基的菌丝部分可分化出厚壁而膨大的足细胞，并向上生长出直立的分生孢子梗；孢子梗顶端膨大成半球形或椭圆形的顶囊；顶囊上以辐射方式长出一、二层杆状小梗；小梗顶端再形成一串分生孢子，形成一个菊花样的头状结构，成为分生孢子头，其中的分生孢子有黄、绿、棕、黑等不同颜色，呈球形或柱状。

2. 培养特性 曲霉菌可以用SDA培养基进行体外培养，室温或37～45℃均能生长，最适温度为25～30℃。早期菌落为白色、柔软有光泽，逐渐生长成为绒毛状、絮状和粉末状的丝状型菌落。

（二）致病性与免疫性

曲霉菌可以通过多种途径感染引起曲霉病，其中 80% 以上是肺部感染，可以累及皮肤、黏膜、眼、鼻、支气管、胃肠道、神经系统、骨骼等多器官系统，引起曲霉病。

烟曲霉不仅可以引起肺支气管的变态反应，产生过敏性肺支气管曲霉病（ABPA），也可以寄生于肺部，形成曲菌球，是肺曲霉病的最主要病原菌，同时可以引起侵袭性肺部感染、血液播散性感染、颅内感染等。

肺曲霉病类型较多，是由曲霉菌与宿主免疫反应相互作用的结果：在正常人群中，曲霉菌可能定植或寄生于肺组织；在高敏状态人群中可引起过敏性肺曲霉病，如过敏性支气管肺曲霉病；在免疫低下人群中则易出现半侵袭性肺曲霉病、侵袭性肺曲霉病、血管侵袭性和气道侵袭性。

（三）微生物学检查

1. 直接镜检　痰、支气管肺泡灌洗液或窦道穿刺标本直接涂片镜检，可见分枝的有隔菌丝。

2. 分离培养　将样本接种于 SDA 培养基，在 25℃中培养 3～5 天，观察生长速度、菌落形态、颜色、表面质地等特征。

3. 血清学方法　真菌半乳甘露聚糖（galactomannan，GM）抗原的释放是曲霉血清学检测的基础，也是第一种用于侵袭性真菌病检测的抗原，通过 ELISA 法检测血清中曲霉 GM 已经获得国际上的广泛认可。

4. 其他方法　利用 RT–PCR 检测曲霉核酸成为一种重要的临床检测方法。

（四）防治原则

可以口服唑类药物治疗，如伊曲康唑、伏立康唑、泊沙康唑等，或静脉滴注米卡芬净、卡巴芬净、两性霉素 B、脱氧胆酸等抗真菌药物。单发性曲菌球可以通过外科局部病灶切除。

第四节　病毒与呼吸道感染性疾病

病毒性呼吸道感染是一类常见、多发性疾病，且一年四季均可发病。引起呼吸道感染的病毒种类众多，主要有流行性感冒病毒、呼吸道合胞病毒、麻疹病毒、副流感病毒、腮腺炎病毒、亨德拉病毒、冠状病毒、腺病毒、人鼻病毒、风疹病毒、尼帕病毒等。本节重点介绍流行性感冒病毒、冠状病毒的基本知识。

一、流行性感冒病毒

流行性感冒病毒（influenza virus）属于正黏病毒科，简称流感病毒。流感病毒分为甲（A）、乙（B）、丙（C）三型，是流行性感冒的病原体，其中甲型流感病毒曾经在人类历史上引起了数次世界大流行。

（一）生物学性状

1. 形态与结构　一般为球形，直径 80 ～ 120nm，属于包膜病毒。从患者体内刚分离出的病毒体有时候呈杆状或丝状。

（1）*核衣壳*　呈螺旋对称性排列，位于病毒体的中心，主要由分节段的单负链 RNA 与一个或数个包含 PB1、PB2 和 PA 的 RNA 依赖的 RNA 聚合酶（RNA dependent RNA ploymerase）结合，同时包裹核蛋白（nucleoprotein，NP），形成核糖核蛋白（ribonucleoprotein，RNP）。

流感病毒核酸分节段，甲型和乙型流感病毒具有 8 个 RNA 片段，丙型流感病毒只有 7 个 RNA 片段，缺乏形成神经氨酸酶的 NA 基因片段。第 1 ～ 6 节段分别编码 PB2、PB1、PA、血凝素、NP 和神经氨酸酶，

第 7 节段 RNA 编码病毒基质蛋白 M1 和 M2，第 8 节段 RNA 编码非结构蛋白 NS1 和 NS2。流感病毒的 NP 是主要的结构蛋白，与 M 蛋白一起决定了流感病毒的型特异性，抗原结构稳定，不发生变异，其抗体无中和病毒的能力。非结构蛋白 NS1 主要功能是可以解除宿主的干扰素作用，促进流感病毒的转录和感染进程。

（2）*包膜* 流感病毒的包膜具有维持病毒外形和完整性的作用，由内层基质蛋白（matrix protein，MP）和外层脂蛋白（lipoprotein，LP）组成。MP 具有型特异性，抗原结构稳定，其抗体无中和病毒能力。包膜上镶嵌有两种重要的刺突，血凝素（hemagglutinin，HA）和神经氨酸酶（neuraminidase，NA）。HA 和 NA 的结构很不稳定，极易发生变异，一个氨基酸的置换就可以改变其抗原性，成为划分流感病毒亚型的依据。

（3）*血凝素* 约占病毒蛋白的 25%，为糖蛋白三聚体，其主要功能是：①凝集红细胞：通过与红细胞表面的糖蛋白受体结合，引起多种动物和人的红细胞凝集。②吸附宿主细胞：通过与细胞表面特异性受体结合而促进流感病毒与宿主细胞的吸附，促进病毒的感染，与流感病毒的组织嗜性有关。③抗原性：流感病毒 HA 刺激机体免疫系统产生保护性抗体，能够特异性中和流感病毒感染和抑制血凝的作用。

（4）*神经氨酸酶* 约占病毒蛋白的 5%，为糖蛋白四聚体，呈纤维状镶嵌于包膜脂质双层中。其主要功能是：①参与病毒释放：通过水解病毒感染细胞表面糖蛋白末端的 N- 乙酰神经氨酸，促进成熟病毒体的芽生释放。②抗原性：流感病毒 NA 刺激机体免疫系统产生特异性抗体，抑制流感病毒的释放与扩散，但是不能中和病毒的感染性。

2. 培养特性 流感病毒可以在鸡胚羊膜腔和尿囊腔中增殖，在人羊膜、狗肾、猴肾、鸡胚等细胞培养中，流感病毒也可以增殖，并且不引起明显的细胞致病变效应，可以通过红细胞吸附试验（hemadsorption test）判定病毒感染与增殖的情况。动物雪貂对流感病毒敏感，在小鼠体内连续传代可能增强流感病毒的毒力，引起小鼠肺部广泛性病变或死亡。

3. 分型与变异 根据流感病毒核蛋白与基质蛋白的抗原性不同，可以分为甲、乙、丙三型。根据流感病毒表面血凝素和神经氨酸酶的抗原性不同，甲型流感病毒又可以分为若干亚型，比如在人群中普遍流行的 H1N1、H3N2 等类型。目前，已经发现的 HA 有 16 种抗原，NA 有 9 种抗原，在人群中流行的甲型流感病毒亚型主要有 H1、H2、H3 和 N1、N2。

抗原性变异是流感病毒变异的主要形式，因为构成甲型流感病毒血凝素和神经氨酸酶的抗原结构很不稳定，容易发生变异。变异的形式包括抗原性转变（antigen shift）和抗原性漂移（antigen drift）两种形式。抗原性漂移通常由病毒基因点突变和人群免疫力选择性降低引起，变异幅度小，属于量变，易于发生小规模的流感流行。抗原性转变是甲型流感病毒表面的一种或两种抗原结构发生大幅度的变异，属于质变，可能产生新的亚型流感病毒，而人群对于新发的变异病毒株普遍缺乏免疫力，容易造成流感大流行。

4. 抵抗力 流感病毒抵抗力弱，不耐热，56℃下 30 分钟即可灭活；对于甲醛、乙醚等化学试剂和干燥、日光、紫外线都比较敏感。

（二）致病性与免疫性

1. 传染源 患者是流感的主要传染源，其次是隐性感染者，感染的动物也可能传染人。甲型流感病毒除感染人以外，还可以感染禽、猪、马等动物；乙型流感病毒主要感染人和猪，而丙型流感病毒仅感染人。流感病毒在人呼吸道分泌物中一般可持续排毒 3 ～ 7 天。

2. 传播途径 流感病毒在人群中主要通过飞沫、气溶胶等经呼吸道传播，也可经口腔、鼻腔、眼睛等黏膜直接或间接接触感染。人群普遍易感，潜伏期一般为 1 ～ 4 天。流感病毒感染有明显的季节性，北方以冬季为主，南方四季均可发生，其中以夏季和冬季为高发期。

3. 所致疾病 流感病毒通常引起呼吸道局部感染，不引起病毒血症。流感病毒感染呼吸道上皮细胞后，通过特异性识别受体唾液酸进入宿主细胞，可快速复制增殖并扩散和感染邻近细胞，引起广泛性的细胞空泡变性，随后出现畏寒、头痛、发热、浑身疼痛、鼻塞、流涕、咳嗽等症状。部分患者会因出现肺炎等并发症或基础疾病加重发展成重症病例，少数病例病情进展快，可导致急性呼吸窘迫综合征（ARDS）、急性坏死性脑病或多器官功能不全等并发症而死亡，尤其老年人、年幼儿童、肥胖者、孕产妇和有慢性基础疾病者等都是高危人群，需要重视流感病毒的致病性。

4. 免疫性 流感病毒感染或接种疫苗后可以刺激机体免疫产生特异性免疫应答。其中抗 HA 特异性抗体能够中和病毒感染，具有抗病毒感染、减轻病情的作用，可以持续数月至数年，是重要的保护性抗体；呼吸道黏膜局部分泌的 sIgA 抗体可以阻断病毒感染，但是其保护作用只能维持几个月，是重要的保护性抗体；抗 NA 特异性抗体可以抑制病毒的释放和扩散，但不能中和病毒的感染性。

（三）微生物学检查

在流感流行期间，根据典型临床症状可以作出初步诊断，但是确诊或流行监测必须结合实验室检查，主要包括病毒分离与鉴定、血清学诊断，以及免疫荧光法、ELISA 法等快速诊断方法。

流感病毒的分离培养，先采集发病 3 天以内患者的咽洗液或咽拭子，抗生素清除杂菌后接种于 9 ～ 11 日龄鸡胚羊膜腔或尿囊腔中，于 33 ～ 35℃孵育 3 ～ 4 天，收集羊水或尿囊腔进行红细胞凝集试验。人胚肾或狗肾等细胞培养也可以用于流感病毒的分离。

间接或直接免疫荧光法、ELISA 法检测流感病毒抗原，PCR、核酸杂交或序列分析等方法检测病毒核酸等均可以用于流感病毒的快速诊断。

（四）防治原则

1. 预防 世界卫生组织明确指出接种流感病毒疫苗是预防流感的最有效方式；加强体育锻炼，增强自身免疫力，在流感流行期间避免到人群聚集的公共场所，以及必要的空气消毒等都可以在一定程度上预防流感病毒的感染。

2. 治疗 流感的治疗以对症治疗和预防继发性细菌性感染为主，治疗药物包括神经氨酸酶抑制剂、血凝素抑制剂和M2离子通道阻滞剂三种类型，例如，奥司他韦、扎那米韦、帕拉米韦等；部分中成药也对防治流感具有重要疗效，例如，连花清瘟胶囊、麻杏石甘汤等。

二、冠状病毒

冠状病毒（coronavirus）属于冠状病毒科（coronaviridae）冠状病毒属（coronavirus）。近二十多年中，冠状病毒先后引发了三次较大范围的疫情：2003年的非典型肺炎（SARS），2012年的中东呼吸综合征（MERS），2019年的新型冠状病毒肺炎（COVID-19）。

（一）生物学性状

1. 形态与结构 病毒体呈圆形或椭圆形，有包膜，直径约80～160nm。病毒核衣壳呈螺旋对称型，包裹的基因组为单正链RNA，长27000～32000bp，是基因组最大的RNA病毒，裸露的病毒RNA具有感染性。包膜表面的刺突向四周伸出，形如花冠，故名冠状病毒。病毒体核酸分别编码核蛋白（N）、含有基质蛋白（M）的膜蛋白（M）、包膜蛋白（E）、包膜表面的刺突蛋白（S）和RNA依赖性的RNA聚合酶（RdRp）等。

2. 培养特性 可在人胚肾、肠、肺的原代细胞中生长，在Vero和Huh-7细胞系中分离培养需要4～6天，感染初期细胞病变不明显，连续传代后细胞病变明显增强。

3. 抵抗力 对紫外线和热敏感，56℃ 30分钟、乙醚、三氯甲烷、75%乙醇、含氯消毒剂、过氧乙酸等脂溶剂均可有效灭活病毒，氯己定不能有效灭活病毒。

（二）致病性与免疫性

1. 传染源 冠状病毒感染的患者和无症状感染者是主要的传染源，

在潜伏期内也有传染性，潜伏期平均 3 ～ 7 天，发病后 5 天内传染性较强。

2. 传播途径 经呼吸道飞沫和密切接触传播是其主要传播途径，主要在冬春季节流行。接触病人污染的物品、粪口途径也可以造成感染。在相对密闭的环境中长时间暴露于高浓度气溶胶的情况下存在经气溶胶传播的可能。

3. 所致疾病 冠状病毒主要感染成人和较大儿童，引起普通感冒和咽喉炎，部分可以引起成人腹泻。SARA–CoV 可以引起严重急性呼吸综合征（severe acute respiratory syndrome，SARS），主要症状有发热、咳嗽、头痛、肌肉痛以及呼吸道感染症状等。新型冠状病毒感染以发热、干咳、乏力等为主要症状，部分患者会以嗅觉、味觉减退或丧失等为首发症状，也可以引起重型和危重型病例，重症患者多在一周后出现呼吸困难和低氧血症，严重者可快速进展为急性呼吸窘迫综合征、脓毒症休克、难以纠正的代谢性酸中毒和出凝血功能障碍及多器官功能衰竭等。

4. 免疫性 人群普遍易感。感染后或接种新型冠状病毒疫苗后可获得一定的免疫力，但是持续时间尚不明确。

（三）微生物学检查

1. 病原学检查 采集患者鼻咽拭子、痰和其他下呼吸道分泌物、血液、粪便、尿液等标本，利用 RT–PCR 或者基因测序检查冠状病毒核酸；

2. 血清学检查 利用 ELISA、免疫荧光法等检测血清中冠状病毒特异性 IgM 抗体、IgG 抗体，但是因试剂、体内干扰物质等因素影响，可能存在假阳性，所以一般不单独以血清学检测作为诊断依据，需要结合流行病学史、临床表现和基础疾病等情况进行综合判断。

根据生物安全要求，冠状病毒相关样本处理、病毒培养和动物试验等均需要在生物安全三级实验室进行。

（四）防治原则

1. 预防　接种疫苗是冠状病毒最有效的预防措施，针对新型冠状病毒已经上市有多款疫苗，能够对新型冠状病毒产生较好的综合保护效果。

2. 治疗　目前针对冠状病毒尚无特异性的治疗药物。临床上一般根据病情采取一般性支持治疗、抗病毒药物治疗等多种治疗方式。

【知识拓展】

创新检测技术，增强“抗疫”能力

快速筛查感染人群，阻断传播途径是控制新型冠状病毒蔓延的最有效办法。新型冠状病毒的检测方法主要有全基因组测序、核酸检测和免疫学检测方法等。2020 年 1 月，利用全基因组测序技术仅用 3 天时间就鉴定出新冠肺炎的病原体，而 2002 年 SARS 病原体的鉴定花费数月时间，2012 年 MERS-CoV 的全长基因组信息也花费大约一个月时间。

国家卫健委发布的《全员新型冠状病毒核酸检测组织实施指南（第二版）》的总体要求是：“积极应对新冠肺炎疫情，快速高效管控疫情，规范全员核酸检测组织、采样、检测、报告等工作流程，统筹调配核酸检测资源，提高核酸检测质量。500 万人口以内的城市，应当在 2 天内完成全员核酸检测任务；500 万人口以上的城市，应当在 3 天内完成全员核酸检测任务。”创新检测技术的应用为这一总体要求的实现奠定了技术基础。

思考题

1. 你关注过呼吸道感染性疾病的科普知识吗？请结合本章学习内容谈一谈呼吸道感染性疾病的特点与危害。

2. 请结合本章学习内容谈一谈如何对肺结核患者进行出院后随访和监测管理。

3. 经呼吸道感染的病原微生物是感染性疾病防控中的难点，你认为未来科技发展可以从哪些方面入手，增强人类抗击呼吸道感染性疾病的能力。

第十章　微生物与消化道感染性疾病

消化道感染性疾病（infectious disease of digestive tract）是临床的常见病、多发病。消化系统各脏器，从口腔、胃肠道，到肝脏、胆道、胰腺乃至脾脏都可发生感染性疾病。

第一节　消化道感染性疾病概述

消化道感染是导致疾病和死亡的重要原因，引起消化道感染的病原体可以是细菌、病毒、真菌、原生动物等，以细菌和病毒最常见。消化道感染性疾病多以腹泻、腹痛、恶心、呕吐或发热为主要临床表现，部分感染性疾病如中毒性菌痢、甲型肝炎、肉毒中毒、肠热症等可不出现明显的胃肠道症状，只表现出高热、黄疸、惊厥等。

一、消化道感染性疾病的类型

1. 根据病原学分类　病毒类有诺如病毒、轮状病毒、腺病毒、星状病毒。细菌类有霍乱弧菌、痢疾杆菌、致病性大肠埃希菌、副溶血弧菌、沙门菌、弯曲菌、蜡样芽孢杆菌、产气荚膜梭菌、小肠结肠炎耶尔森菌等。真菌类有白假丝酵母菌、曲霉菌、毛霉菌等。

2. 根据临床表现分类　以胃肠症状为主的有病毒性腹泻（诺如病毒、轮状病毒）、细菌性痢疾、霍乱、细菌性食物中毒等；以胃肠外表现为主的有甲、戊型病毒性肝炎，脊髓灰质炎，手足口病，伤寒、副伤寒等。

二、消化道感染性疾病的特点

1. 病原体种类多 病毒和细菌是引起消化道感染最常见的病原微生物，引起消化道感染的真菌多为共生性真菌，如念珠菌、组织胞浆菌、毛霉、曲霉等。当机体免疫功能低下时，上述真菌可能致病，以念珠菌和毛霉为最重要的机会性感染真菌。

2. 临床表现复杂多变 由于引起消化道感染的微生物和毒素多样化，从而导致其临床表现复杂多变，大部分消化道感染性疾病有胃肠道表现，然而，部分感染性疾病如中毒性菌痢、甲型肝炎、肉毒中毒，甚至伤寒副伤寒等可不出现明显的胃肠道症状，只表现出高热、黄疸、惊厥等。

3. 主要传播途径为粪－口途径 消化道感染性疾病主要是由接触被粪便污染的水源、食物、家庭用品、手指、苍蝇或地面而传播，且这些传播途径常同时存在。社会经济状况和受教育水平可能决定了暴露于传播途径的可能性，低社会经济状况常可通过行为因素导致消化道感染性疾病的发生。

4. 人群普遍易感，容易出现暴发流行 人群普遍易感，儿童、老年人、有免疫抑制或慢性疾病为高危人群，并且容易发生严重并发症，使用抗生素患者是抗生素相关性腹泻高危人群，另外，旅游者易发生细菌性腹泻。食物型和水型传播可引起消化道感染暴发流行，降雨量大、苍蝇多，以及进食生冷食品可增加感染概率。

三、消化道感染性疾病的危害

1. 危害个人健康 虽然大多数细菌引起的消化道疾病预后较好，病情较轻、病程较短，但是急性中毒性菌痢、沙门菌感染引起的败血症、未及时治疗的霍乱等都可能给患者带来致命打击，严重危害人类健康。

2. 危害社会 学校和托幼机构的学生和儿童集体用餐导致食源性疾病传播概率增加，霍乱、细菌性痢疾、甲型肝炎、戊型肝炎、诺如病毒感染引起的腹泻等容易在学校或托幼机构形成暴发疫情和突发公共卫生事件，如不及时控制，有可能在短期内造成流行或大流行，社会危害严重。

四、消化道感染疾病的防治对策

1. 控制传染源 依照《中华人民共和国传染病防治法》规定，霍乱为甲类传染病；细菌性痢疾、伤寒和副伤寒为乙类传染病；除霍乱、细菌性痢疾、伤寒和副伤寒以外的感染性腹泻，称为其他感染性腹泻，为丙类传染病。根据相应类型的报告时限进行及时报告。患者应严格进行消化道隔离，食品加工业者定期体检，发现无症状携带者均应暂时调离餐饮岗位。

2. 切断传播途径 切断传播途径是预防和控制消化道感染性疾病的重要措施，包括养成良好的个人卫生习惯、加强饮水、饮食卫生管理以及对媒介昆虫的控制。处理好污物、污水，对患者的粪便等排泄物加入含氯石灰处理后再倒入便池。对于重点人群、集体单位、临时大型工地，要积极采取综合性预防措施，预防暴发和流行。

3. 保护易感人群 通过接种甲肝病毒疫苗、轮状病毒疫苗等建立免疫力；加强健康教育，各级政府及卫生、教育、广电部门应高度重视、密切合作，充分利用网络、电视、宣传单 / 宣传栏等多种方式，开展各种微生物感染防控知识的宣传，提高学校师生及社区群众的防控意识，养成勤洗手、不喝生水、生熟食物分开避免交叉污染等健康生活习惯。

4. 治疗原则 根据临床表现对症治疗；抗菌治疗因不同病情，不同病原菌而有差异。重症或并发败血症者根据药敏试验结果选用抗菌药物，细菌感染性腹泻的治疗中推广微生态疗法，目的是恢复肠道正常菌群，重建肠道微生物屏障，拮抗病原菌定植侵袭，利于感染的控制。

第二节　细菌与消化道感染性疾病

引起消化道感染性疾病的细菌主要包括肠杆菌科、弧菌属、弯曲菌属细菌等。上述细菌常通过各种媒介（如水、食物、手、器皿）经口进入宿主内，引起消化道感染。肠杆菌科细菌是一大群生物学性状相似的革兰阴性杆菌，常寄居于人和动物肠道内，也存在于水、土壤和腐物中。多数肠杆菌科细菌为肠道正常菌群，但可条件致病而引起内源性感染，少数为外源性致病菌，如痢疾志贺菌、伤寒沙门菌、致病性大肠埃希菌等。

一、志贺菌属

志贺菌属（*Shigella*）细菌，俗称痢疾杆菌，是引起人类细菌性痢疾的病原体。细菌性痢疾在世界许多国家和地区都有流行，尤其是发展中国家。目前已知的志贺菌有痢疾志贺菌（*S. dysenteriae*）、福志贺菌（*S. flexneri*）、鲍志贺菌（*S. boydii*）和宋内志贺菌（*S. sonnei*）。

（一）生物学性状

1. 形态特征　大小为（0.5 ～ 0.7）μm×（2 ～ 3）μm 的革兰阴性短小杆菌。无芽孢，无鞭毛，无荚膜，有菌毛。

2. 培养特性　兼性厌氧菌，在普通琼脂平板上形成中等大小、半透明的光滑型菌落，在肠道选择培养基上形成无色透明菌落。

3. 抵抗力　志贺菌的抵抗力比较弱，加热 60℃ 10 分钟可被杀死。对酸和一般消毒剂敏感。在适宜的温度下，可在水及食品中繁殖，引起水源或食物型的暴发流行。

（二）致病性与免疫性

1. 传染源　传染源是患者和带菌者。急性期病人排菌量大，每克粪便可有 10^5 ～ 10^8 个菌体，传染性强。慢性病例排菌时间长，可长期储存病原体；恢复期病人带菌可达 2 ～ 3 周，有的可达数月。

2. 传播途径　主要通过粪－口途径传播，志贺菌随饮食进入肠道。研究表明，人类对志贺菌较易感，10 ～ 150 个志贺菌即可引起典型的细菌性痢疾感染。

3. 致病物质

（1）侵袭力　志贺菌先黏附并侵入派伊尔淋巴结的M细胞，通过Ⅲ型分泌系统向上皮细胞和巨噬细胞分泌4种蛋白（IpaA、IpaB、IpaC、IpaD），这些蛋白诱导细胞膜内陷，导致细菌的内吞。通过宿主细胞内肌动纤维的重排，推动细菌进入毗邻细胞，开始细胞间的传播。在这一过程中，细菌逃避了免疫的清除作用而得到自身保护，并通过诱导细胞凋亡在吞噬中得以存活。细菌的侵入导致炎性因子（如IL-1β）的释放，吸引多形核细胞至感染部位，致使肠壁的完整性遭到破坏，细菌进入较深层的上皮组织，加速了细菌的扩散。肠壁的脓肿导致肠黏膜的坏死、表面溃疡和出血。坏死的黏膜、死亡的白细胞、细胞碎片、渗出的纤维蛋白和血液构成黏液脓血便。

（2）内毒素　志贺菌各菌株都有强烈的内毒素。内毒素作用于肠黏膜，使其通透性增高，进一步促进内毒素的吸收，引起发热、神智障碍，甚至中毒性休克等症状。内毒素破坏肠黏膜，促进炎症、溃疡、坏死和出血。内毒素刺激肠壁植物神经，导致肠功能紊乱，肠蠕动失调和痉挛，尤其是直肠括约肌痉挛最明显，因而出现腹痛、里急后重等症状。

（3）外毒素　某些志贺菌属成员（多为痢疾志贺菌）可携有来自前噬菌体的志贺毒素编码基因stxA与stxB，分别编码志贺毒素的A亚单位和B亚单位。志贺毒素（shiga toxin，ST）由1个A亚单位和5个B亚单位组成，其B亚单位与宿主细胞糖脂（Gb3）结合，导入A亚单位。入胞后的A亚单位可作用于60S核糖体亚单位的28SrRNA，阻止其与氨酰tRNA的结合，致使蛋白质合成中断。

4. 所致疾病　志贺菌引起细菌性痢疾（简称菌痢），细菌性痢疾可分为急性菌痢、急性中毒性菌痢和慢性菌痢。痢疾志贺菌引起的感染病情较重，易引起小儿急性中毒性菌痢；宋内志贺菌多引起轻型感染，福氏志贺菌感染易转变为慢性。我国常见的流行型别主要为福氏志贺菌和宋内志贺菌。

（1）急性菌痢　常见发热，下腹痛，里急后重，腹泻，排出脓血黏液便，严重者可脱水、酸中毒等。细菌最初定植在小肠并在12小时内开始繁殖，经过1～3天潜伏期，患者可出现发热、腹泻，随后细菌侵入结肠黏膜，水样腹泻转变为黏液脓血便，伴有里急后重和下腹部疼痛等症状。大多数病例在2～5天内，发热和腹泻可自行消退。但对于体弱儿童和老人，水和电解质丢失可导致脱水、酸中毒甚至死亡。

（2）*急性中毒性菌痢*　多见于小儿，发病急，常无明显的消化道症状，而表现为全身严重的中毒症状，如高热、感染性休克、DIC及中毒性脑炎等，病死率高。其原因可能是患者对脂多糖特别敏感，细菌脂多糖从肠壁迅速吸收入血所致。

（3）*慢性菌痢*　病程超过两个月，迁延不愈。急性菌痢治疗不彻底或症状不典型的误诊者、营养不良、胃酸过低伴有肠寄生虫病及免疫功能低下者，易转为慢性菌痢。

5. 免疫性　志贺菌的感染主要限于肠道，一般不侵入血液。因此抗感染免疫主要依赖消化道黏膜表面的分泌型IgA（sIgA）。病后免疫期较短，也不稳固，除因细菌感染只停留在肠壁局部外，其型别多也是原因之一。

（三）微生物学检查

挑取粪便的脓血或黏液部分，应在使用抗生素之前采样，标本应新鲜，若不能及时送检，宜将标本保存于30%甘油缓冲盐水或专门送检的培养基内。中毒性菌痢者可取肛门拭子。

1. 涂片染色镜检　将标本制作涂片、革兰染色、光学显微镜检查为革兰阴性短小杆菌。

2. 分离培养与鉴定　粪便标本直接接种到肠道选择性培养基（如SS琼脂）上进行分离培养，18～24小时后，挑取无色半透明可疑菌落，做生化反应和血清学试验，确定菌群和菌型。

3. 快速诊断法　直接凝集试验、免疫荧光菌球法、协同凝集试验、分子生物学方法等可用于快速诊断。

（四）防治原则

加强食品、饮水卫生管理，以及防蝇灭蝇、隔离患者和消毒排泄物为预防志贺菌感染的主要手段。治疗可用环丙沙星、氯霉素、链霉素、庆大霉素及磺胺等。此菌很易出现多重耐药菌株，同一菌株可对 5 ～ 6 种甚至更多药物耐药，给防治工作带来很大挑战。志贺菌的免疫防御机制主要是肠黏膜表面的 sIgA，而 sIgA 须由活菌作用于黏膜才能产生，试用的口服活菌苗有链霉素依赖株（streptomycin depending strain，Sd）只对同型菌的感染有保护作用，在使用时应考虑本地区流行菌株的型别。

二、沙门菌属

沙门菌属（Salmonella）是一群寄生在人类和动物肠道中，生化反应和抗原结构相关的革兰阴性杆菌。沙门菌属细菌的血清型有 2500 多种，其中伤寒沙门菌（S.Typhi）、甲型副伤寒沙门菌（S.Paratyphi A）、肖氏沙门菌（S.Schottmuelleri）和希氏沙门菌（S.Hirschfeldii）仅对人致病，引起肠热症。猪霍乱沙门菌（S.Cholerae-suis）、鼠伤寒沙门菌（S. Typhimurium）和肠炎沙门菌（S.Enteritidis）等感染动物并可传播给人，是人畜共患性疾病的病原菌。

（一）生物学性状

1. 形态特征　革兰阴性杆菌，大小（0.6 ～ 1）μm×（2 ～ 4）μm，有菌毛，绝大多数沙门菌有周身鞭毛，一般无荚膜，均无芽孢。

2. 培养特性　兼性厌氧菌，营养要求不高，在普通琼脂培养基上可生长，在 SS 选择鉴别培养基上形成中等大小、无色、半透明的 S 型菌落。

3. 抵抗力　对理化因素抵抗力不强。湿热 65℃ 15 ～ 30 分钟即被杀死。对一般化学消毒剂敏感，但对胆盐、煌绿等耐受性较其他肠道细菌强，常用含有这些成分的选择性培养基分离沙门菌。沙门菌在水中能存活 2 ～ 3 周，粪便中存活 1 ～ 2 个月，冰冻土壤中可过冬。

（二）致病性与免疫性

1. 传染源 传染源是病人和带菌者，后者更为重要。其排泄物可污染水源和食物造成沙门菌病的传播。有 1% ～ 5% 的伤寒或副伤寒病人，在症状消失后 1 年仍可在其粪便中检出相应沙门菌，转变为无症状带菌者。无症状带菌也可能是感染后唯一的表现。这些细菌留在胆囊中，有时也可在尿道中，成为人类伤寒和副伤寒病原菌的储存场所和重要传染源。此外，来自感染动物污染或消毒不当的奶制品、禽类、鸡蛋、猪和牛等肉类制品都可引起沙门菌病。

2. 传播途径 主要通过粪 – 口途径传播，细菌经口腔进入肠道后需克服胃酸、肠道正常菌群和肠道局部免疫的作用，才能侵入小肠黏膜引起疾病。研究发现，沙门菌的平均感染剂量为 10^5 ～ 10^8 个细菌，伤寒沙门菌只需要 10^3 个就可引起感染。

3. 致病物质

（1）*侵袭力* 沙门菌有毒株能侵袭小肠黏膜。当细菌被摄入并通过胃后，细菌借助于菌毛黏附至小肠末端位于派伊尔淋巴结的 M 细胞，随后其 SPI– Ⅰ分泌系统向 M 细胞中输入沙门菌分泌侵袭蛋白（salmonella secretes invasive protein，Sips），引起细胞内肌动纤维重排，诱导细胞膜内陷，导致细菌的内吞。沙门菌在吞噬小泡内生长繁殖，导致宿主细胞死亡，细菌扩散。此外，沙门菌 O 抗原和 Vi 抗原有抗吞噬和抗胞内消化作用。沙门菌还可通过一种耐酸应答基因（acid tolerance respose gene）使细菌获得在酸性条件下生存的能力。过氧化氢酶和超氧化物歧化酶能中和活性氧基团，保护细菌免受胞内杀菌因素杀伤。

（2）*内毒素* 沙门菌死亡后释放出内毒素，可引起发热、白细胞数减少，大剂量时导致中毒症状和休克。这些与内毒素激活补体替代途径产生 C3a、C5a 等过敏毒素，以及诱发免疫细胞分泌 TNF-α、IL-1、IFN-γ 等细胞因子有关。

（3）*肠毒素* 个别沙门菌如鼠伤寒沙门菌可产生类似产毒性大肠杆

菌的肠毒素。

4. 所致疾病

（1）肠热症　包括伤寒沙门菌引起的伤寒，以及甲型副伤寒沙门菌、肖氏沙门菌、希氏沙门菌引起的副伤寒。伤寒和副伤寒的致病机制和临床症状基本相似，只是副伤寒的病情较轻，病程较短。当细菌随污染的食物和水通过胃进入小肠后，细菌穿过黏膜上皮细胞或细胞间隙，侵入肠壁淋巴组织并在肠系膜淋巴结中增殖，并经胸导管入血流引起第一次菌血症。细菌随血流入骨髓、肝、脾、胆、肾等器官。患者出现发热、不适、全身疼痛等前驱症状。细菌在上述器官繁殖后，再次入血引起第二次菌血症。此时，患者的症状和体征明显，如持续高热、肝脾肿大、全身中毒症状显著，皮肤出现玫瑰疹，外周血白细胞可有不同程度的下降，相对缓脉等症状，持续 7 ～ 10 天。第二次菌血症后的细菌富集于胆囊，可随胆汁排至肠道，一部分随粪便排出体外，一部分再次进入肠壁淋巴组织，引发迟发型超敏反应，造成局部坏死和溃疡。若无并发症，自 3 ～ 4 周后病情开始好转。

病愈后部分患者可继续排菌 3 周～ 3 个月，即恢复期带菌者。少数人（约 3%）可排菌达 1 年以上（称长期带菌者）。

（2）胃肠炎（食物中毒）　是最常见的沙门菌感染。由摄入大量鼠伤寒沙门菌、猪霍乱沙门菌、肠炎沙门菌等污染的食物引起。潜伏期 6 ～ 24 小时，起病急，主要症状为发热、恶心、呕吐、腹痛、水样泻，偶有黏液或脓性腹泻。严重者伴迅速脱水，可导致休克、肾衰竭而死亡。多见于婴儿、老人和身体衰弱者，多在 2 ～ 3 天后自愈。

（3）败血症　多见于儿童和免疫力低下的成人。病菌以猪霍乱沙门菌、希氏沙门菌、鼠伤寒沙门菌、肠炎沙门菌等常见。症状严重，有高热、寒战、厌食和贫血等，但肠道症状较少见。在部分病人，由于细菌的血流播散，可出现局部化脓性感染，如脑膜炎、骨髓炎、胆囊炎、心内膜炎、关节炎等。

5. 免疫性　肠热症病后可获得牢固免疫力，一般不再感染，以细胞免疫为主。对存在于血流和细胞外的沙门菌，体液免疫的特异性抗体有辅助杀菌作用。胃肠炎的恢复与肠道局部产生的 sIgA 有关。

（三）微生物学检查

肠热症随进程的进展，细菌出现的主要部位不同，因而应根据不同的病程采取不同标本。第 1 周取外周血，第 2 周起取粪便，第 3 周起还可以取尿液，第 1 周～第 3 周均可取骨髓液。副伤寒病程较短，因此采样时间可相对提前。胃肠炎取粪便和可疑食物。败血症取血液。

1. 分离培养与鉴定　粪便标本直接接种到肠道选择性培养基（如 SS 琼脂）上进行分离培养，18 ～ 24 小时后，挑取无色半透明可疑菌落，进行革兰染色、生化反应和血清学试验，确定菌群和菌型。

2. 血清学诊断　肥达试验（Widal test）是用伤寒沙门菌菌体（O）抗原和鞭毛（H）抗原，以及甲型副伤寒沙门菌、肖氏沙门菌和希氏沙门菌 H 抗原的诊断菌液与受检血清做试管或微孔板定量凝集试验，以测定相应抗体效价，从而辅助肠热症诊断的经典血清学试验。其抗体效价的正常值一般是：伤寒沙门菌 O 凝集效价小于 1∶80，H 凝集效价小于 1∶160，甲型副伤寒沙门菌、肖氏沙门菌、希氏沙门菌 H 凝集效价小于 1∶80。只有当检测结果等于或大于上述相应数值时才有诊断价值。此外，检测 Vi 抗体有助于诊断伤寒带菌者。

（四）防治原则

加强食品、饮水卫生管理，完善肉类的加工运输、冷藏等方面的监管措施，防蝇灭蝇，隔离患者和消毒排泄物等是其重要的预防手段。已研制出预防肠热症的伤寒沙门菌 Vi 荚膜多糖疫苗，接种后有显著保护作用，有效期至少 3 年。肠热症的治疗早期（1948 年开始）使用的是氯霉素，但氯霉素对骨髓有毒性作用，且 20 世纪 70 年代以来出现了质粒介导的氯霉素耐药菌株，因此，目前常使用氨苄西林、环丙沙星等进行治疗。

三、埃希菌属

埃希菌属（Escherichia）有 6 个种，其中大肠埃希菌（Escherichia coil）是临床最常见、最重要的一个种。大肠埃希菌是肠道中重要的正常菌群，并能为宿主提供一些具有营养作用的代谢产物。当宿主免疫功能下降或细菌侵入肠道外组织器官后，可成为机会致病菌，引起肠道外感染。某些血清型的大肠埃希菌具有毒力因子可引起腹泻。大肠埃希菌在环境卫生和食品卫生学中，常用作被粪便污染的检测指标。大肠埃希菌也是主要的工程菌之一，被广泛用于目的基因的复制和表达。

（一）生物学性状

1. 形态特征 革兰阴性杆菌，大小为（0.4 ～ 0.7）μm×（1 ～ 3）μm。无芽孢，多数有鞭毛和菌毛，少数有荚膜。

2. 培养特性 兼性厌氧菌，营养要求不高。在普通培养基上 24 小时形成圆形凸起的灰白色光滑型菌落。

3. 抵抗力 耐低温。对热的抵抗力较强，55℃ 60 分钟仍可存活。在自然界的水中可存活数周至数月，在温度较低的粪便中可存活更久。胆盐、煌绿对其有明显抑制作用。

（二）致病性与免疫性

1. 传染源 传染源主要是患者和带菌者，带菌者是主要的传染源，成人的无症状感染可以成为流行性暴发或散发病例的感染来源。健康人肠道致病性大肠埃希菌带菌率一般为 2% ～ 8%，成人肠炎和婴儿腹泻患者的致病性大肠埃希菌的带菌率较健康人高。健康的反刍动物，包括牛、羊、鹿和山羊可携带部分致病性大肠埃希菌菌株。寄居于人和动物肠道中的致病性大肠埃希菌随粪便排出体外，可污染环境、水源、饮料及食品。

2. 传播途径 主要通过粪 – 口途径传播，污染的水源和食物在疾病传播中有重要作用。致病性大肠埃希菌引起食物中毒一般与人体摄入的活菌量有关，只有食品中菌数在 10^7CFU/g 以上（但 *E.coli* O_{157} : H_7 除外）才可使人致病。引起泌尿道感染的大肠埃希菌常来源于患者的肠道，细菌经尿道逆向上行至膀胱、甚至肾脏和前列腺引起感染。

3. 致病物质

（1）黏附素　大肠埃希菌的黏附素能使细菌紧密黏着在泌尿道和肠道的上皮细胞上，避免因尿液的冲刷和肠道的蠕动作用而被排除。大肠埃希菌的黏附素的特点是特异性高。包括定植因子抗原Ⅰ、Ⅱ、Ⅲ（colonization factor antigen，CFA / Ⅰ，CFA/ Ⅱ，CFA / Ⅲ）；集聚黏附菌毛Ⅰ和Ⅲ（aggregative adherence fimbriae，AAF/ Ⅰ，AAF/ Ⅲ）；束形成菌毛（bundle forming pili，Bfp）；紧密黏附素（intimin）；P 菌毛和侵袭性质粒抗原（invasion plasmid antigen，Ipa）等。

（2）外毒素　大肠埃希菌能产生多种外毒素。包括志贺毒素Ⅰ和Ⅱ（shiga toxins，Stx-1，Stx-2），耐热肠毒素 a 和 b（heat resistant enterotoxin，STa，STb）；不耐热肠毒素Ⅰ和Ⅱ（heat labile enterotoxin，LT- Ⅰ，LT- Ⅱ）；溶血素 A（Hemolysin，HlyA）等。

此外，还有内毒素、荚膜、载铁蛋白和Ⅲ型分泌系统（Type III secretion system）等。载铁蛋白可通过获取铁离子而导致宿主损伤；Ⅲ型分泌系统犹如分子注射器，在细菌接触细胞后，能向宿主细胞内输送毒性基因产物的细菌效应蛋白分泌系统，约由 20 余种蛋白组成。

4. 所致疾病　条件致病大肠埃希菌主要引起肠道外感染，肠道外感染部位包括泌尿生殖道、胆道、腹腔以及血流等。肠道内感染主要由致病性大肠埃希菌引起，临床表现以腹泻为主。

（1）肠道外感染　多数大肠埃希菌在肠道内不致病，但如移位至肠道外组织器官则可引起肠道外感染。肠道外感染以化脓性感染和泌尿道感染最为常见。化脓性感染如腹膜炎、阑尾炎、手术创口感染、败血症和新生儿脑膜炎等；泌尿道感染如尿道炎、膀胱炎、肾盂肾炎等，大肠埃希菌是尿道感染最常见的病原体，年轻女性首次尿道感染有 90% 是大肠埃希菌引起。

（2）肠道内感染　主要是腹泻性疾病。大肠埃希菌引起的腹泻性疾病是世界各地最常见的公共卫生问题。根据其致病特点和发病机制的不同，主要分为五种类型，分别称为：①肠产毒性大肠埃希菌（Enterotoxigenic *E.coli*，ETEC）：可引起婴幼儿腹泻、旅游者腹泻，表现为水样便、恶心、呕吐、低热等。②肠侵袭性大肠埃希菌（Enteroinvasive *E.coli*，EIEC）：可引起成人和儿童菌痢样腹泻，表现为脓血便、里急后重、发热等。③肠致病性大肠埃希菌（Enteropathogenic *E.coli*，EPEC）：可引起婴幼儿腹泻，表现为水样便，无血便；恶心，呕吐，发热等，可引起暴发性流行。④肠出血性大肠埃希菌（Enterohemorrhagic *E.coli*，EHEC）：可引起出血性结肠炎，表现为剧烈腹痛、血便、低热或无热，并可并发血小板减少、溶血性尿毒综合征等。⑤肠集聚性大肠埃希菌（Enteroaggregative *E.coli*，EAEC）：可引起婴幼儿腹泻，表现为持续性水样便、呕吐、脱水、低热、偶有血便。

5. 免疫性 采用灭活的口服抗原和活的口服疫苗可以刺激宿主抗定植免疫反应和 / 或抗毒素免疫反应。婴儿在生命早期暴露于 EPEC 可产生保护性免疫，乳汁中能检测出针对 EPEC LPS 和 EPEC 特异性抗原的抗体，因此被动免疫在抗 EPEC 感染中也有一定作用。

（三）微生物学检查

1. 临床标本检查 泌尿系统感染取中段尿，败血症的患者取血液，中枢神经系统感染取脑脊液，腹泻病人取粪便。

（1）直接涂片镜检 除血液标本外，均可涂片革兰染色后镜检，镜下可见革兰染色阴性短杆菌。

（2）分离培养与鉴定 肠道选择鉴定培养基分离培养与鉴定。泌尿道感染的标本需进行细菌计数测定，尿液含菌量每毫升≥ 10 万，有诊断价值。粪便标本直接接种到选择培养基分离培养，采用 IMViC 试验鉴定后，再用凝集试验、ELISA、核酸杂交、PCR 等方法检测大肠埃希菌的血清型、肠毒素和毒力因子等特征。

2. 卫生细菌学检查 寄居于肠道中的大肠埃希菌不断随粪便排出体外，可污染周围环境、水源、食品。样品中检出大肠埃希菌愈多，说明被粪便污染的程度愈严重，也间接表明可能有肠道致病菌污染。因此，卫生细菌学以“大肠菌群数”作为饮水、食品等粪便污染的指标之一。大肠菌群数指在 37℃ 24 小时内发酵乳糖产酸产气的肠道杆菌，包括埃希菌属、枸橼酸杆菌属、克雷伯菌属及肠杆菌属等。我国《生活饮用水卫生标准》（GB5749–2006）规定每 100mL 饮用水中不得检出大肠菌群。

（四）防治原则

良好的卫生习惯与严格的食品检查制度是预防致病性大肠埃希菌感染的重要保证。污染的水和食品是 ETEC 最重要的传染媒介，EHEC 则常由污染的肉类和未消毒的牛奶引起，充分的烹饪可减少 ETEC 和 EHEC 感染的危险。尿道插管和膀胱镜检查应严格无菌操作。理论上大肠埃希菌对多数广谱抗生素及抗菌药物敏感，但考虑到近年来抗生素滥用造成的后果，耐药性菌株增加，治疗应根据药敏试验选药。

第三节　真菌与消化道感染性疾病

与消化道感染性疾病密切相关的真菌主要为白假丝酵母菌，其可引起口腔、食道、胃、肠等念珠菌病。此外，一些双相型真菌如荚膜组织胞浆菌、皮炎芽生菌、粗球孢子菌等均可引起胃肠系统感染。生活中常见的毛霉菌、曲霉菌也可引起胃肠系统的感染。

一、白假丝酵母菌

白假丝酵母菌（Candida albicans）是假丝酵母菌属的真菌，俗称为“白色念珠菌”，是机体重要的正常菌群。当机体免疫力下降或菌群失调时可引起感染。

（一）生物学性状

1. 形态特征　菌体呈圆形或卵圆形，直径 3 ～ 6μm。革兰染色阳性。以出芽方式繁殖，在组织内易形成假菌丝。

2. 培养特性 在普通琼脂、血琼脂与沙氏葡萄糖琼脂培养基（SDA）上生长良好。37℃培养 2 ～ 3 天后，出现灰白色或奶油色、表面光滑、带有浓厚酵母气味的典型的类酵母型菌落。

（二）致病性

1. 传染源与传播途径 消化道念珠菌病主要为内源性感染，外源性感染少见。

2. 致病机制 白色念珠菌可存在于正常人口腔、呼吸道、肠道和阴道黏膜等部位。当人体免疫力下降（药物、疾病等原因）或菌群失调时，白色念珠菌可黏附并侵入胃肠道黏膜，产生芽管、菌丝并引发感染。消化道念珠菌病中最常见的是鹅口疮，其次是食管炎，进而累及胃和小肠。

3. 临床表现 口咽部念珠菌病（鹅口疮）主要表现为口腔黏膜表面形成白色斑膜，多见于婴幼儿及免疫力低下者。擦去斑膜后，可见下方不出血的红色创面。斑膜面积大小不等，可出现在舌、颊、腭或唇内黏膜上。如不及时治疗，可蔓延至食管引起食管念珠菌病。此外，胃和肠也可发生白色念珠菌感染，常通过内镜观察到白色斑膜而做出诊断，有时也可表现为溃疡伴疼痛。

（三）微生物学检查

1. 直接镜检 取白斑黏膜标本或胃肠内镜组织标本，直接涂片，可观察到菌体及假菌丝等结构。

2. 分离培养 可将标本接种于沙氏葡萄糖琼脂培养基上，37℃培养 2 ～ 3 天，观察菌落形态。

（四）防治原则

1. 预防 目前尚无特殊的预防措施。

2. 治疗 对于鹅口疮，可局部应用抗真菌药物进行治疗，如制霉菌素混悬剂。同时应加强维生素 B_2 及维生素 C 的摄入。对于胃肠道念珠菌感染可以服用氟康唑、伊曲康唑、两性霉素等药物，同时对呕吐、腹泻、腹痛等症状进行对症支持治疗。

二、荚膜组织胞浆菌

荚膜组织胞浆菌（Histoplasma capsulatum）是造成消化道感染的主要双相型真菌。荚膜组织胞浆菌感染常因吸入分生孢子而发生，最常见的感染形式是肺部单纯感染。大多数情况下为无症状感染，少数感染表现出一定的症状，如干咳、胸痛、呼吸困难和声音嘶哑等。当播散性荚膜组织胞浆菌感染发生时可累及到胃肠道任何部位，临床表现常为发热、腹泻、呕吐、腹痛、体重下降等症状。病变处可见溃疡形成，伴轻微炎性细胞浸润，少数可见组织肉芽肿形成。对于荚膜组织胞浆菌引起的消化道感染，临床治疗主要采用抗真菌药物治疗，包括两性霉素 B 和伊曲康唑等。

除荚膜组织胞浆菌外，一些其他的双相型真菌，如皮炎芽生菌、粗球孢子菌、申克孢子丝菌等均可引起胃肠系统感染。皮炎芽生菌（blastomyces dermatitidis）可引起口腔感染，申克孢子丝菌（sporothrix schenckii）可侵犯胃肠道。

三、其他真菌

曲霉菌（Aspergillus）广泛分布于自然界，其中少数曲霉菌，如烟曲霉、黄曲霉、构巢曲霉、黑曲霉及土曲霉等属于机会致病真菌，其中以烟曲霉感染最常见。消化道曲霉感染好发于免疫抑制人群，常无明显症状，往往于尸检时发现。部分患者可有胃肠道出血症状。治疗以静脉输注两性霉素 B、伊曲康唑等抗真菌药物为主。

毛霉菌（Mucor）又称为黑霉、长毛霉，健康人胃肠道感染少见，主要见于营养不良的儿童及免疫受到抑制的成人。成人患者常有皮质类固醇药物长期应用史、血糖控制不佳的糖尿病史或多发性溃疡病史。胃和大肠是最常见的毛霉菌消化道感染部位。胃部感染可引起不典型胃痛、腹胀症状，严重者胃肠道组织坏死、穿孔及败血症等，病死率高。治疗以静脉大剂量应用两性霉素 B 为主，同时应注意治疗患者原有疾病。

除曲霉菌、毛霉菌外，新生隐球菌（Cryptoccus neoformans）感染有时可累及胃肠道，马尔尼菲青霉菌（Penicillium marneffei）易侵犯 AIDS 患者的口腔、胃及肠道。

第四节　病毒与消化道感染性疾病

目前，已知能够引起消化道感染性疾病的病毒至少有 8 种，其主要种类有甲型肝炎病毒、轮状病毒、脊髓灰质炎病毒、柯萨奇病毒、人类杯状病毒、人星状病毒、人类肠道腺病毒、埃可病毒（ECHO）。本节重点介绍甲型肝炎病毒、轮状病毒的基本知识。

一、甲型肝炎病毒

甲型肝炎病毒（hepatitis A virus，HAV）归属于小 RNA 病毒科（Picornaviri dae）嗜肝病毒属（Hepatovirus），是甲型肝炎（hepatitis A）的病原体。1973 年，HAV 颗粒由 Feinstion 应用免疫电镜技术在急性期肝炎患者的粪便上清液中首次检出。

（一）生物学性状

1. 形态与结构　HAV 颗粒呈球形，直径约 27nm，衣壳蛋白呈二十面体立体对称，无包膜。核酸为单正链线性 RNA，长约 7.5kb。

2. 培养特性　黑猩猩、猕猴、绒猴等非人灵长类动物对 HAV 易感，经口或静脉注射途径可建立动物肝炎模型。HAV 可在多种细胞中增殖，如恒河猴肾细胞、非洲绿猴肾细胞、人肝癌细胞等，但 HAV 在体外细胞内增殖缓慢，且不易引起细胞病变。

3. 抵抗力　与其他肠道病毒类似，HAV 对理化因素具有较强的抵抗力，耐酸、碱、乙醚和氯仿。60℃条件下可存活 4 小时，对非离子型去垢剂不敏感。HAV 经高压蒸汽灭菌、100℃加热 5 分钟或用甲醛及氯均可使之灭活。

（二）致病性与免疫性

1. 传染源与传播途径 病人和隐性感染者是其传染源。主要传播途径为粪 – 口途径。HAV 随粪便排出体外，通过污染水源、食具、食物和饮品（如海产品、牛奶等）等进行传播。HAV 病毒血症持续时间短，因此，经输血或注射传播少见。

2. 致病机制 HAV 经口侵入人体后，首先在肠黏膜和局部淋巴结中增殖，之后入血发展为短暂的病毒血症，最终侵入靶器官肝脏，在肝细胞和库普弗细胞（Kupffer cell）内增殖，最终经胆汁进入粪便。HAV 感染引起肝损伤的机制目前尚不清楚。HAV 在肝细胞内增殖缓慢，不直接造成明显的细胞损伤。目前认为甲型肝炎早期的临床表现是由于 HAV 本身致病作用所致，而后期致病机制主要是机体针对 HAV 感染免疫应答所产生的过度免疫病理损伤作用。细胞毒性 T 淋巴细胞（CTL）以及抗体依赖性细胞介导的细胞毒作用（ADCC）都可对 HAV 感染靶细胞进行特异性杀伤，从而引起肝损伤。

3. 临床表现 HAV 以隐性感染多见，发病以儿童和青少年为主。甲型肝炎主要临床表现为发热、右上腹疼痛、乏力、食欲减退、肝肿大、肝功异常等，部分患者可出现黄疸。甲型肝炎为自限性疾病，随着患者体内 HAV 抗体出现及水平不断升高，病人逐渐康复，一般不会转变为慢性肝炎。

4. 免疫性 HAV 感染期间，可在患者外周血中检测出针对 HAV 抗原的特异性 $CD8^+$T 细胞。中和抗体在感染末期发挥重要作用，并且可以对 HAV 的再次感染提供保护作用。此外，患者体内因感染而产生的干扰素具有限制病毒复制，免疫调节的作用。

（三）微生物学检查

1. 检测病毒 RNA 可取患者粪便、怀疑被污染的食品样本，采用

RT-PCR 法检测 HAV RNA。

2. 检测特异性抗体 常用 ELISA 法检测患者血清中的抗 HAV IgM 作为早期感染的指标，检测血清中抗 HAV IgG 作为流行病学调查的指标。

（四）防治原则

1. 预防 由于 HAV 通过粪－口途径传播，因此加强卫生宣传教育、改善环境卫生、加强粪便管理、保护水源是预防 HAV 传播的重要途径。对于存在感染风险的地区，可通过接种甲肝疫苗达到免疫预防的目的。目前所使用的甲肝疫苗一般包括减毒活疫苗和灭活疫苗。

2. 治疗 甲型肝炎属于自限性疾病，一般患者经支持及辅助治疗后多可康复，治疗原则以充足的休息、营养支持为主。对于甲肝急性期患者，应进行住院隔离治疗。

二、轮状病毒

轮状病毒（rotavirus）属于呼肠孤病毒科（Reoviridae）轮状病毒属（Rotavirus），由澳大利亚学者毕夏普（R.F.Bishop）于 1973 年在急性非细菌性胃肠炎儿童十二指肠上皮细胞中首次发现。轮状病毒是导致人、其他哺乳动物及鸟类腹泻的重要病原体之一，更是导致婴幼儿重症腹泻最为重要的病原体。据统计，全球每年有数十万婴幼儿因轮状病毒感染而导致死亡。

（一）生物学性状

1. 形态与结构 轮状病毒颗粒呈球形，直径 60 ～ 80nm，外有双层衣壳，无包膜。衣壳蛋白呈二十面体立体对称，呈车轮辐条状，故称为轮状病毒。病毒核酸为双链 RNA，长约 18550bp，由 11 个不连续的基因片段组成。

2. 病毒分型 根据病毒衣壳蛋白 VP6 抗原性的不同，轮状病毒可分为七组，分别以英文字母 A、B、C、D、E、F 与 G 编号。其中 A 组是引起人类轮状病毒感染最为常见的一种。根据病毒表面中和抗原 VP4 和 VP7 的差异，A 组轮状病毒又可分为 19 个 P 血清型和 14 个 G 血清型。

3. 抵抗力 轮状病毒对理化因素具有较强的抵抗力，耐酸、碱、乙醚。在日常环境中，其可在粪便中可存活数日或数周。轮状病毒不耐热，56℃加热 30 分钟可使之灭活。

（二）致病性与免疫性

1. 传染源与传播途径 A–C 组轮状病毒可引起人类和动物腹泻，D–G 组只能引起动物腹泻。其中 A 组轮状病毒感染最常见，占婴幼儿病毒性胃肠炎的 80% 以上。病人和无症状感染者是其传染源。主要传播途径为粪 – 口途径，呼吸道途径亦可传播。我国温带地区轮状病毒感染好发于晚秋及初冬季节，因此又常被称为“秋季腹泻”。

2. 致病机制 病毒侵入人体后，在小肠黏膜绒毛细胞胞内增殖，造成细胞溶解死亡。进而小肠微绒毛萎缩、变短、脱落，导致肠吸收功能下降。此外，病毒基因产物 NSP4 蛋白具有肠毒素样作用，使得肠细胞分泌功能增强，造成严重腹泻。

3. 临床表现

（1）A 组轮状病毒感染　临床上病毒感染潜伏期为 24 ～ 48 小时，症状除腹泻（水样便）外，还包括发热、呕吐与腹痛。成人感染一般为自限性，预后良好。然而当婴幼儿感染出现严重脱水和电解质紊乱时，如不加以及时治疗，可导致死亡。

（2）B 组轮状病毒感染　主要引起成人急性肠胃炎，主要临床表现为霍乱样腹泻。

（3）C 组轮状病毒感染　与 A 组轮状病毒致病性很相似，但发病率低，呈散发性流行。

4. 免疫性 机体感染轮状病毒后，可产生特异性 IgG、IgM 和肠道局部 sIgA，对同型病毒感染具有免疫保护作用。而对于不同型别轮状病毒，机体仍可被再次感染并发病。

（三）微生物学检查

1. 检测病毒颗粒 由于轮状病毒形态典型，因此可在患者腹泻期间收集粪便，通过电子显微镜或免疫电镜技术可直接观察到粪便中病毒颗粒的存在。

2. 检测病毒抗原 由于简单、快速、特异性高等特点，检测病毒抗原目前被广泛应用。常用ELISA法和乳胶凝集法检测患者粪便中的病毒抗原。

3. 检测病毒核酸 可采用RT–PCR法检测患者粪便中轮状病毒RNA，此方法具有较高的灵敏度和特异性。同时应用聚丙烯酰胺凝胶电泳法对不同组别轮状病毒基因片段进行分析和判断，可有助于病毒的分型诊断和开展流行病学调查。

（四）防治原则

1. 预防 婴幼儿及儿童可通过口服轮状病毒减毒活疫苗达到预防轮状病毒感染的目的。此外，控制传染源、切断传播途径（勤消毒、勤洗手）也是控制轮状病毒传播的重要手段。

2. 治疗 目前尚无特效药物，治疗以对症和支持治疗为主。主要是通过补液及纠正电解质紊乱，以防患儿脱水及酸中毒，从而降低死亡率。

【知识拓展】

霍乱弧菌的发现

霍乱是一种夏季高发的烈性肠道传染病，由霍乱弧菌污染食物或水所致，能在数小时内造成腹泻脱水甚至死亡。霍乱弧菌的发现要感谢微生物学的奠基人和开拓者，德国著名医生和细菌学家科赫（R.Koch）。1883年6月，埃及暴发霍乱，导致5万多人丧生。科赫领导德国医疗组通过对12名霍乱患者和10名死者进行了尸体解剖和细菌学观察后，发现死者肠黏膜上有一种特别的细菌，他描述这是一种“有点儿弯曲，如一个逗号”的杆菌，与之前印度霍乱死者的肠标本一致。埃及霍乱平息后，科赫的小组转到霍乱依然流行的加尔各答，同样从尸解中发现和埃及一样的细菌，1884年2月科赫正式报告了这种细菌。

从科赫发现霍乱弧菌的过程，我们看到了科学家追求真理、孜孜不倦、不畏牺牲的敬业精神。面对死亡率极高的神秘莫测的疾病，他们迎难而上，为守护人类健康做出了巨大的贡献。

思考题

1. 常见的消化道感染性疾病有哪些？它们分别由哪些微生物引起？

2. 结合你的生活体验，谈谈你家乡常发生的消化道感染疾病有哪些？这些疾病的发生与哪些因素有关？

3. 哪些消化道病毒感染可通过疫苗主动预防？为什么有些病毒没有针对性疫苗可用？谈谈你的理解和看法。

第十一章　微生物与性传播疾病

性传播疾病（sexually transmitted disenses，STD）是全世界面临的严峻公共卫生问题之一。其传播不仅给个人健康带来严重的危害，还危及下一代健康，同时给国家的医疗资源带来极大的困难。学习其基本知识对于性传播疾病的控制有重要意义。

第一节　性传播疾病概述

性传播疾病涉及的病原体种类多样、疾病流行范围广泛、耐药菌株感染增多，尤其是艾滋病患者的增加，使其防治工作成为一项十分艰巨而长期的任务，医务工作者应该予以重视。

一、性传播疾病的概念

性传播疾病与经典性病不同。经典性病（venereal disease）是指通过性交行为传染的疾病，主要病变发生在生殖器部位。包括梅毒、淋病、软下疳、性病性淋巴肉芽肿和腹股沟肉芽肿五种。性传播疾病是指所有通过性传播的传染病，包括非特异性尿道炎、滴虫病、生殖器疱疹、生殖器疣、乙型肝炎等多种疾病。1975 年，世界卫生组织（WHO）决定：将与性行为有关的传染病，统一归为性传播疾病，也就是说，凡是通过不同途径的性接触引起的传染病，统称为性传播疾病。目前性传播疾病至少包括了 30 多种疾病和 10 种综合征。

2012 年 6 月 29 日，中华人民共和国原卫生部审议通过的《性病防治管理办法》规定：性病是以性接触为主要传播途径的疾病。性病包括梅毒、淋病、生殖道沙眼衣原体感染、尖锐湿疣、生殖器疱疹。其中梅毒、淋病属于《中华人民共和国传染病防治法》规定管理的乙类传染病，生殖道沙眼衣原体感染、尖锐湿疣和生殖器疱疹是需要进行监测和疫情报告的传染病。艾滋病也属于性传播疾病，但由于其危害大，死亡率高，常单独列出作为重点防治的传染病。

二、性传播疾病的特点

性传播疾病与其他传染病比较，性传播疾病有五个特点。

1. 病原体种类多，易感人群普遍 目前已经明确的性传播疾病病原体超过 35 种，其中多数病原体有不同的亚型，出现不同的临床表现。一般而言，人群对性传播疾病病原体的普遍易感，而且不容易形成持久的特异性免疫，因而可以反复感染，反复发作。

2. 传播速度快，传播范围广 目前几乎所有国家都有性传播疾病流行。性传播疾病还能够引起并发症、后遗症，比如梅毒可引起神经系统、心血管系统的感染，艾滋病可引起机会感染和恶性肿瘤。因此，性传播疾病已成为世界上严峻公共卫生问题之一。

3. 主要传播途径为性接触 尽管性传播疾病的传播途径多样，但绝大多数性传播疾病是通过危险的性行为传播，同性性接触，特别是男性同性恋接触，增加了性传播疾病的传播机会。

4. 有明显的高危人群 性传播疾病的易感人群包括年轻人和青少年，尤其是男男性接触者、吸毒者、变性者等是高危人群。因此，应该进一步加强对这些特殊人群的性传播疾病调查与防治。

5. 诊治困难 性传播疾病，容易漏诊和误诊，危害性比较大。因此，性传播疾病的防治工作是一项十分艰巨而长期的任务。

三、性传播疾病的危害

1. 危害社会 性传播疾病蔓延快，对劳动力资源，人口预期寿命，社会稳定等带来严重威胁。

2. 危害他人 性传播疾病传染性强，配偶、性伴侣，以及密切接触者都处于危险之中，常可发生家庭成员间的传播，给家庭带来沉重的精神负担和经济负担。

3. 危害后代 部分性传播疾病病原体（如沙眼衣原体、梅毒螺旋体、单纯疱疹病毒 2 型等）可以通过垂直传播的方式传给胎儿或婴幼儿，影响其健康发育。

4. 导致不孕不育 某些性传播疾病病原体（如淋病奈瑟球菌、生殖支原体等）感染，可导致男性感染者的精索炎、前列腺炎而致不育，可导致女性感染者的盆腔炎，输卵管炎，子宫内膜炎而致流产、不孕等。

5. 引起肿瘤 某些性传播疾病病原体的基因组与被感染细胞基因组的整合，使细胞转化，发生肿瘤。例如，人乳头瘤病毒、单纯疱疹病毒 2 型等可以引起宫颈癌。

四、性传播疾病的防治对策

性传播疾病的防控，应该遵循早发现、早诊断、早治疗、预防为主、防治结合的原则。

1. 落实各项管理规定与保障措施 世界卫生组织制定了性传播疾病的防治原则与诊断规定。国家卫生健康委制定的性传播疾病防治管理办法，对性传播疾病的诊断、治疗、防护，做了详细的规定。落实好这些管理规定与保障措施对性传播疾病的防治有重要意义。

2. 落实好三级预防策略

一级预防：通过个人和社会的努力，保护健康人群不受性传播疾病病原体的感染，主要是杜绝不洁性交，以降低发病率，增进健康。

二级预防：早期发现性传播疾病传染源，及时采取有效的干预措施。早期发现、早期治疗，达到控制性病，缩短病程，降低患病率的作用。

三级预防：减少性病所造成的危害，减少并发症，促进健康，改善病人适应生活的能力。

3. 提供规范的医疗服务 ①规范医疗机构。规范性传播疾病的医疗机构，制定性传播疾病医疗机构活动必须严格遵守的管理办法。②建立规范的性传播疾病的门诊，提高服务质量。性传播疾病门诊，严格按国家规定的性传播疾病的诊断和治疗方案，给患者和易感染者进行及时有效的治疗。③健全与完善性传播疾病的防治网络。在已建立的性传播疾病防控网络的基础上，进一步健全与完善性传播疾病的疫情报告，监测防治，健康教育等项目。

4. 积极开展健康教育活动 通过媒体向社会广泛宣传性传播疾病的防治知识；对性传播疾病患者，疑似患者进行相关知识教育；加强高危人群管理与健康教育。

总之，性传播疾病已成为主要的社会卫生问题之一。因此，应进一步加强综合防治，降低其发病率，减少其危害。

第二节 细菌与性传播疾病

广义范围的细菌，包括细菌、衣原体、支原体、螺旋体、立克次体、放线菌。目前，已知能够引起性传播疾病的细菌至少有14种以上，其主要种类有沙眼衣原体、梅毒螺旋体、淋病奈瑟球菌、肉芽肿荚膜杆菌、杜克雷嗜血杆菌、加德纳嗜血杆菌、B群链球菌、解脲脲原体、人型支原体、生殖支原体、某些阴道厌氧菌、动弯杆菌等。本节重点介绍淋病奈瑟球菌、梅毒螺旋体、沙眼衣原体、解脲脲原体的基本知识。

一、淋病奈瑟球菌

淋病奈瑟球菌（*Neisseria gonorrhoeae*，NG）简称淋球菌，主要引起人类泌尿生殖系统黏膜的化脓性感染（简称淋病）。淋病主要在欠发达或发展中国家流行，常伴有衣原体感染。淋病也是我国目前流行的发病率比较高的性传播疾病之一，是《中华人民共和国传染病防治法》中规定的需重点防治的乙类传染病。

（一）生物学性状

1. 形态特征 革兰阴性豆形双球菌，单个菌体直径为0.6～0.8μm。两菌接触面平坦，成双排列（似一对咖啡豆）。在脓汁标本中，多位于中性粒细胞内。淋球菌有荚膜、有菌毛。

2. 培养特性 营养要求高，接种在营养培养基巧克力（色）血琼脂平板，放置在 5% ～ 10%CO_2 的环境，经 37℃孵育 24 ～ 48 小时后，形成凸起、圆形、灰白色、直径 0.5 ～ 1.0mm 的光滑型菌落。

3. 抵抗力 抵抗力低，离开人体后不易生存。抵抗力低表现在以下方面：①对温度敏感。最适生长温度为 35 ～ 36℃，高于 38.5℃或低于 30℃时不能生长。②对干燥敏感。在完全干燥条件下，1 ～ 2 小时死亡，在不完全干燥条件下，附着在衣裤等物品中，能生存 18 ～ 24 小时；在黏稠的脓液中可存活数天。③对常用的黏膜杀菌剂敏感，对可溶性的银盐尤为敏感。1∶4000 硝酸银溶液可使淋球菌在 7 分钟内死亡。④对抗生素敏感，但易产生耐药性。青霉素已不作为治疗淋病的首选药，一些药效更高的新合成药物（如头孢曲松钠等）应用较多。

（二）致病性与免疫性

1. 传染源 淋病奈瑟球菌唯一的宿主是人，主要是淋病患者和无症状的携带者。临床上 5% ～ 20% 的男性感染者和 60% 以上的女性感染者为无症状的携带者，他（她）们是重要的传染源。此外，部分患者因为治疗不彻底、不规范等原因症状消失，但淋球菌依然存在泌尿生殖道中，也是重要的传染源。

2. 传播途径

（1）性接触 淋球菌主要通过性接触侵入尿道和生殖道。

（2）间接接触 接触含淋球菌的分泌物或被污染的物品（如衣裤、毛巾、浴盆等）等可以感染。

（3）产道感染 母体患有淋菌性阴道炎或宫颈炎时，新生儿可以经产道感染。

3. 致病物质

（1）菌毛 有利于细菌黏附在泌尿生殖道上皮细胞表面，有利于细菌的侵入。

（2）荚膜 有抗吞噬作用，能够增强细菌侵袭力。

（3）脂寡糖　脂寡糖与补体、IgM 等共同作用，在局部炎症和全身反应中发挥重要作用。

（4）外膜蛋白　外膜蛋白 PⅠ可直接插入中性粒细胞膜上导致膜损伤；PⅡ分子参与细菌间以及细菌与宿主一些细胞间的黏附作用；PⅢ则可阻抑杀菌抗体的活性。

（5）IgA1 蛋白酶　该菌产生的 IgA1 蛋白酶能破坏黏膜表面的特异性 IgA1 抗体。

4. 所致疾病　淋病奈瑟球菌通过菌毛等黏附上皮细胞，侵入泌尿生殖系统而引起淋病。

（1）感染初期　一般引起男性前尿道炎，女性尿道炎与宫颈炎。主要表现为尿痛、尿频、尿道流脓。女性患者可见宫颈口红肿、有脓性分泌物等。60% 妇女感染后无临床症状或症状轻微，是重要的传染源。患有淋菌性阴道炎或宫颈炎妇女所分娩的新生儿易患淋菌性结膜炎，眼部有大量脓性分泌物，又称脓漏眼。

（2）感染后期　感染者如不及时治疗，感染后期出现淋病并发症。男性出现前列腺炎、输精管炎、睾丸炎和附睾炎；女性出现子宫内膜炎、输卵管炎、卵巢脓肿等，可导致不孕症等。

5. 免疫性　人对淋病奈瑟球菌的感染无天然抵抗力。病后保护性免疫力不强，不能防止再次感染。

（三）微生物学检查

取泌尿生殖道脓性分泌物或宫颈分泌物进行检查。由于淋病奈瑟球菌抵抗力弱，有自溶性，标本采集后应注意保暖保湿，立即送检。

1. 涂片染色镜检　将标本制作涂片、革兰染色、光学显微镜检查，如果在中性粒细胞内发现有革兰阴性双球菌时，有诊断价值。

2. 分离培养与鉴定　将标本接种到巧克力（色）血琼脂平板上培养，挑取淋球菌可疑菌落，进行涂片染色镜检与生化鉴定。

（四）防治原则

1. 加强宣传教育，积极防治性病 开展性病防治的知识教育是预防淋病的重要环节。

2. 对淋病患者应及时、彻底治疗 由于近年耐药菌株不断增加，最好做药敏试验以选择敏感药物。婴儿出生时，不论母亲有无淋病，为预防新生儿淋菌性结膜炎，均以 1% 硝酸银等药物滴眼。

二、梅毒螺旋体

螺旋体（spirochete）为细长、柔软、弯曲、运动活泼的原核细胞型微生物，对人类致病的主要为钩端螺旋体、密螺旋体和疏螺旋体三个属。梅毒螺旋体是致病性密螺旋体属（Treponema）里的苍白密螺旋体苍白亚种，是人类梅毒的病原体。梅毒（syphilis）是一种可导致多器官和系统损害的慢性性传播疾病。

（一）生物学性状

1. 形态特征 菌体透明，长 6 ～ 20μm，宽 0.1 ～ 0.2μm，螺旋平均 8 ～ 14 个，致密而规则，两端尖直，运动活泼。革兰染色阴性，但不易着色，常用镀银染色呈棕褐色。菌体结构从外到内依次为外膜、细胞壁、内鞭毛及细胞膜包裹的原生质体，内鞭毛可使菌体做移行、屈伸、滚动等运动。主要抗原有外膜蛋白和内鞭毛蛋白，与梅毒螺旋体的致病性、免疫逃逸、分子分型、诱导保护性免疫应答等有关。

2. 培养特性 代谢能力十分有限，不能在无生命培养基上生长繁殖。有毒株在含多种氨基酸的兔睾丸组织匀浆培养基中生长繁殖，子代逐渐失去毒力而成为无毒株。

3. 抵抗力 抵抗力极低。对温度和干燥均特别敏感，50℃加热 5 分钟死亡，血液中 4℃放置 3 天可死亡，故血库冷藏 3 天以上的血液一般无传染梅毒的风险。离体干燥 1 ～ 2 小时亦死亡。此外对升汞、苯酚、酒精等化学消毒剂亦敏感，对青霉素、四环素、红霉素、砷剂等均敏感。

（二）致病性与免疫性

1. 传染源 梅毒螺旋体仅感染人类引起梅毒，自然情况下梅毒患者是唯一的传染源。

2. 传播途径 主要包括性接触传播、经血传播以及母婴垂直传播，前两者引起获得性（后天性）梅毒，后者引起先天性梅毒。

3. 致病物质 该菌未发现产生内毒素和外毒素，但具有极强的侵袭力，并诱发机体炎症反应导致组织损伤，具体致病机制尚未完全阐明，主要致病物质包括：

（1）荚膜样物质 可阻止抗体与菌体结合，阻抑补体溶菌，对抗吞噬细胞吞噬等，有利于病原体在体内的存活和扩散。梅毒患者的免疫抑制现象与此物质有关。

（2）黏附素 多种菌体外膜蛋白具有黏附作用，与梅毒螺旋体定植和扩散有关。

（3）侵袭性酶 可分泌透明质酸酶和黏多糖酶，破坏机体组织屏障，有利于梅毒螺旋体扩散。

（4）致炎症蛋白 包括脂蛋白和内鞭毛蛋白，可引起组织炎症反应和导致机体免疫病理损伤。

4. 所致疾病 梅毒分为获得性梅毒和先天性梅毒。

（1）获得性梅毒 临床上分三期，表现为发作、潜伏、再发作的交替现象。Ⅰ期和Ⅱ期梅毒为早期梅毒，组织破坏性较小，但传染性强。Ⅲ期梅毒为晚期梅毒，传染性小但破坏性大。

1）Ⅰ期梅毒 表现为原发损害。感染病原体 2 ～ 10 周后，皮肤黏膜局部出现无痛性硬下疳。硬下疳是此期梅毒的典型表现，是被入侵部位发生的炎症反应，好发部位为外生殖器，亦见于肛门、直肠、口腔，其表面渗出液含有大量梅毒螺旋体，传染性极强。持续 1 ～ 2 个月，硬下疳可自愈。若机体不能完全清除病原体，经 2 ～ 3 个月无症状潜伏期后进入第Ⅱ期。

2）Ⅱ期梅毒　梅毒螺旋体经血行播散所致，又称为播散性梅毒。主要表现为全身皮肤及黏膜梅毒疹，以及全身淋巴结肿大。还可致中枢神经系统、眼、关节、肾脏等的损害。梅毒疹可反复发作。未经治疗，3周～3个月后上述体征亦可消退，多数患者发展成Ⅲ期梅毒。

3）Ⅲ期梅毒　Ⅱ期梅毒发病后经数年甚至更长时间潜伏期后，出现全身性梅毒损害，包括晚期皮肤梅毒（如结节性梅毒疹和树胶肿）、晚期系统梅毒（如骨炎、骨髓炎、关节炎等）、晚期心血管梅毒以及神经梅毒。此期破坏性大，病程长，疾病呈进展和消退交替出现。

（2）先天性梅毒　先天性梅毒又称胎传梅毒。梅毒螺旋体可通过胎盘引起胎儿全身感染，导致流产、早产或死胎，新生儿可出现皮肤梅毒瘤、骨膜炎、锯齿形牙及神经性耳聋等特殊体征，俗称梅毒儿。孕母早期感染且未经治疗时，其胎儿几乎均会受累，其中50%的胎儿发生流产、早产、死胎或在新生儿期死亡。存活者在生后不同的年龄出现临床症状。先天性梅毒是一种严重影响婴幼儿身心健康的疾病。

5. 免疫性　人体抗梅毒螺旋体免疫以细胞免疫为主，并表现为带菌免疫，即已感染个体对病原菌的再感染具有抵抗力，一旦螺旋体清除，机体免疫力也随之消失。亦可产生体液免疫获得抗体，通过激活补体、调理吞噬等作用清除螺旋体。

（三）微生物学检查

1. 病原学检查　取Ⅰ期梅毒的硬下疳渗出液，或Ⅱ期梅毒的梅毒疹渗出液、淋巴结抽出液，用暗视野显微镜直接观察。组织切片标本可用镀银染色法检测。

2. 血清学检测　梅毒患者可产生特异的梅毒螺旋体抗体和非特异的心磷脂抗体，心磷脂抗体又称反应素。两类抗体均可用于梅毒血清学诊断，血清学检测目前仍然是实验室诊断梅毒的主要手段。

（1）非梅毒螺旋体抗原试验　梅毒螺旋体刺激机体产生的反应素（IgM和IgG）能与生物组织中的类脂抗原（如牛心肌等）发生交叉结合反应，可用心脂质、卵磷脂和胆固醇，按一定比例混合作为抗原试剂，检测梅毒患者血清中的反应素。较常用的有 RPR 和 TRUST 两种试验，但诊断的特异性较差，主要用于梅毒的初筛。

（2）*梅毒螺旋体抗原试验* 应用梅毒螺旋体抗原检测患者血清中特异性抗体。该法特异性高，但操作烦琐，常用于梅毒确诊。①荧光梅毒螺旋抗体吸收试验（FTA–ABS Test）。此法是较敏感和较特异的螺旋体试验。②梅毒螺旋体血凝试验（TPHA）。敏感性和特异性均高，操作简便，但对一期梅毒不如 FTA–ABS 试验敏感。③梅毒螺旋体制动试验（treponema pallidum immobilization，TPI）：用 Nichol 株螺旋体（活的）加病人血清（含抗体）后，在补体的参与下可抑制螺旋体的活动。如 ≥ 50% 梅毒螺旋体停止活动，则为阳性。此试验特异性、敏感性均高，但设备要求高，操作难，仅供研究用。

（四）防治原则

开展宣传教育，注重性卫生是减少其发病率的有效措施。目前尚无疫苗，预防的关键在于避免不洁性行为，洁身自爱。治疗可选用大剂量青霉素，以血清抗体转阴为治愈指标。治疗原则是早诊断，早治疗，疗程规则，剂量足够。治疗后定期进行临床和实验室随访。性伙伴要同查同治。早期梅毒经彻底治疗可临床痊愈，消除传染性。晚期梅毒治疗可消除组织内炎症，但已破坏的组织难以修复。

对青霉素过敏者可选四环素、红霉素等。部分病人青霉素治疗之初可能发生吉海反应，可由小剂量开始或使用其他药物加以防止。梅毒治疗后第一年内应每 3 月复查血清 1 次，以后每 6 个月 1 次，共 3 年。神经梅毒和心血管梅毒应随访终身。

三、解脲脲原体

支原体（Mycoplasma）是一类能通过滤菌器、在无生命培养基中生长繁殖的最小原核细胞型微生物，无细胞壁、呈高度多形性。与人类疾病关系密切的支原体主要为引起呼吸道感染的肺炎支原体及引起生殖道感染的解脲脲原体等。解脲脲原体（ureaplasma urealyticum，UU）在分类上属于支原体科（Mycoplasmataceae）脲原体属（Ureaplasma），是引起人类泌尿生殖道感染重要的病原体之一。

（一）生物学性状

1. 形态特征 形态以球形为主，直径 0.05 ～ 0.3μm，呈单个、成双或成串排列，革兰染色阴性，但不易着色，常用吉姆萨染色，呈紫蓝色。细胞膜结构分三层，内、外层主要成分为糖类和蛋白，中间层为脂质，主要为磷脂和胆固醇等。某些药物如皂素、两性霉素 B、洋地黄苷等可通过作用于胆固醇而破坏细胞膜导致菌体死亡。主要膜抗原为多带抗原（multiple-banded antigen，MBA），与其致病性和分型鉴定有关，此外还有荚膜样物质，主要成分为半乳糖，亦与致病性有关。

2. 培养特性 需氧或兼性厌氧。对培养基营养要求高于一般细菌，需要补充血清、腹水或卵黄等才能生长。生长速度比细菌慢。在含血清、酵母浸膏及胆固醇的固体培养基中缓慢生长两天后，镜下观察可见典型的"油煎蛋"样菌落。在液体培养基中生长，液体不显示混浊，常常通过观察指示剂颜色变化了解支原体生长情况。能分解尿素，不分解糖类和精氨酸，据此可与其他支原体做初步鉴别。

3. 抵抗力 对理化因素的抵抗力较细菌弱。对热及干燥敏感，但低温冷冻干燥可长期保存，对消毒剂敏感，但对醋酸铊、青霉素、林可霉素有抵抗力。对红霉素、四环素、阿奇霉素等抗生素以及氧氟沙星等抗菌药物敏感，但有耐药株出现。

（二）致病性与免疫性

1. 传染源与传播途径 解脲脲原体寄生于人体泌尿生殖道，是一种重要的机会致病菌，主要通过性接触传播，患者与携带者为主要传染源。此外，也可通过胎盘传播，发生胎儿宫内感染。

2. 致病物质 解脲脲原体的致病物质主要包括五种。

（1）荚膜样物质 生物效应类似脂多糖，可刺激单核巨噬细胞分泌 TNF-α，诱导局部炎症反应。

（2）脲酶　能分解尿素产生氨，最终引起局部组织细胞间质坏死和纤毛损伤。

（3）IgA1 蛋白酶　裂解黏膜表面的分泌型 IgA1（sIgA1），破坏抗体功能，有助于该菌的侵袭。

（4）磷脂酶　产生磷脂酶 A 和 C，影响宿主细胞的生物合成，损害细胞膜功能。

（5）多带抗原　多带抗原 MBA 是主要的毒力因子，可诱导细胞释放炎症性细胞因子，引起组织病理损伤。

3. 所致疾病

（1）泌尿生殖道感染　引起非淋菌性尿道炎、前列腺炎、附睾炎、阴道炎、宫颈炎等疾病。解脲脲原体被认为是非淋球菌性尿道炎中仅次于衣原体的重要病原体。

（2）不孕不育　引起黏膜炎症，损伤输卵管纤毛运动功能，受精卵运动受到抑制，导致不孕不育。母体感染还可致流产、早产、死胎，以及低体重胎儿等不良妊娠。

（3）尿路结石　因分解尿素产生 NH_3 和 CO_2，形成碳酸盐结晶可导致尿路结石。

4. 免疫性　解脲脲原体感染后机体可产生 IgM、IgG 和 sIgA 类抗体，其中 sIgA 可阻止其菌体对泌尿生殖道的黏附。荚膜样物质和膜蛋白可刺激单核巨噬细胞释放细胞因子引起炎症应答，有利于病原体的清除，但同时也可导致免疫病理损伤。

（三）微生物学检查

因正常人群也可能存在支原体而出现低效价血清抗体，故解脲脲原体感染时血清学检测的临床诊断价值不大。常用的可靠检查方法为病原体分离培养及核酸检测。

1. 病原体检测　标本先接种于液体培养基培养 16 ～ 18 小时后，因分解尿素产 NH_3 而使 pH 值升高，指示剂呈现红色。然后转种至固体培养基，培养 1 ～ 2 天后镜下观察菌落，取可疑菌落做初步鉴定。

2. 核酸检测 多采用PCR法，可对脲原体进行分型鉴定。

（四）防治原则

尚无疫苗使用。靠加强性道德和性卫生教育是预防的重要措施。大环内酯类、多西环素类抗生素以及喹诺酮类抗菌药物是其治疗的首选药物，但需注意耐药性的问题。

四、沙眼衣原体

衣原体（chlamydiae）是一类严格寄生在真核细胞内、具有独特发育周期、能通过滤菌器的原核细胞型微生物。衣原体种类较多，广泛寄生于人、哺乳动物以及禽类体内。引起人类疾病的衣原体主要为沙眼衣原体、肺炎衣原体和鹦鹉热衣原体。沙眼衣原体（C.trachomatis）是衣原体属（Chlamydia）中的代表菌种，是引起性传播疾病常见病原体之一。

（一）生物学性状

1. 形态特征 衣原体独特的发育周期内，呈现两种不同形态：

（1）原体 原体（elementary body）为衣原体成熟的具有感染性的颗粒。球形或类球形，小而致密，直径0.2～0.4μm，有类似革兰阴性菌细胞壁结构，吉姆萨染色紫红色，Macchiavello染色红色。原体存在于细胞外，无繁殖能力，但具有强感染性，进入宿主细胞后，被宿主细胞膜包绕形成的空泡样结构，称为包涵体。原体在空泡内逐渐发育成为网状体。

（2）网状体 网状体（reticulate body）又称始体，为衣原体繁殖型，不具感染性。体积大，卵圆形，直径0.5～1.0μm，代谢活跃，胞内纤维疏松成网状，吉姆萨染色呈深蓝色，Machiavello染色呈蓝色。无细胞壁结构，以二分裂方式繁殖，在空泡内增殖产生大量子代原体。成熟子代原体自细胞释放出来后，继续感染其他细胞，整个生活周期24～72小时。

2. 抗原与分型 沙眼衣原体细胞壁主要有属特异性、种特异性、型特异性三种抗原。属特异性抗原为细胞壁共同具有的脂多糖（LPS）结构，种特异性和型特异性抗原均位于细胞壁外膜上的主要外膜蛋白（major outer membrane protein，MOMP）。根据 MOMP 蛋白结构和致病性的差异，沙眼衣原体可分为 3 个生物型和 19 个血清型：①沙眼生物型包括 A、B、Ba 和 C 血清型。②生殖生物型包括 D、Da、E、F、G、H、I、Ia、J、Ja 和 K 血清型。③性病淋巴肉芽肿（LGV）生物型包括 L1、L2、L2a 和 L3 血清型。

3. 培养特性 不能在无生命的培养基上生长。常用 6 ～ 8 天龄鸡胚卵黄囊接种培养，也可用 HeLa、McCoy、HL 等细胞培养，LGV 生物型可接种于小鼠脑内培养。组织细胞培养时，为帮助衣原体穿入细胞及利于其寄生和繁殖，常将接种后的细胞标本进行离心沉淀，并在培养物中加入代谢抑制物如放线菌酮、细胞松弛素 B 等。

4. 抵抗力 耐冷不耐热，60℃仅存活 5 ～ 10 分钟，-70℃可保存数年。对常用消毒剂敏感，75% 酒精 1 分钟即被灭活。紫外线照射可迅速灭活。四环素、氯霉素、红霉素、多西环素等有抑制其繁殖的作用。

（二）致病性与免疫性

1. 传染源 人是沙眼衣原体唯一的自然宿主，患者和无症状携带者为主要传染源。

2. 传播途径 沙眼衣原体引起的性病主要通过性接触方式传播，也可经手、毛巾、污染的衣裤等传播。沙眼衣原体引起的沙眼主要通过眼 - 眼、眼 - 手 - 眼等途径发生直接或间接接触传播。此外，沙眼衣原体还可发生母婴垂直传播，新生儿可通过产道、宫内、产褥期感染，尤以产道感染最多见。

3. 致病物质

（1）黏附素 沙眼衣原体表面的 MOMP 等多种外膜蛋白可介导黏附作用，以硫酸乙酰肝素作为“桥梁”，病原体吸附于易感上皮细胞并侵入胞内繁殖。MOMP 能阻断溶酶体与吞噬体的融合，有利于沙眼衣原体在细胞内存活和繁殖，破坏宿主细胞。

（2）内毒素样物质　沙眼衣原体被破坏时，可释放出类似革兰阴性菌内毒素的毒性物质，抑制宿主细胞代谢，破坏宿主细胞。

（3）Ⅲ型分泌系统（T3SS）　可分泌效应蛋白或将毒力蛋白直接注入胞内，破坏宿主细胞。

（4）其他活性蛋白　衣原体蛋白酶样活性因子（CPAF）可抑制宿主细胞凋亡，有利于病原体在胞内生长繁殖；巨噬细胞感染增强蛋白（MIP）、质粒蛋白 Pgp3 可诱导宿主机体的多种炎症性细胞因子释放，引起组织病理损伤。

4. 所致疾病　沙眼衣原体可以引起沙眼、包涵体结膜炎、婴幼儿肺炎、泌尿生殖道感染、性病淋巴肉芽肿等。以下主要介绍沙眼衣原体引起性传播相关疾病。

（1）泌尿生殖道感染　由生殖生物型 D ～ K 血清型感染引起，通过性接触传播，表现为非淋菌性尿道炎、生殖系炎症等。

1）男性泌尿生殖道沙眼衣原体感染：男性泌尿生殖道沙眼衣原体感染所致疾病主要包括五个类型：①尿道炎：沙眼衣原体感染是男性尿道炎最常见的病因。常见症状为尿道刺痒、刺痛或烧灼感；尿道口轻度红肿，分泌物稀薄，量少，多呈浆液性，白色或微带黄色，有时分泌物可呈脓性。②附睾炎：附睾炎是男性衣原体性尿道炎最主要的并发症，在 35 岁以下的男性附睾炎患者中，45% ～ 60% 是由沙眼衣原体引起。③前列腺炎：前列腺炎常呈一种急性或亚急性状态，表现为会阴部及其周围轻微疼痛或酸胀感，伴有直肠坠胀感等表现。④直肠炎和直肠结肠炎：直肠炎多发生在男同性性行为者，尤其是被动肛交者。⑤不育症：沙眼衣原体可黏附于精子表面，影响精子的运动能力，最终可致男性不育症。

2）女性泌尿生殖道沙眼衣原体感染：女性泌尿生殖道沙眼衣原体感染所致疾病主要包括五个类型：①宫颈炎：女性沙眼衣原体感染常首发于子宫颈，尽管宫颈炎在沙眼衣原体中最为普遍，但约 70% ～ 80% 子宫颈沙眼衣原体感染者无症状或仅有轻微的临床症状。②尿道炎：女性衣原体性尿道炎的特点是症状不明显或无症状。③子宫内膜炎：沙眼衣原体感染引起的子宫内膜炎常伴有衣原体性宫颈炎。④盆腔炎、输卵管炎：衣原体性宫颈炎如不治疗或治疗不当，部分患者出现上行感染而发生盆腔炎、输卵管炎。⑤不孕和异位妊娠：沙眼衣原体感染引起的输卵管炎常使管腔黏膜狭窄，最终导致不孕；即使受孕，受精卵往往难以通过因炎症粘连增厚的输卵管进入宫腔着床，常发生异位妊娠。

（2）性病淋巴肉芽肿　由 LGV 生物型 L1、L2、L2a 和 L3 血清型感染引起，主要通过性接触传播，表现为化脓性淋巴结炎和慢性淋巴肉芽肿。在男性主要被侵犯的部位为腹股沟淋巴结，在女性则为会阴、肛门和直肠。也可引起结膜炎，并伴耳前、颌下、颈部淋巴结肿大。

（3）婴幼儿肺炎　由生殖生物型 D ～ K 血清型感染引起，多见于宫颈感染的孕妇经产道传播，常见于 2 ～ 3 周的婴儿。

（4）包涵体结膜炎　由沙眼生物型 B、Ba 血清型和生殖生物型 D ～ K 血清型引起，包括婴儿结膜炎及成人结膜炎两种。前者为婴儿经产道感染，引起急性化脓性结膜炎，又称包涵体脓漏眼，不侵犯角膜，可自愈。后者经性接触、手 – 眼接触、游泳池污染水感染，引起滤泡性结膜炎，又称游泳池结膜炎，一般经数周或数月痊愈，无后遗症。

5. 免疫性　抗沙眼衣原体感染免疫以细胞免疫为主。主要由 MOMP 活化的 $CD4^+$T 细胞释放细胞因子激活单核巨噬细胞，从而破坏和清除感染细胞，但同时亦产生病理损害。亦可产生特异性中和抗体与 MOMP 结合，阻止衣原体黏附和侵入细胞。但由于沙眼衣原体型别多，MOMP 易发生变异，故免疫力不持久，可重复感染。

（三）微生物学检查

多数衣原体引起的疾病根据临床症状和体征即可做出诊断。微生物学检查可取病灶部位材料涂片，吉姆萨染色或免疫荧光染色镜检，观察有无衣原体或包涵体。也可用鸡胚卵黄囊或传代细胞培养衣原体，采用特异性免疫荧光单克隆抗体予以鉴定。亦可开展衣原体核酸检测，进行诊断和鉴定分型。

（四）防治原则

目前尚无疫苗应用，预防以切断传播途径为主。广泛开展性病知识宣传，重点是注意个人卫生和性卫生，不使用公共毛巾、浴巾和脸盆，避免直接或间接接触感染。治疗可选用大环内酯类药物如阿奇霉素，为一线药物。治疗沙眼衣原体感染的二线药物为喹诺酮类药物。此外，还可选用利福霉素类药物治疗。但单独应用一种药物易发生耐药性，故须合理联合用药治疗。

第三节　真菌与性传播疾病

与性传播疾病密切相关的真菌主要有引起外阴阴道炎 / 龟头包皮炎的白假丝酵母菌、引起外阴阴道炎的拟酵母菌、引起股癣的浅表真菌。

一、白假丝酵母菌

白假丝酵母菌（candida albicans）是假丝酵母菌属的真菌，俗称为“白色念珠菌”。常存在于正常人的皮肤、口腔、上呼吸道、肠道和阴道黏膜等部位。正常人群白假丝酵母菌的带菌率可达 40%，从阴道黏膜分离出来的假丝酵母菌，85% ～ 90% 为白假丝酵母菌。当机体免疫力下降或菌群失调时可引起感染。

（一）生物学性状

1. 形态特征　菌体呈圆形或卵圆形，直径 3 ～ 6μm。革兰染色阳性。以出芽方式繁殖，在组织内易形成假菌丝。

2. 培养特性　在普通琼脂、血琼脂与沙氏葡萄糖琼脂培养基（SDA）上生长良好。37℃培养 2 ～ 3 天后，出现灰白色或奶油色、表面光滑、带有浓厚酵母气味的典型的类酵母型菌落。

（二）致病性与免疫性

1. 传染源 生殖器念珠菌病患者、带菌者为主要传染源。

2. 传播途径

（1）内源性感染 白假丝酵母菌是人体的正常菌群，在一定条件下可以引起自身感染。内源性感染比较多见。

（2）外源性感染 主要通过直接接触感染，其中包括性接触。

3. 所致疾病 白假丝酵母菌是一种机会致病菌，在一定的条件下引起感染而致病。感染所致的临床类型有皮肤念珠菌病、黏膜念珠菌病、内脏念珠菌病、生殖器念珠菌病。生殖器念珠菌病在临床上比较常见。

（1）念珠菌性阴道炎、外阴炎 是女性生殖器比较常见的感染性疾病，主要症状有外阴瘙痒，灼痛，阴道分泌物增多。伴有臭味，尿痛，等。检查时可见外阴潮红，水肿，阴道黏膜充血，糜烂，阴道内有白色凝乳状或豆渣样分泌物。

（2）念珠菌性包皮炎、龟头炎 多数由患有念珠菌性阴道炎的配偶传染而来。好发于龟头、冠状沟以及包皮内板等部位。检查时可见包皮及龟头潮红，针尖大小的红色丘疹，包皮内侧以及冠状沟等部位有白色斑皮和白色膜状物。可累尿道，出现尿频，尿急，尿痛。

4. 感染因素 ①抗生素使用不当：长期、大量使用抗生素后，正常菌群被抑制，而处于劣势的白假丝酵母菌大量繁殖而导致感染。②妊娠：妊娠期内的性激素水平升高，阴道上皮细胞内的糖原含量增加，阴道内的酸度随之增加，形成有利于白假丝酵母菌生长的环境。③糖尿病：糖尿病患者血糖升高，女性阴道上皮细胞内的糖原含量增加，有利于白假丝酵母菌生长。④免疫功能低下：应用大剂量的糖皮质激素、抗肿瘤药物等可以导致免疫功能降低，诱发白假丝酵母菌的感染。⑤应用雌激素：雌激素能使糖原在阴道上皮细胞内沉积，有利于白假丝酵母菌的生长。

（三）微生物学检查

1. 直接镜检 取脓、痰、阴道分泌物等标本，直接涂片，经革兰染色后，用光学显微镜观察。

2. 分离培养 将标本接种于沙氏葡萄糖琼脂培养基上，37℃培养2～3天，形成表面乳白色的类酵母型菌落。

必要时可做芽管形成试验、厚膜孢子实验，甚至动物试验等。

（四）防治原则

目前对白假丝酵母菌所致感染尚无有效的预防措施。对皮肤黏膜白假丝酵母菌感染的治疗可局部用制霉菌素、龙胆紫、酮康唑和氟康唑等。对全身性白假丝酵母菌感染的治疗可用两性霉素B和5-氟胞嘧啶。

二、皮肤癣菌

皮肤癣菌（dermatophytes）是寄生于角蛋白组织的浅部真菌，可引起癣病。常见癣病有手癣、足癣、体癣、股癣和甲癣等，其中体癣、股癣容易通过通过直接接触（包括性接触）传播。皮肤癣菌大约有40多个种，归属于3个属。①表皮癣菌属（Epidermophyton）。仅有絮状表皮癣菌（E. floccosum）对人类有致病作用，可侵犯人的表皮、甲板，不侵犯毛发，可引起手癣、足癣、体癣、股癣和甲癣等。②毛癣菌属（Trichophyton）。有20余种，其中有13种对人致病，可侵犯皮肤、毛发、指（趾）甲板。③小孢子癣菌属（Microsporum）。有15个种，大部分对人致病，例如，铁锈色小孢子癣菌（M. ferrugineum）、犬小孢子癣菌（M. canis）等，主要侵犯皮肤及毛发，引起手癣、足癣、体癣、股癣和头癣、须癣等。

第四节　病毒与性传播疾病

目前，已知能够引起性传播疾病的病毒至少有 9 种以上，其主要种类有单纯疱疹病毒 2 型、人类疱疹病毒 8 型、巨细胞病毒、人乳头状瘤病毒、人类免疫缺陷病毒、传染性软疣病毒等。本节重点介绍单纯疱疹病毒 2 型、人类免疫缺陷病毒的基本知识。

一、单纯疱疹病毒 2 型

单纯疱疹病毒（herpes simplex virus，HSV）属疱疹病毒科病毒。单纯疱疹病毒有两个血清型，分别是单纯疱疹病毒 1 型（herpes simplex virus type1，HSV–1）、单纯疱疹病毒 2 型（herpes simplex virus type2，HSV–2）。HSV–1 主要通过呼吸道、皮肤和黏膜密切接触而引起传播，主要涉及口唇、咽、眼、皮肤，少数情况下也可引起生殖器疱疹。HSV–2 主要通过性接触传播，是生殖器疱疹的主要病原体。生殖器疱疹已在世界范围内广泛流行。

（一）生物学性状

1. 形态与结构　病毒体呈球形，核心含双股 DNA。属于包膜病毒，病毒直径为 120 ～ 200nm。

2. 培养特性　HSV 能感染兔、豚鼠、小鼠等实验动物。HSV 可在多种细胞中增殖，常用原代地鼠肾、人胚肾等细胞分离培养 HSV。

3. 抵抗力　抵抗力不强。不耐热，56℃ 30 分钟、乙醚等脂溶剂、酸性环境、紫外线照射 5 分钟均可灭活病毒。可在 –70℃环境下长期保存其生物学活性。

（二）致病性与免疫性

1. 传染源　患者和病毒携带者是其传染源。病毒常存在于感染者疱疹病灶或携带者唾液中，病毒经黏膜或破损的皮肤进入人体。

2. 传播途径 性接触是 HSV–2 的主要传播途径。HSV–2 几乎都是通过性接触传播，也可通过产道传染给新生儿，引起新生儿疱疹。

3. 感染类型

（1）原发感染 HSV–2 主要引起腰及以下皮肤与黏膜感染，引起生殖器疱疹。原发性生殖器疱疹大多数由 HSV–2 引起。

（2）潜伏感染 HSV 原发感染后，大部分病毒被清除，少数病毒潜伏在神经细胞中。HSV–2 主要潜伏在骶神经节细胞中。潜伏感染机体不表现任何临床症状，病毒与机体处于相对平衡状态。

（3）复发感染 当机体抵抗力下降（如，发热、受寒、情绪紧张等），潜伏的病毒被激活而重新增殖，增殖后的病毒沿感觉神经纤维轴索下行到达末梢支配的皮肤和黏膜上皮细胞中增殖，引起复发性生殖器疱疹。

（4）先天性感染 有研究表明，40% ～ 60% 的新生儿在通过有 HSV–2 感染的产道时可被感染，出现高热、呼吸困难和中枢神经系统损伤，其中 60% ～ 70% 受感染的新生儿可因此而死亡，幸存者中后遗症可达 95%。

另外，还有一些调查研究表明，HSV–2 与宫颈癌有关。HSV–2 作为宫颈癌的病因受到重视。

4. 临床表现

（1）原发性生殖器疱疹 原发性生殖器疱疹的典型临床表现是：在生殖器两侧出现簇状红斑丘疹和水疱，患者有灼痛、搔痒。男性患者多发生在龟头、包皮、冠状沟等部位，可累积阴囊，女性患者多见于外阴、阴道、宫颈，也可累及尿道或周围皮肤。约 80% 女性患者存在排尿困难，40% 男性患者和 70% 女性患者出现发热、头痛、萎靡不振和肌痛等。

（2）复发性生殖器疱疹 前驱症状是复发的最早体征。前驱症状在疱疹病变出现前几个小时至几天出现，包括发麻、瘙痒、感觉异常、腰骶部疼痛，这时期的抗病毒治疗可以阻断部分患者的病变发展。复发性生殖器疱疹的大多数患者无全身症状，只是局部轻度的疼痛，病变在不治疗的情况下 5 ～ 10 天自愈。

（三）微生物学检查

1. 检测 HSV 抗原　可刮取宫颈黏膜、口腔、皮肤等病损组织基底部材料涂片，用荧光素或酶标记抗体染色，检测细胞内 HSV 抗原。

2. 检测特异性抗体　对潜伏感染者多用免疫荧光法、酶联免疫吸附试验等检测特异性抗体。

3. 检测病毒 DNA　用 DNA 分子杂交或 PCR 法检测病毒 DNA。

4. 病毒分离培养　病毒分离培养是确诊 HSV 感染的重要方法。

（四）防治原则

1. 预防　应避免与患者接触。必要时给易感人群注射特异性抗体。

2. 治疗　碘苷、阿糖胞苷、阿糖腺苷、阿昔洛韦等抗病毒药物治疗有效。

二、人类免疫缺陷病毒

人类免疫缺陷病毒（human immunodeficiency virus，HIV）是获得性免疫缺陷综合征（acquired immunodeficiency syndrome，AIDS）的病原体。目前已知人类免疫缺陷病毒有 HIV-1 和 HIV-2 两型，两型病毒的核苷酸序列差异超过 40%。世界上的艾滋病大多数由 HIV-1 引起，HIV-2 仅流行于西非地区。

（一）生物学性状

1. 形态与结构　HIV 呈球形，直径 100 ～ 120nm，有包膜。核衣壳包括由核衣壳蛋白（p7）包绕的两条相同单正链 RNA 和由衣壳蛋白（p24）包裹的逆转录酶、整合酶、蛋白酶和 RNA 酶 H。包膜为脂质双层，其上镶嵌有 gp120 和 gp41 两种糖蛋白刺突。包膜与核衣壳之间有一层内膜蛋白（p17）。

gp120 是病毒与宿主细胞病毒受体结合的部位，其肽链上的某些区段的氨基酸序列呈高度易变性（称高变区）。gp41 介导病毒包膜与宿主细胞膜融合，有利于病毒穿过细胞膜。

2. 基因组 HIV 的两条相同单正链 RNA 以二聚体形式存在。每条 RNA 链含 9749 个核苷酸，有 3 个编码结构蛋白的结构基因（env、gag 和 pol）和 6 个编码调节蛋白的调节基因（tat、rev、nef、vif、vpr 和 vpu）。

3. 抗原性变异 高度变异性是 HIV 的显著特点之一。HIV 的逆转录酶无校正功能、错配性高，是导致其基因频繁变异的重要因素。env 结构基因最易发生变异，导致其编码的 gp120 抗原性变异，给 HIV 疫苗研制带来极大困难。

4. 培养特性 恒河猴和黑猩猩能感染 HIV，但其感染过程和症状与人类艾滋病不同。在体外，HIV 仅感染 $CD4^+$T 细胞和巨噬细胞。

5. 抵抗力 HIV 对理化因素的抵抗力较弱。①对热敏感。56℃ 30 分钟能灭活体液或血清中的 HIV。但冻干血制品需 68℃加热 72 小时才能彻底灭活病毒。②对消毒剂和去污剂敏感。0.5% 次氯酸钠、5% 甲醛、10% 漂白粉、70% 乙醇、0.3%H_2O_2、1% 戊二醛、5% 来苏儿等消毒剂处理 10 ～ 30 分钟均能灭活 HIV。

HIV 对紫外线和 γ 射线有较强抵抗力。室温（20 ～ 22℃）下 HIV 可存活 1 周。

（二）致病性与免疫性

1. 传染源 传染源是无症状 HIV 感染者和 AIDS 患者。传染源的血液、精液、阴道分泌物、唾液、乳汁、骨髓液、脑脊髓液、泪液及某些组织细胞中存在有感染性的病毒颗粒。

2. 传播途径

（1）性接触传播 HIV 可通过各种性接触方式在男性之间、男女性之间传播，性接触是其主要传播途径，患生殖器溃疡可大大增加经性感染 HIV 的危险性。

（2）血源传播　接受含 HIV 的血液、血液制品、器官或组织移植物，或用含 HIV 的精液进行人工授精均能导致 HIV 感染；使用未经严格消毒的手术、注射、针灸、拔牙、美容等进入人体的器械均可导致 HIV 感染；静脉药瘾者之间共用未经消毒的注射器是经血液传播 HIV 的重要危险行为。与 HIV 感染者共用牙刷、剃须刀也可感染 HIV。医护人员意外地被 HIV 污染的针头和其他物品损伤，也可传播 HIV。

（3）母婴垂直传播　感染了 HIV 的妇女通过妊娠、分娩、哺乳，有可能将病毒传染给胎儿或婴儿，最可能的感染途径是在分娩过程中，胎盘剥离时母婴血混杂，母体血中的病毒经脐带感染新生儿病毒。HIV 也可能经感染胎盘组织中的巨噬细胞而逐步感染胎儿。

3. 致病机制　HIV 主要感染与损伤 $CD4^+$T 细胞，还能损伤抗原提呈细胞和神经组织细胞等，引起获得性免疫缺陷综合征。

（1）$CD4^+$T 细胞的数量减少和功能丧失　① HIV 在细胞内复制、表达病毒蛋白，其中 gp120 与相邻 $CD4^+$T 细胞结合，在 gp41 作用下引起细胞膜融合，形成多核巨细胞，丧失正常分裂能力，最终导致细胞溶解。②大量病毒核酸和病毒蛋白在靶细胞内聚集，干扰靶细胞的生物合成，诱导细胞凋亡。③被感染细胞的细胞膜抗原性改变，激发机体免疫应答，由细胞毒 T 细胞和抗体介导的 ADCC 效应，特异性杀伤靶细胞。

（2）抗原提呈细胞的抗原提呈功能丧失　抗原提呈细胞表达的 MHC- Ⅱ类分子与 gp120 有同源性，机体针对 gp120 产生的特异性抗体和细胞毒 T 细胞，可与 MHC- Ⅱ类分子发生交叉反应，损伤抗原提呈细胞，使其抗原提呈功能丧失。

（3）脑组织的炎症反应和神经细胞损伤　HIV 可感染神经胶质细胞，引起脑组织自身免疫损伤。因此，AIDS 患者最终表现痴呆等中枢神经系统症状。

4. 临床过程　HIV 感染的临床特征是潜伏期长，病程发展缓慢。其自然病程可以分为急性期、潜伏期、AIDS 相关综合征期和典型 AIDS 发病期。

（1）急性期　初次感染 HIV 后的 3 ～ 6 周，病毒在体内大量复制，引起病毒血症，部分感染者表现为流感样症状或表现出类似于单核细胞增多症的症状，比如：发热、头疼、疲劳、咽炎、关节或肌肉疼痛。症状可自行消退。感染后 10 天左右，血中可检测到 HIV 抗原 p24。4 ～ 8 周后可检测到抗 HIV 抗体。

（2）潜伏期　潜伏期一般为 6 个月至 4 ～ 5 年，可长达 10 ～ 12 年，无临床症状，但 HIV 在体内复制，外周血中可检出 HIV 抗体。

（3）AIDS 相关综合征　随着 HIV 大量复制，机体免疫系统进行性损伤，开始出现各种症状并逐渐加重。表现为持续低热、盗汗、体重减轻、慢性腹泻、全身淋巴结肿大，并开始出现口腔和皮肤真菌感染等免疫缺陷表现。

（4）典型 AIDS 发病期　血中高水平检出 HIV，$CD4^{+}$T 细胞数量明显下降，引起严重免疫缺陷和自身免疫损伤，出现多种机会性感染、肿瘤和神经系统疾患三大症状。

1）机会感染：①细菌感染。主要有分枝杆菌引起的结核病或结节样病变、李斯特菌引起的李斯特病、链球菌引起的肺部感染以及沙门菌感染等。②病毒感染。常见的有单纯疱疹病毒感染引起的持续性黏膜皮肤疱疹、巨细胞病毒感染所致的脉络膜视网膜炎、水痘 – 带状疱疹病毒感染引起的水痘或带状疱疹、乙型肝炎病毒和丙型肝炎病毒引起的病毒性肝炎等。③真菌感染。主要有耶氏肺孢子菌引起的间质性肺炎、白假丝酵母菌引起的皮肤黏膜和组织器官感染、新生隐球菌性的脑膜炎、肺曲霉病、组织胞浆菌病等。④原虫感染。主要有弓形虫病、隐孢子虫病。

2）恶性肿瘤：常见肿瘤有疱疹病毒 8 型引起的 Kaposi 肉瘤、多克隆 B 细胞恶变产生的恶性淋巴瘤、EB 病毒所致的 Burkit 淋巴瘤，以及人乳头瘤病毒引起的宫颈癌、肛门 – 生殖器癌等。

3）神经系统疾病：大部分患者可出现神经系统疾病，包括无菌性脑膜炎、亚急性脑炎、空泡性脊髓病、艾滋病痴呆综合征等。

HIV 感染后，机体可产生特异性免疫。体液免疫出现抗 gp120、抗 gp41、抗 p24 抗体，有一定中和作用。细胞免疫产生的细胞毒 T 细胞能杀伤 HIV 感染的靶细胞，阻止病毒扩散。机体免疫应答可限制病毒致病进程，但不能彻底清除病毒，尤其不能清除与宿主细胞染色体整合的前病毒。因此，HIV 一旦感染，将终身携带。

（三）微生物学检查

1. 抗原检测 HIV 感染早期，可检测衣壳蛋白 p24。p24 在血清中出现最早，但在抗体出现后常转为阴性，艾滋病症状出现时又可检出。

2. 抗体检测 一般 HIV 感染后 4 ～ 8 周，可检出抗 HIV 抗体。常用酶联免疫吸附法筛查感染者，阳性者必须进行确认试验，确认试验常采用免疫印迹法和免疫荧光染色法。

3. 核酸检测 用 RT–PCR 法定量检测血浆中 HIV 的核酸，多用于监测 HIV 感染者病情发展情况及评价药效。也可以用核酸杂交法检测细胞中的前病毒 DNA，以判断潜伏期感染情况。

4. 病毒分离 常用共培养法，检测培养液中的 HIV 逆转录酶活性或 p24 抗原。

（四）防治原则

至今尚无特效防治方法，主要是预防为主、防治结合、综合治理。

1. 预防 主要措施是控制并切断 HIV 传播途径。加强对高危人群及献血员等的 HIV 检测，做好医疗器械消毒以及病人血、排泄物的处理，防止交叉感染。生活中禁止共用牙刷、剃须刀，提倡安全性生活。

2. 治疗 目前临床用于治疗 HIV 感染的药物，主要有核苷类逆转录酶抑制剂和非核苷类逆转录酶抑制剂以及蛋白酶抑制剂。

两种逆转录酶抑制剂可干扰前病毒 DNA 合成，蛋白酶抑制剂可抑制 HIV 蛋白水解酶，使病毒大分子聚合蛋白不被裂解而阻抑病毒的装配与成熟。单一使用抗 HIV 药物可很快产生抗药性。“高效抗反转录病毒治疗”（highly active antiretroviral therapy，HAART）针对 HIV 复制的不同环节，联合使用三种或三种以上的抗病毒药物，可延缓抗药性产生、提高疗效。

中医药在改善艾滋病临床症状、减轻高效抗病毒治疗不良反应、提高免疫功能、改善深层质量等方面均有一定效果。有些中药有杀伤被HIV感染的T细胞或巨噬细胞的作用，或抑制HIV逆转录酶或提高机体免疫力的作用。同时，中医药辅助西医治疗艾滋病也有较单纯西药治疗更好的效果。

【知识拓展】

青霉素的研发过程

1928年，英国科学家弗莱明（A.Fleming）无意间注意到金黄色葡萄球菌培养皿中有一团青绿色霉菌。显微镜观察发现：霉菌周围的葡萄球菌菌落已被溶解。这意味着霉菌的某种分泌物能抑制葡萄球菌。鉴定表明，该霉菌为青霉菌。弗莱明将其分泌的抑菌物质称为青霉素。遗憾的是他一直未能找到提取高纯度青霉素的方法。他将青霉菌菌株一代代地培养。

1939年弗莱明毫不犹豫地将菌种提供给准备系统研究青霉素的病理学家弗洛里（H.Florey）和生物化学家钱恩（E.Chain）。1941年，弗洛里与钱恩实现了对青霉素的分离与纯化。1945年，弗莱明、弗洛里和钱恩因“发现青霉素及其临床效应”而共同荣获诺贝尔生理学或医学奖。

从青霉素研发过程，我们不难发现，一种新药研发的曲折与艰辛。医药工作者要有坚定的信念和顽强的毅力，团结协助，迎难而上，勇敢向前，实现造福人类的理想。

思考题

1. 你关注过性传播疾病的科普知识吗？请结合本章学习内容谈一谈性传播疾病的特点与危害。

2. 请结合本章学习内容谈一谈性传播疾病的防治对策。

3. 在以往的生活和学习经历中，你听说过哪些性传播疾病？其病原体是什么？是否涉及本章学习内容中的病原体？

第十二章　微生物与肿瘤

世界卫生组织国际癌症研究机构（International Agency for Rearch on Cancer，IARC）基于流行病学和临床统计数据，全面评估了生物因子的致癌性，发现大概有10%以上的肿瘤是由微生物感染引起的。引起肿瘤的微生物包括细菌、真菌、病毒和寄生虫，有些引起肿瘤的微生物，已被IARC确认为Ⅰ类人类致癌物。因此，部分微生物感染已成为人类肿瘤发生的高危因素。

第一节　肿瘤概述

肿瘤是危害人类健康的同一类型的一组疾病的统称，早在公元前16世纪～公元前11世纪的殷商时代的殷墟甲骨文中就有“瘤”的病名，《黄帝内经》还对肿瘤做了较为详细的阐述和分类。在距今约3500年的古埃及草纸文中，也有肿瘤的早期记载，距今2500年的古希腊的希波克拉底（Hippocrates）将发生于胃和子宫内的恶性肿瘤称为“cancer”，这是肿瘤的最早记载和命名。肿瘤分良性肿瘤和恶性肿瘤，特别是恶性肿瘤，严重危害世界各国人民的身体健康，目前发现的各类恶性肿瘤共有1000多种。

一、肿瘤的概念、分类与现状

1. 肿瘤的概念　肿瘤（tumour）是指机体在各种致瘤因子作用下，局部组织细胞增生所形成的新生物（neogrowth），因为这种新生物多呈占位性块状突起，也称赘生物（neoplasm）。

2. 肿瘤的分类　习惯上我们根据肿瘤的细胞特征及对机体的危害程

度把肿瘤分为良性肿瘤、恶性肿瘤，还有客观上难以区分良恶性的交界瘤三大类，在临床上危害比较严重的主要是恶性肿瘤。

恶性肿瘤来自上皮组织的称为“癌”，来自间叶组织包括纤维结缔组织、脂肪、肌肉、脉管、骨和软骨组织等的称为肉瘤，来自胚胎组织的称为母细胞瘤，此外，还有一些习惯性称呼，如白血病、黑色素瘤等。日常生活中，人们习惯性地把各种恶性肿瘤统称为癌。

良性肿瘤与恶性肿瘤的主要区别有：①良性肿瘤生长缓慢，而恶性肿瘤生长迅速。②良性肿瘤有包膜，呈膨胀性生长，摸之有滑动，而恶性肿瘤侵袭性生长，与周围组织粘连，摸之不能移动。③良性肿瘤边界清楚，而恶性肿瘤边界不清楚。④良性肿瘤不转移，预后一般良好，而恶性肿瘤易发生转移，治疗后易复发。⑤良性肿瘤有局部压迫症状，无全身症状，而恶性肿瘤早期即可能有发热、食欲差、体重下降、晚期可出现严重消瘦、贫血、发热等全身症状。⑥良性肿瘤通常不会引起患者死亡，而恶性肿瘤如不及时治疗，常导致患者死亡。由此可见，良性肿瘤与恶性肿瘤临床表现不一，预后不同，由于恶性肿瘤常导致患者死亡，所以体内一旦发现肿块，应及时就医。

3. 肿瘤发生的现状 世界卫生组织（WHO）报告指出，全球每年新增 1000 多万癌症患者，并且新增癌症病例和癌症患者死亡率以每年 1% 的速度递增。亚太癌症预防组织预测，2008 ～ 2030 年，全球癌症患者将翻番，平均每年新增癌症病例将从 1240 万增至 2640 万。因此全球癌症防控形势严峻。2 月 4 日是世界卫生组织确定的世界抗癌日。

总体来说，我国肿瘤防控形势比较严峻，肿瘤发病机制复杂、高危因素难控制等原因导致我国肿瘤预防难；有效筛查技术少、早期诊断技术水平低等因素导致肿瘤发现时普遍偏晚；肿瘤治疗效果差、复发转移率高且肿瘤治疗副作用大、精准性差等原因导致肿瘤治疗难度大；我国肿瘤自主规范少、基层医院诊疗水平参差不齐、诊疗均质化程度低等，以上均是我国肿瘤防控研究的难点。我国肿瘤防控的突破点主要从四方面着手：降低发病率、提高早诊率、提高生存率、促进均质化是我国肿瘤防控的突破点。

二、癌发生相关因素

癌症发生相关因素比较复杂，一般分为内在因素和外界因素两大方面。

1. 内在因素 内在因素包括遗传因素、免疫因素、内分泌因素。

（1）遗传因素 比如肝癌家族，同家族成员先后患上肝癌，可能与家族遗传基因有关，但真正直接遗传因素引起的肿瘤很少。

（2）免疫因素 先天性或后天性免疫缺陷易发生恶性肿瘤，如丙种免疫球蛋白缺乏症患者易患白血病和淋巴造血系统肿瘤。

（3）内分泌因素 如雌激素和催乳素与乳腺癌的发生有关。

2. 外界因素 外界因素包括化学因素、物理因素、生物因素。

（1）化学因素 如亚硝胺类、烷化剂、多环芳香烃类、氨基偶氮类等化合物，可诱发肺癌、肝癌、食管癌和胃癌等。

（2）物理因素 电离辐射、X 线可引起皮肤癌、白血病等，紫外线可引起皮肤癌，石棉纤维可引起肺癌等。

（3）生物因素 主要为病毒，此外，部分细菌、部分真菌，还有部分寄生虫感染也可能引起癌症等。

三、微生物与肿瘤的关系

1. 部分微生物感染可以引起肿瘤 1910 年美国病理学家劳斯（F. P. Rous，1879—1970）分离出第一个引起肿瘤的微生物，命名为 Rous 肉瘤病毒，从而获得 1966 年诺贝尔生理医学奖。自此证明有些微生物感染可以引起宿主肿瘤。

近年来，WHO 属下的国际癌症研究中心（IARC）报告指出，世界上约 1/6（17.8%）的癌症的罪魁祸首是以病毒、细菌、真菌等为代表的微生物。例如人乳头瘤病毒感染与宫颈癌有关、幽门螺杆菌感染与胃癌有关、黄曲霉菌感染与肝癌有关等。

2. 部分微生物可以抑制肿瘤发生发展 这类微生物包括细菌、放线菌、真菌、病毒等。例如：①人体正常菌群中的婴儿双歧杆菌、分叉双歧杆菌和动物双歧杆菌对乳腺癌细胞的生长有抑制作用，长双歧杆菌对大鼠结肠癌有抑制作用，乳酪乳杆菌对膀胱癌有抑制作用。②放线菌类的链霉菌中的波赛链霉菌和天蓝淡红链霉菌能产生柔红霉素，柔红霉素合成的阿霉菌素是当前首选的抗肿瘤药物之一。③真菌类的红豆杉植物的内生真菌合成当前最常用的肿瘤化疗药物紫杉醇，香菇中发现的马勃菌酸也具有抗肿瘤活性。④病毒类的新城疫病毒（NDV）能裂解肿瘤细胞、人呼肠病毒能抑制肿瘤生长、一种腺病毒 ONYX-015 突变株和一种单纯疱疹病毒 G207/R3616 突变株具有溶瘤作用。

第二节　细菌与肿瘤

细菌与肿瘤之间的关系非常复杂。有的细菌有抗肿瘤作用；有的细菌在肿瘤患者体内更易引起感染；还有的细菌感染后会导致肿瘤发生，是肿瘤发生的危险因素之一，例如幽门螺杆菌（Helicobacter pylori，HP）感染与胃癌发生密切相关、肠螺杆菌感染与胆囊癌相关、肠道微生态系统的变化与结直肠癌的发生相关。其中最为明确的是幽门螺杆菌与胃癌之间的关系。1994 年，世界卫生组织的国际癌症研究机构（IARC）将幽门螺杆菌定为人类 I 类（即肯定的）致癌原。

一、幽门螺杆菌

幽门螺杆菌是螺杆菌属的代表菌种，与胃窦炎、胃溃疡、十二指肠溃疡、胃腺癌和胃黏膜相关 B 细胞淋巴瘤（macosa-associated lymphoid fissue lymphoma，MALT）的发生密切相关。

（一）生物学性状

1. 形态特征　幽门螺杆菌革兰染色阴性，菌体细长，有 1 ～ 2 个微小弯曲，呈弧形、S 形或海鸥状，菌体长 2 ～ 4μm，宽 0.5 ～ 1.0μm，在胃黏膜上皮细胞表面常呈典型的螺旋状或弧形，传代培养后可变成杆状或球形。菌体的一端或两端可有多根带鞘鞭毛，运动活泼，通常在胃黏液层下面，黏膜上皮表面，呈鱼群样排列。

2. 培养特性 微需氧，在 5%O_2 和 5% ～ 10%CO_2 的气体环境中生长。营养要求高，在固体培养基中需加入 10% 脱纤维羊血、液体培养基中需加入 10% 小牛血清。最适生长温度为 37℃，还需要一定的湿度（相对湿度 98%）。生长速度缓慢，培养 2 ～ 6 天可形成针尖状无色透明菌落。

3. 生化反应 生化反应不活泼，不分解糖类。过氧化氢酶和氧化酶均阳性。尿素酶含量丰富、活性高，可以迅速分解尿素产生氨，这是鉴定幽门螺杆菌的主要依据之一。

（二）致病性与免疫性

1. 传染源 人是主要的传染源。幽门螺旋杆菌寄生于人胃黏膜，在世界不同种族、不同地区的人群中均有感染。在发展中国家，10 岁以下儿童的感染率达到 70% ～ 90%，而在发达国家感染率相对较低，成人的感染率约为 45%。在亚洲地区，中国、越南、印度等的青少年 HP 感染率分别 60%、40% 和 70%，感染非常广泛。在胃炎、胃溃疡和十二指肠溃疡患者的胃黏膜中，该菌的检出率高达 80% ～ 100%。

2. 传播途径 幽门螺杆菌的传播途径主要是粪 – 口途径和口 – 口途径。幽门螺杆菌可随胃黏膜上皮细胞脱落，经消化道从粪便排出，污染食物和水源，从而传播感染。研究表明在唾液、牙菌斑中都可检测到幽门螺杆菌的存在，幽门螺杆菌感染与口腔中牙菌斑数量增高密切相关，牙菌斑可能是幽门螺杆菌的储菌库。家庭生活中的密切接触，如共用餐具、咀嚼食物喂养幼儿、接吻等都可导致幽门螺杆菌感染的传播。在临床上，幽门螺杆菌感染在家庭内有明显的聚集现象，家里一人有胃病，其配偶、孩子也可能得胃病，父母感染了幽门螺杆菌其子女的感染机会比其他家庭高得多。这种聚集现象可能与家庭中密切接触、共同的生活习惯、暴露于共同的传染源和遗传等因素相关。

3. 致病性 幽门螺杆菌的致病物质和致病机制目前尚不完全清楚。幽门螺杆菌生长于胃黏膜表面，可侵犯胃黏膜深层，多在胃窦部的胃小凹、上皮皱褶的内折和腺腔内生长，可导致胃部炎症、胃酸产生的改变和组织的破坏。这些病理变化是多种因素共同作用的结果，如细菌的鞭毛、黏附素、尿素酶、蛋白酶、空泡毒素A（vacuolating cytotoxin antigen，Vac A）、细胞毒素相关蛋白A（cytotoxin associated protein A，Cag A）等。

幽门螺杆菌进入人胃后，首先通过尿素酶分解食物中的尿素产生氨，在菌体表面形成“氨云”，以中和胃酸，形成碱性微环境，抵抗胃酸的杀菌作用。然后借助活泼的鞭毛运动穿过稠厚的黏液层，到达胃黏膜上皮细胞表面，依靠细菌的菌毛或黏附素定植于细胞表面，避免随食物一起被胃排空。细菌产生的Vac A、脂多糖、尿素酶分解尿素产生的氨等可导致胃黏膜上皮细胞损伤，并引起胃黏膜的炎症反应。Cag A可激活细胞癌基因的表达，抑制抑癌基因的表达，诱发恶性转化。此外，幽门螺杆菌还可导致机体胃酸的分泌发生改变，并且通过招募免疫细胞至胃黏膜组织，启动免疫应答，促进胃部炎症发生。

4. 所致疾病

（1）慢性活动性胃炎、消化性溃疡　幽门螺杆菌感染是慢性活动性胃炎、消化性溃疡的主要致病因素。幽门螺杆菌一旦定植于机体，由其导致的炎症就会持续数年或数十年，甚至一生。虽然幽门螺杆菌感染者几乎都存在慢性活动性胃炎，但大多数感染者并无症状和并发症，仅15%～20%发生消化性溃疡，5%～10%发生消化不良，约1%发生胃恶性肿瘤。常见的症状包括：①泛酸：幽门螺杆菌会诱发胃泌素大量分泌，引起胃酸分泌过多，导致患者出现泛酸和烧心。②腹痛：幽门螺杆菌感染导致的胃和十二指肠黏膜损伤，使患者出现反复发作性腹痛、上消化道少量出血等症状。③口臭：幽门螺杆菌可在牙菌斑中生存，细菌在口腔中增殖会产生有臭味的代谢产物，引起口臭。幽门螺杆菌是引起口腔异味的最直接的细菌之一。④其他：幽门螺杆菌感染后还有饭后上腹部饱胀、不适或疼痛、食欲减退等不良症状。

（2）与胃恶性肿瘤的有关　慢性胃炎是胃腺癌的危险因素，因此幽门螺杆菌感染与胃窦和胃体部的胃腺癌关系密切。目前认为幽门螺杆菌感染是膜相关B细胞淋巴瘤密切相关，针对该菌的治疗可使淋巴瘤得到缓解。

5. 免疫性 幽门螺杆菌可刺激机体产生 IgM、IgG 和 IgA 等抗体，还可诱发一定程度的细胞免疫应答，但这些免疫应答难以有效清除幽门螺杆菌的感染，具体机制尚不清楚。

（三）微生物学检查

1. 直接涂片镜检 胃镜下取胃黏膜活检标本，涂片后进行革兰染色，可以观察到革兰染色阴性螺旋状或弯曲状的细菌。

2. 分离培养 胃黏膜活检组织直接或磨碎后接种于 Skirrow 鉴别培养基，在微需氧条件下培养 2 ～ 7 天后再进行鉴定。分离培养是诊断幽门螺杆菌感染的“金标准”，但分离培养的敏感性会受取材部位、培养基中抗生素种类和环境条件等多种因素的影响。

3. 检测尿素酶活性 可采用快速尿素酶试验或 ^{13}C 呼气试验检测尿素酶的代谢产物。^{13}C 呼气试验敏感性高、特异性强，可作为检测幽门螺杆菌感染的可靠方法。

4. 血清学检测 收集血清，采用酶联免疫吸附试验（ELISA）检测幽门螺杆菌或其产物的特异性抗体，目前该项检查在国外已经作为消化不良患者的常规检查。

5. 分子生物学检测 用 PCR 直接检测胃液、粪便、牙菌斑和水源中的幽门螺杆菌 DNA，甚至可以检测到耐药基因和携带 Cag A 的致病菌株。

（四）防治原则

1. 养成良好卫生习惯 同其他消化道传染病一样，幽门螺旋杆菌感染预防的关键是把好“病从口入”这一关。例如，要做到饭前便后洗手、饮食尤其是进食生冷食品要讲究卫生、认真刷牙等，以减少进餐时感染幽门螺杆菌的可能。家里有幽门螺旋杆菌病患者时应该采用分餐制，或使用公勺、公筷，餐具要定期消毒，以避免其他家庭成员的感染。

2. 研制疫苗 目前基于该菌主要抗原成分尿素酶和热休克蛋白的疫苗正在研制中，其保护作用在实验动物水平得到证实，部分正在进行临床试验，其确切免疫效果尚需要进一步研究。

3. 抗菌治疗 虽然在体外实验中幽门螺杆菌对多种抗生素都比较敏感，但实际上使用单一抗生素很难在体内根除幽门螺杆菌感染。临床上多采用质子泵抑制剂联合铋剂再加两种抗生素的四联治疗方案，其根治率超过 90%。需要注意的是，由于抗生素的广泛使用，目前该菌的耐药性呈上升趋势。

二、核梭杆菌

梭杆菌属（fusobacterium）是拟杆菌科的 1 属。核梭杆菌又称梭形梭杆菌，在分类学上属于梭杆菌属，是临床常见的革兰阴性无芽孢厌氧杆菌。因其形态细长，两端尖细如梭，故得名。

核梭杆菌主要存在于人的口腔，偶见于泌尿生殖道。可引起人的口腔感染、肺脓肿或胸膜肺部感染，与奋森氏密螺旋体共同致奋森氏咽峡炎，也可引起牛的肝脓肿等。核梭杆菌也是目前较为明确的与癌症有密切关系的菌。有研究表明：核梭杆菌可通过促进细胞繁殖、增加细胞迁移和侵袭、诱导炎症等途径增加口腔癌的发生和进展。

第三节 真菌与肿瘤

真菌种类繁多，与人类关系非常密切。部分真菌（例如，灵芝、香菇、冬虫夏草、茯苓、猴头菇、银耳、桑黄、樟芝、灰树花等）对人类健康有益，甚至其合成或代谢产物还可以用于人类肿瘤的治疗。源于真菌的抗肿瘤活性物质种类多，结构各异，活性也不尽相同，可以直接作用于肿瘤细胞，也可以通过调节免疫系统间接抑制肿瘤细胞生长。例如，灵芝多糖是灵芝提高人体免疫力、扶正固本的主要成分，对肿瘤患者的康复有比较好的效果。但是，也有许多真菌能够导致或促进肿瘤发生发展，这些真菌主要是通过产生毒素而导致恶性肿瘤，例如黄曲霉菌、赭曲霉菌等。

一、黄曲霉菌

黄曲霉菌（aspergillus flavus）属于子囊菌门，散囊菌纲，散囊菌目，曲霉科，曲霉属，是一种广泛分布于世界各地的常见腐生真菌。黄曲霉菌主要污染粮油食品、动植物食品等，如花生、玉米、大米、小麦、豆类、坚果类、肉类、乳及乳制品、水产品等，其中以花生和玉米的污染最为严重。黄曲霉菌的代谢产物黄曲霉菌毒素（aflatoxin，AFT）是重要的致癌物质。

（一）生物学性状

1. 形态特征 在显微镜下观察可见较粗的分生孢子头，顶端膨大形成球形或烧瓶形的顶囊，双层小梗布满顶囊外表，呈放射状排列，小梗顶端有链形孢子。

2. 培养特性 黄曲霉菌是温暖地区常见的占优势的霉菌，在自然条件下，其最适生长温度为 25 ～ 40℃，最适相对湿度为 80% ～ 90%。黄曲霉菌生成黄曲霉菌毒素的最适温度为 20 ～ 30℃。酸碱度也会影响到毒素的生成，pH 值 2.5 ～ 6.0 的酸性条件下，毒素的生成量最大。在 SDA 培养基上黄曲霉菌菌落生长迅速，10 ～ 14 天直径可达 3 ～ 4cm 或 6 ～ 7cm。菌落呈半绒毛状，正面色泽随其生长由白色变为黄色及黄绿色，表面平坦或有放射状沟纹，反面无色或带褐色，孢子成熟后颜色变为褐色。

（二）致病性

1. 致病物质 黄曲霉菌的主要致病物质是黄曲霉菌毒素。黄曲霉菌毒素是黄曲霉菌生长过程中产生的有毒性的次级代谢产物，是一组化学结构类似的化合物。除黄曲霉菌以外，其他真菌如寄生曲霉菌、杂色曲霉菌、棒状曲霉菌、烟曲霉菌、黑曲霉菌、红曲霉菌、棕曲霉菌以及文氏曲霉菌等，也可产生类似黄曲霉菌毒素的物质。目前已知的黄曲霉菌毒素有 20 多种，主要包括黄曲霉菌毒素 B1、B2、G1、G2、M1 和 M2

等。黄曲霉菌毒素的特点：①毒性强：在各类黄曲霉菌毒素中以B1毒性最强，其次是M1、G1、M2、B2和G2。B1的毒性远远高于氰化物、砷化物和有机农药，毒性比氰化钾强10倍。②致癌性强：黄曲霉菌毒素是目前所知致癌性最强的化学物质之一，1993年被世界卫生组织的国际癌症研究机构划定为Ⅰ类致癌原。许多国家规定了黄曲霉菌毒素在食品中的极限值，即食品中的黄曲霉菌毒素含量不允许超过此值。③致癌范围广：能诱发鱼类、禽类、家畜及灵长类等多种动物的实验肿瘤，可诱发多种恶性肿瘤：黄曲霉菌毒素除了导致肝癌以外，还可诱发胃癌、肾癌、泪腺癌、直肠癌、乳腺癌、卵巢及小肠等部位的肿瘤。④耐热性强：黄曲霉菌毒素的化学性质稳定，非常耐热，一般的家庭烹饪方法（蒸煮烘炒）很难将其破坏，只有通过长时间高温作用才能使其大部分失活。

2. 致病机制 黄曲霉菌毒素可通过与宿主细胞DNA的共价结合从而抑制DNA的甲基化，导致宿主细胞癌基因的激活和抑癌基因的突变失活，从而改变宿主基因表达和细胞分化，导致癌症的发生。黄曲菌毒素对机体的危害与其抑制蛋白质的合成有很密切的关系，其分子中的双呋喃环结构，是产生毒性的重要结构。

误食黄曲霉菌毒素能够引起急性中毒、慢性中毒以及引发癌症。急性中毒比较少见，往往是一次性摄入含有大量黄曲霉菌毒素的霉变食品所致，主要引起肝功能损害。对于人类，多见持续性摄入小剂量黄曲霉菌毒素达到一定时间而造成的慢性中毒，特征性病理变化为肝脏的慢性损伤，例如引起肝实质细胞变性、肝硬化等。黄曲霉菌毒素对肝组织有很强的致癌性，不同种属的动物实验都证实黄曲霉菌毒素主要诱发肝癌，流行病学研究也发现，在粮食受黄曲霉菌毒素污染严重的地区，人群中肝癌的发病率明显增高。肝癌早期通常没有症状或症状不典型，可能会有食欲减退、恶心、呕吐、腹胀以及肝区疼痛等表现。

（三）微生物学检查

由于黄曲霉菌毒素对人体健康危害极大，所以必须严格检测食物中毒素的含量。基于检测原理的不同，可以分为基于色谱分离、荧光检测或质谱检测原理的大型仪器检测技术和基于免疫学原理的快速检测技术。

1. 仪器分析法 主要有薄层色谱法、高效液相色谱法、同位素稀释液相色谱—串联质谱法等。仪器分析法灵敏度高，能够进行精确的定量检测，但存在样本前期处理复杂、试验仪器昂贵等问题。

2. 免疫学检测法 黄曲霉菌毒素无免疫原性，单独不能诱导抗体产生，故必须与大分子化学基团或蛋白质偶联，成为完全抗原，才能引起免疫动物的抗体形成，待抗体形成以后，再基于抗原抗体的特异性反应进行检测。由于食品中黄曲霉菌毒素的含量一般都较低，因此免疫学检测法主要采用敏感性较高的酶联免疫吸附试验（ELISA）、荧光免疫法（IFMA）和化学发光免疫法（CLIA）等。这类检测方法具有灵敏度高、特异性强、方便快捷等特点。

（四）防治原则

食品在生产、运输、储存和销售等各个环节中，都很容易被黄曲霉菌及其产生的毒素污染，所以必须加强粮食作物及其加工产品的防霉和去毒，尽量减少黄曲霉菌毒素随同食品摄入人体，主要措施是防霉、去除毒素等。

1. 防霉 控制食品中的水分和食品储存环境中的温度、湿度是防霉的关键。粮食的水分要控制在安全水分以下，如玉米在 12.5% 以下、花生在 8.0% 以下，粮食的储存要保持低温、干燥和良好的通风。通过这些方式能有效避免黄曲霉菌的生长和毒素的产生。

2. 去除毒素 黄曲霉菌毒素的脱毒方法主要包括物理法、化学法和生物法。物理脱毒法通常采用高温、吸附、紫外线照射等方式；化学脱毒法是利用化学反应改变黄曲霉菌毒素的分子结构，从而降低其细胞毒性；生物脱毒法是采用微生物或者植物提取物对毒素进行吸附或者降解从而实现脱毒目的。

3. 执行食品安全国家标准 我国 GB 2761–2017 国家标准规定了食品中各种真菌毒素的限量。黄曲霉菌毒素 B1 在谷物、豆类、坚果及其制品等产品中的限量为玉米、花生、玉米油、花生油不得超过 20μg/kg；大米、其他食用油不得超过 10μg/kg；其他谷物、豆类、坚果、调味品不得超过 5μg/kg；婴幼儿配方食品和辅助食品不得超过 0.5μg/kg。黄曲霉菌毒素 M1 在乳及乳制品中的限量为不得超过 0.5μg/kg。

二、赭曲霉菌

赭曲霉菌（aspergillus ochraceus）是广泛分布于玉米、花生、棉籽、大米、坚果、水果等农产品中的一种丝状真菌。赭曲霉的次级代谢产物赭曲霉毒素（ochratoxin，OTA）广泛存在于各种食物中，谷物及其副产品、可可、咖啡、肉类、乳汁、干果、调味品、酒类等中。OTA 对人类及动物健康造成了很大的威胁，它不仅可以导致受试动物的肾萎缩、胎儿畸形、流产及死亡，并具有高度的致癌性，国际癌症研究机构在 1993 年将赭曲霉毒素 A（ochratoxinA，OTA）定为人类可能的致癌物。因此赭曲霉毒素受到了全世界的广泛关注。

赭曲霉毒素是 L–β– 苯基丙氨酸与异香豆素的联合，有 A、B、C、D4 种化合物，此外还有赭曲霉毒素 A 的一些代谢产物，以及赭曲霉毒素 B 的代谢产物赭曲霉毒素 β 等，都是结构类似的化合物。这些物质在化学结构上只有细微差异，但在毒理学方面却差别很大。其中赭曲霉毒素 A 分布最普遍，毒性最强，并且最容易检出。

第四节　病毒与肿瘤

有些病毒具有抗肿瘤作用，例如，新城疫病毒（NDV）能在肿瘤细胞内增殖并裂解肿瘤细胞，人呼肠孤病毒注射入成人胶质细胞瘤细胞系 U81 和 U251N 中，能抑制肿瘤生长，腺病毒 ONYX–015 突变株和单纯疱疹病毒 G207/R3616 突变株具有溶瘤的作用等。但也有些病毒可能对人类肿瘤的发生起重要作用。目前已知的与人类肿瘤发生关系最密切的病毒有至少有 7 种，见表 12–1。IARC 一般认为 EBV、HPV、HTLV–1、KSHV 为直接致癌物，HBV 和 HCV 通过慢性炎症间接致癌，

HIV-1 则通过抑制免疫间接致癌。国际癌症研究机构（IARC）基于流行病学和致病机制数据，把 7 种病毒归为 1 类人类致癌物。

表 12-1 根据 IARC 标准的充分和有限数据划分的 1 类致瘤病毒引起的癌症

病毒	充分证据的肿瘤	证据有限的肿瘤
EB 病毒（EBV）	鼻咽癌、伯基特淋巴瘤、免疫抑制相关的非霍奇金淋巴瘤、结外 NK/T 细胞淋巴瘤（鼻型）、霍奇金淋巴瘤	胃癌、淋巴上皮瘤样癌
乙型肝炎病毒（HBV）	肝细胞癌	胆管癌、非霍奇金淋巴瘤
丙型肝炎病毒（HCV）	肝细胞癌、非霍奇金淋巴瘤	胆管癌
人类免疫缺陷病毒 1 型（HIV-1）	卡波西肉瘤、非霍奇金淋巴瘤、霍奇金淋巴瘤、宫颈癌、肛门癌、结膜癌	外阴癌、阴道癌、阴茎癌、非黑色素瘤皮肤癌、肝细胞癌
人乳头瘤病毒 16 型（HPV-16）	宫颈癌、外阴癌、阴道癌、阴茎癌、肛门癌、口腔癌、扁桃体癌	喉癌
人乳头瘤病毒 18、31、33、35、39、45、51、52、56、58、59 型	宫颈癌	
人乳头瘤病毒 26、30、34、53、66、67、68、69、70、73、82、85、97 型		宫颈癌
人类 T 淋巴细胞白血病病毒 1 型（HTLV-1）	成人 T 细胞白血病和淋巴瘤	
卡波西肉瘤疱疹病毒（KSHV）	卡波西肉瘤、原发性渗出性淋巴瘤	多中心卡斯尔曼病

（**资料来源：**卢建红，等 . 病毒感染与人类肿瘤——从基础科学到临床预防 . 北京：科学出版社，2016.）

一、人乳头瘤病毒

人乳头瘤病毒（human papillomavirus，HPV），简称 HPV，分类学上属乳多空病毒科乳头瘤病毒属，是宫颈癌、生殖器癌及口腔癌的病原体。研究证明，宫颈癌的发生主要是高危型人乳头瘤病毒感染引起，因此，控制此类病毒感染是预防宫颈癌发生的关键。

（一）生物学性状

1. 形态特征 无包膜双股环状小 DNA 病毒，72 个壳微粒组成，20 面体衣壳对称的球形，基因组 7.9kb，编码约 8 个主要的开放阅读框（ORF），病毒基因复杂，型别多，有 200 个左右的型别，还有许多亚型，病毒具有高度亲皮肤、黏膜性，主要引起人类皮肤、黏膜的增生性病变，侵犯人的皮肤和黏膜后引起瘤或疣，甚至癌变。

2. 分型 临床上，HPV 依其致病性不同分为高危型和低危型两大类，高危型 HPV 主要有 16、18、31、33、35、45、5 等型别，特别是 16、18、31 型，感染最多。低危型 HPV 包括 6、11、42、43、44 等型别，人群感染率非常普遍。HPV 感染引起的生殖器疣占 15% ～ 20%，99.7% 的宫颈癌由高危型 HPV 感染引起。

（二）致病性与免疫性

1. 传染源 人类是乳头瘤病毒的唯一宿主，皮肤受紫外线或 X 射线等其他射线照射造成的很小损伤，以及一些理化因素造成皮肤、黏膜微小的损伤都可以成为 HPV 感染的通道，直接接触病毒或接触被病毒污染的物品可造成感染。HPV 感染与性行为和性活跃度密切相关，HPV 阳性率与性伙伴数量成正相关，因此 HPV 也是性传播的病原体。

2. 传播途径

（1）直接传播 主要是性接触，性接触是人感染人乳头瘤病毒的主要途径。

（2）间接传播 通过接触感染者的衣物、生活用品如毛巾、洗盆等用具传播。

（3）垂直传播 母体人乳头瘤病毒经胎盘、产道传至胎儿。

（4）医源性感染 医务人员在治疗护理时防护不好，造成自身感染或通过医务人员传给患者。

3. 所致疾病

（1）皮肤疣 低危 HPV 引起的皮肤疣包括寻常疣（verruca

vulgaris）、跖疣（plantar wart）、扁平疣（common wart）等。①寻常疣：多由 1、2、3 和 4 型引起，导致手和足部角化上皮细胞感染，多见于青少年，俗称“瘊子”。临床表现为手指、手背等处针尖大的丘疹，逐渐增大呈乳头样，角化明显，灰黄或污褐色，表面粗糙，质地硬高于皮肤表面。②跖疣：主要由 1、4 型引起，多发于足底、足趾。③扁平疣：主要由 3 型和 10 型引起，多发于青少年颜部、手背与前臂等处，扁平隆起的丘疹，浅褐色或皮肤色，表面光滑。

（2）尖锐湿疣　主要由低危性的 6 型和 11 型感染引起，多发生在外生殖器、肛门、口腔、喉等部位，又称为生殖器疣（genital wart，GW），很少引起癌变，女性主要感染阴道、阴唇和宫颈，男性主要感染外生殖器和肛周等，此外还可以感染咽喉，引起咽喉乳突瘤。临床表现为细小柔软的淡红色丘疹，后体积增大，呈乳头样、菜花样和鸡冠状突起。

（3）生殖器癌　主要由高危性的型别引起，最常见的是宫颈癌，主要由 16、18 型引起，其次为 31、33、35、39、45、51、52 和 56 型，首先是生殖道上皮肉瘤样病变，长期发展成为恶性肿瘤。

4. 致癌机制　人乳头瘤病毒在致癌过程中，病毒 E2 基因通常整合到宿主细胞基因组内，从而引起病毒癌基因 E6、E7 基因的过表达，E6、E7 蛋白分别通过抑制宿主细胞 p53、pRb 基因的活性，从而激活人细胞端粒酶基因（hTERT）的转录，引起细胞分化异常，导致正常细胞癌变，这是人乳头瘤病毒致癌的可能机制，但其他细胞蛋白也参与重要的作用，E5 基因则在促进肿瘤发生发展中起辅助作用。

（三）微生物检查

1. 常规检测　对有典型临床症状的患者，可根据临床表现作出诊断。也可取宫颈脱落细胞涂片染色行巴氏试验（Pap test）检测。

2. 核酸检测　聚合酶链反应（PCR）是目前检出 HPV 感染的最敏感的方法，还可做型特异度分析，具有敏感度高、方法简便迅速的特点，已在临床上广泛使用。

3. 血清学试验　用人工合成的病毒蛋白表面抗原设计 VLP-ELISA 或用表达 HPV 融合蛋白抗原的 Western-Blot 法，检测病人血清中的抗体。

（四）防治原则

1. 预防　不接触人乳头状瘤病毒患者，减少直接接触和间接接触；要定期进行宫颈病变的检查，尽早控制宫颈癌变的发生。接种疫苗是预防人乳头瘤病毒（HPV）感染的最佳途径，目前投入市场的四价疫苗主要针对 HPV6、11、16、18 型；双价疫苗主要针对 HPV16、18 型。

2. 治疗　感染人乳头状瘤病毒患者本身无法自愈，治疗的主要目的是缓解症状、治疗疣体。治疗方法包括三种：①物理治疗：主要用来去除肉眼可见的瘤体和亚临床感染。例如疣体激光烧灼、微波、冷冻、电灼、手术切除、光动力疗法等，复发率高。②药物治疗：0.5% 鬼臼毒素酊，5% 咪喹莫特软膏，80% 三氯醋酸、氟尿嘧啶软膏等。③免疫疗法：在于减少复发和加快清除病灶。药物有干扰素、白介素、胸腺肽、转移因子、卡介苗、异维 A 酸、自体疫苗等。

二、乙型肝炎病毒

乙型肝炎病毒（hepatitis B virus，HBV）在分类学上属嗜肝 DNA 病毒科正嗜肝 DNA 病毒属，是引起乙型肝炎（简称乙肝）的病原体。HBV 感染后临床可表现为无症状携带者、急性肝炎、慢性肝炎和重症肝炎，部分慢性肝炎可发展为肝硬化和肝细胞癌。

（一）生物学性状

1. 形态结构　HBV 在电子显微镜下可呈现 3 种形态的颗粒结构：直径约 42nm 的大球形颗粒、直径约 22nm 的小球形颗粒以及管型颗粒。

（1）大球形颗粒　又称 Dane 颗粒，为完整的病毒颗粒，呈球形，直径约 42nm，有双层衣壳，外衣壳相当于包膜，包膜蛋白有三种，分别为小蛋白（S 蛋白）、中蛋白（M 蛋白）和大蛋白（L 蛋白）。小蛋白为 HBV 表面抗原（hepatitis B surface antigen，HBsAg），中蛋白由

HBsAg 和前 S2 抗原（PreS2）组成，大蛋白由 HBsAg、PreS2 和前 S1 抗原（PreS1）组成。内衣壳相当于病毒的核衣壳，是 HBV 核心抗原（hepatitis B core antigen，HBcAg），HBV 核心由不完全闭合的环状双链 DNA 和 DNA 多聚酶组成，大球性颗粒有感染性。

（2）小球形颗粒　主要由 HBsAg 形成中空颗粒，直径约 22nm，大量存在于血液中，不含 DNA 和 DNA 多聚酶，无感染性。

（3）管型颗粒　小球形颗粒“串联”聚合而成，无感染性。

2. 基因结构与抗原组成　HBV 的基因组为不完全闭合的环状双链 DNA，负链（长链）约 3.2kb，正链（短链）约为负链长度的 50% ～ 99%，两条链的 5' 端开始 250 ～ 500 个碱基配对，构成黏性末端。HBV 负链 DNA 含四个相互重叠的开放阅读框（ORF），分别称为 S、C、P 和 X 区。① S 区：由 S 基因、preS2 基因和 preS1 基因组成，S 基因编码 S 蛋白，即 HBsAg，是糖基化蛋白，大量存在于感染者的血液中，是 HBV 感染的主要标志，HBsAg 具有 T 细胞和 B 细胞表位，可刺激机体产生保护性抗体，是制备疫苗的主要成分；S 基因和 preS2 基因编码 M 蛋白；S 基因、preS2 基因和 preS1 基因编码 L 蛋白；preS1 和 preS2 蛋白也具有免疫原性，preS1 可能具有与肝细胞表面受体结合的表位。② C 区：由前 C（pre–C）基因和 C 基因组成，共同编码 pre–C 蛋白，切割加工后形成 HBeAg 并分泌到血液中，也可存在于肝细胞的胞质和胞膜上，HBeAg 为非结构蛋白，不出现在 HBV 颗粒中，但可刺激机体产生抗 –HBe，通过补体介导的杀伤作用破坏受染的肝细胞。C 基因编码病毒的衣壳蛋白，即 HBcAg，一般不游离于血液循环中，不易从感染者的血液中检出。③ P 区：最长，编码 DNA 多聚酶，该酶含 4 个结构域，不同的结构域使它既具有 DNA 聚合酶的活性也具有逆转录酶和 RNase H 的活性。④ X 区：编码 X 蛋白，是一种多功能蛋白，可以反式激活细胞内的原癌基因、HBV 基因及多种信号通路，与肝癌的发生发展密切相关。

3. HBV 的复制　HBV 的复制目前还不是特别清楚，基本涉及病毒前基因组的形成和逆转录过程，复制过程大致如下：①病毒包膜蛋白

Pre-S1 和 Pre-S2 与肝细胞表面特异性受体结合，吸附并穿入肝细胞，脱壳后 DNA 进入宿主细胞核。②在病毒 DNA 多聚酶的作用下，补全 DNA 双链缺口，形成共价闭合环状 DNA（cccDNA），cccDNA 整合到细胞基因组中。③在细胞 RNA 聚合酶的作用下，以负链 DNA 为模板，转录出 4 条 RNA，这些 RNA 可以编码 HBxAg、Pre-S2+ HBsAg（M 蛋白）及 HBsAg、Pre-S1+ Pre-S2+ HBsAg（L 蛋白）、内衣壳蛋白等病毒组分，也可作为合成病毒 DNA 的模板，称为前基因组。④病毒前基因组 RNA、DNA 聚合酶和 HBcAg 在胞质中装配成核衣壳。⑤在病毒 DNA 多聚酶发挥逆转录酶的作用下，以前基因组 RNA 为模板，逆转录出全长负链 DNA，同时 DNA 多聚酶发挥 RNA 酶 H 活性，降解前基因 RNA。以负链 DNA 为模板，在 DNA 聚合酶作用下，合成病毒正链 DNA。⑥核衣壳进入内质网和高尔基体进行蛋白加工，获得包膜和包膜蛋白成为完整的病毒颗粒，释放到肝细胞外。

4. 培养特性 具有严格的种属特异性，一般只感染人和少数灵长类动物，例如黑猩猩。鸭乙型肝炎病毒、土拨鼠肝炎病毒、地松鼠肝炎病毒在其天然宿主中造成类似人乙肝病毒感染的症状，常用来作为实验动物模型。HBV 体外培养困难，目前多采用肝癌细胞系培养 HBV，可达到稳定产生 Dane 颗粒和表达乙肝抗原的目的。

5. 抵抗力 HBV 对外界环境的抵抗力比较强，对紫外线、70% 乙醇、干燥等耐受，0.5% 过氧乙酸、5% 次氯酸钠和环氧乙烷、100℃加热 10 分钟、高压蒸汽灭菌可灭活病毒。

（二）致病性与免疫性

1. 传染源 急性乙肝患者、慢性乙肝患者和 HBV 携带者是主要传染源，乙肝病毒感染者无论在潜伏期、急性期或慢性期，其血液及体液都具有传染性。

2. 传播途径 ①血液传播：血液、血液制品等是 HBV 主要的传播途径。极少量含有病毒的血液或血制品进入人体即可导致感染，除输血外，血液透析、器官移植、外科手术、牙科手术等均可传播病毒。②母婴垂直传播：主要是指宫内感染、围生期传播以及分娩后传播。母乳喂养也可传播。该传播途径在中国占很大比重，慢性乙型肝炎患者中，40% ～ 50% 的患者均来源于母婴传播。③密切接触传播：已证实涎液、汗液、阴道分泌物、精液、乳汁等体液中均含有乙肝病毒，密切的生活接触，尤其是性接触是常见传播方式，HBV 感染者的配偶比其他家庭成员更易受到感染，此外，HBV 感染有一定的家庭聚集性，日常生活密切接触可造成传播。

3. 致病机制 免疫病理损伤在 HBV 致病作用中有主要地位。HBV 的致病机制主要有三种：首先，细胞介导的免疫病理损害，细胞免疫是彻底清除病毒的重要因素，但也是一把双刃剑，过度的细胞免疫反应可引发大面积的肝细胞损伤，导致重症肝炎，但细胞免疫功能低下则不能有效清除病毒，易导致感染慢性化。其次，病毒感染还会致机体免疫应答低下，免疫功能低下者不能有效清除病毒，使感染迁延不愈继而慢性化。最后，病毒变异产生耐药，HBV 病毒的 RNA 聚合酶和反转录酶缺乏校正功能，容易发生复制错误，变异后的 HBV 不易清除并容易引起耐药，使感染转变为慢性，乙肝的慢性化与肝癌的发生息息相关。

4. 与原发性肝细胞癌的相关性 90% 的原发性肝癌（hepatocellular carcinoma，HCC）与 HBV 慢性感染有关。乙肝可能转变成肝癌相关因素：①慢性乙型肝炎：慢性乙肝是肝癌的高危因素，流行病学调查发现，90% 以上的 HCC 病人感染过 HBV，HBsAg 持续阳性病人患肝癌的概率是正常人的 200 倍以上。② HBV 的 X 蛋白可通过广泛的反式激活作用影响细胞周期，促进细胞转化，导致肝癌的发生。③慢性乙肝的出现会导致肝脏纤维化，再加之病毒的侵袭会出现肝硬化，为肝癌的出现埋下伏笔。

（三）微生物检查法

1.HBV 抗原、抗体检测 表面抗原（HBsAg）、表面抗体（抗 HBs）、e 抗原（HBeAg）、e 抗体（抗 HBe）和核心抗体（抗 HBc）称为乙肝五项，是常用的 HBV 感染的检测指标，可反映被检者体内

HBV 水平及机体的反应情况，粗略评估病毒的水平，对乙肝患者的监测、治疗评估和预后判断等方面有重要的意义，见表 12–2。

表 12–2　HBV 抗原、抗体检测结果及临床意义

HBsAg	HBeAg	抗 –HBs	抗 –HBe	抗 –HBc IgM	抗 –HBc IgG	结果分析
+	–	–	–	–	–	HBV 感染者或无症状携带者
+	+	–	–	+	–	急性或慢性乙型肝炎（传染性强"大三阳"）
+	–	–	+	–	+	急性感染趋向恢复（"小三阳"）
+	+	–	–	+	+	急、慢性乙型肝炎或无症状携带者
–	–	+	+	–	+	既往感染
–	–	–	–	–	+	既往感染
–	–	+	–	–	–	既往感染或接种过疫苗

（**资料来源**：李凡，徐志凯．医学微生物学．北京：人民卫生出版社，2018.）

2.HBV DNA 检测　DNA 检测是判断病毒复制的常用手段，也是最直接、特异性强和灵敏性高的指标，HBV–DNA 检测正常值参考值为 1.0×10^3，若大于这个数值，则提示 HBV 复制和有传染性，DNA 检测对确诊 HBV 和评估 HBV 治疗效果具有十分重要的作用。

（四）防治原则

1. 定期体检　肝癌和肝硬化可以通过多种手段进行辅助诊断，例如，肝脏彩超、肝脏 CT、肝脏核磁共振、甲胎蛋白检测，必要时肝脏穿刺病理活检等等。定期到医院进行体检，然后在医生的帮助下进行控制，及时察觉肝脏的病变情况。

2. 接种乙肝疫苗　乙肝疫苗接种是有效控制 HBV 传播的必要手段，中国实行新生儿强制计划免疫，一出生就接种乙肝疫苗。接种疫苗后有抗体应答者的保护效果一般至少可持续 12 年左右。

3. 积极治疗慢性乙型肝炎　抗病毒治疗是慢性乙肝的根本治疗方

法，也是预防慢性乙肝转变为肝癌的有效方法。《慢性乙型肝炎抗病毒治疗专家共识》指出，肝功能代偿期：HBV DNA 水平超过 1×10^4 拷贝 / 毫升和（或）血清 ALT（谷丙转氨酶）水平超过正常值上限，肝活检显示中度至重度活动性炎症、坏死和（或）肝纤维化的乙肝患者都需要进行抗病毒治疗。常用药物包括干扰素、拉米夫定、阿德福韦酯、替比夫定、恩替卡韦、替诺福韦酯等，根据情况选择适合的药物。

4. 培养良好的生活作息习惯 保持良好的生活作息习惯，调整自己的内分泌，从而增强抵抗能力；不饮或少饮酒。如果乙肝患者出现了急性期的状态，要卧床休息，保持充足睡眠，尽量避免高脂肪高能量的食物，减轻肝脏和肠胃的负担。

三、EB 病毒

EB 病毒（Epstein–Barr virus，EBV）是疱疹病毒科嗜淋巴细胞病毒属的成员。EBV 是传染性单核细胞增多症的病原体，EBV 与鼻咽癌、非洲儿童伯基特淋巴瘤（burkitt lymphoma）的发生有密切相关性，被列为可能致癌的人类肿瘤病毒之一。

（一）生物学性状

1. 形态结构 EBV 呈球形，直径 180nm，核衣壳呈二十面体对称，包膜表面有糖蛋白刺突，基因组为线性 dsDNA，172kbp，至少编码 100 多种病毒蛋白。EBV 感染分溶细胞性感染和潜伏性感染，不同感染状态表达的抗原不同，B 淋巴细胞是 EBV 的主要靶细胞。

2. 抗原结构

（1）增殖期表达的抗原 ① EBV 早期抗原（early antigen，EA）是病毒的非结构蛋白，具有 DNA 聚合酶活性，EA 表达是病毒增殖活跃的标志。② EBV 晚期抗原是病毒的结构蛋白，包括衣壳蛋白和包膜蛋白，存在于细胞质和细胞核内，包膜蛋白 gp350/gp220 可诱导中和抗体。

（2）潜伏感染期表达的抗原 ① EBV 核抗原（EB nuclear antigen，EBNA）存在于感染的 B 淋巴细胞核内，EBNA–1 起稳定病毒环境作用，维持病毒基因组在感染增殖的过程中不丢失；EBNA-2 在细胞的永生化方面起关键作用。②潜伏膜蛋白（latent membrane protein，LMP）存在于 B 淋巴细胞表面，是一种致癌蛋白，具有抑制细胞凋亡，引起 B 淋巴细胞转化等活性。

（二）致病性与免疫性

1. 传染源 患者和 EBV 携带者。

2. 传播途径 唾液等体液传播，主要经口－口传播，飞沫传播并不重要，偶尔通过输血传播。

3. 致病机制 EBV 在口咽部上皮细胞内增殖，然后感染 B 淋巴细胞，病毒大量进入血液循环而造成全身感染，并可长期潜伏在人体淋巴组织中。EBV 感染可表现为增殖性感染和潜伏性感染两种感染状态。不同感染状态表达不同的抗原，增殖性感染期表达的抗原有 EBV 早期抗原（EA）、EBV 衣壳蛋白（VCA）和 EBV 膜抗原（MA），潜伏感染期表达的抗原有 EBV 核抗原（EBNA）和潜伏膜蛋白（LMP）等，潜伏期选择性表达潜伏期抗原，刺激 B 细胞增生或永生化，与癌症的发生相关。

4. 所致疾病

（1）传染性单核细胞增多症　传染性单核细胞增多症是一种急性淋巴组织增生性疾病，多见于青春期初次感染 EBV 后发病，其临床表现为发热、咽炎、颈淋巴结炎、脾大、肝功能异常、外周血中单核细胞和异型淋巴细胞大量增多。急性期后，低热、疲劳可持续 6 个月之久，正常人预后良好，免疫缺陷患者可出现死亡。

（2）非洲儿童恶性淋巴瘤　非洲儿童恶性淋巴瘤，又称伯基特淋巴瘤。多见于 5 ～ 12 岁儿童，发生在中非等温热带地区，呈地方性流行。好发部位为颜面、腭部。儿童在发病前已受到 EBV 重度感染，在伯基特淋巴瘤的活检组织中可检出 EB 病毒的 DNA 及核抗原，目前认为伯基特淋巴瘤的发生 96%～ 100%与 EBV 感染相关。

（3）鼻咽癌　鼻咽癌是与 EBV 密切相关的一种常见上皮细胞恶性

肿瘤，多发生于40岁以上中老年人。鼻咽癌的活检组织中可检出EBV的DNA及核抗原；其血清中亦含有较高滴度的EBV特异的衣壳蛋白抗原（VCA–IgA）抗体或早起抗原（EA–IgA）抗体，并且鼻咽癌治疗后好转，抗体滴度亦下降，因此，目前认为鼻咽癌的发生与EBV存在着正相关关系，在临床上，EBV高滴度阳性（特别是EA–IgA含量高）发展成鼻咽癌的可能性较大，并且，鼻咽癌治疗好转后，各抗体滴度下降，因此推断EBV是引起鼻咽癌的一个重要因素。

5. 免疫性 人感染后产生中和抗体，并建立细胞免疫，首先出现VCA抗体和MA抗体，其后出现EA抗体，最后出现EBNA抗体，中和抗体能阻止外源病毒再感染，但不能潜伏病毒，细胞免疫主要清除转化的B淋巴细胞，潜伏病毒可以被激活再感染。

（三）微生物学检查

1. 异嗜性抗体检测 用于传染性单核细胞增多症的辅助诊断，发病早期，患者血清中有一种能特异性凝集绵羊红细胞的IgM型抗体，抗体效价≥1：224有诊断意义。

2. 特异性抗体检测 用免疫荧光法或ELISA检测，血清衣壳蛋白抗原（VCA–IgM）阳性和核抗原（EBNA）抗体阳性为EBV携带者。如果血清这两项指标滴度持续升高、持续性鼻塞、涕中带血、耳闷堵感、头痛、面部麻木、复视、颈部淋巴结肿大等要考虑鼻咽癌的可能性。

3. 核酸及抗原检测 用核酸杂交或PCR方法检测患者病变组织中的病毒核酸，或用免疫荧光法检测细胞中病毒抗原。

（四）防治原则

疫苗是预防EBV感染最有效的方法，但我国研制的基因重组疫苗EBV gp320疫苗正在观察中，并试用于鼻咽癌高发区。

目前对EBV感染尚缺乏疗效肯定的抗病毒药物。阿昔洛韦用药期间，能减少EBV从咽部排毒，但不能改善传染性单核细胞增多症的症状。鼻咽癌大多对放射治疗具有中度敏感性，放射治疗是鼻咽癌的首选治疗方法。

【知识拓展】

幽门螺杆菌的发现

1979年，澳大利亚珀斯皇家医院的病理医生沃伦（J.R.Warren）在一份胃黏膜活体标本中观察到一种弯曲状的细菌，并且发现这种细菌邻近的胃黏膜总是有炎症存在，因而意识到这种细菌与慢性胃炎可能有密切的关系。1981年，该院的消化科医生马歇尔（B.Marshall）加入该菌的实验研究，证明这种细菌的存在确实与胃炎相关。经过多次实验后，1982年，马歇尔终于成功从胃活检组织中分离培养出了幽门螺杆菌。为了进一步证实这种细菌就是导致胃炎的罪魁祸首，马歇尔不惜喝下含有幽门螺杆菌的培养液，以身试菌。1984年，他们的成果发表于世界权威医学期刊《柳叶刀》，立刻引起国际消化病学界的巨大轰动，掀起了全世界的研究热潮。两位学者因此获得2005年度诺贝尔生理学或医学奖。当有人问马歇尔当初为何会毫无畏惧地拿自己做实验时，他回答："阻碍科学发展的不是无知，而是囿于成见。"

思考题

1. 幽门螺杆菌感染日益普遍，并且与胃炎、胃溃疡和胃癌的发生密切相关，我们在生活中怎样避免幽门螺杆菌的感染？要养成哪些好的卫生习惯？

2. 你认为在防控黄曲霉菌毒素污染的措施中哪一项是最重要的，为什么？

3. 人乳头瘤病毒血清型很多，你能举出哪些高危型别感染和人宫颈癌发生密切相关？怎么预防此病毒感染？

主要参考文献

1. 李凡，徐志凯．医学微生物学［M］. 北京：人民卫生出版社，2018.

2. 袁嘉丽，刘永琦．免疫学基础与病原微生物学［M］. 北京：中国中医药出版社，2021.

3. 袁嘉丽，刘永琦．微生物学［M］. 北京：中国中医药出版社，2020.

4. 郝钰，万红娇，邝枣园．医学免疫学与病原生物学［M］. 北京：人民卫生出版社，2017.

5. 金成允．医学微生物学［M］. 郑州：郑州大学出版社，2021.

6. Mahendra Rai，Patrycja Golińska．Microbial Nanotechnology［M］. CRC Press，2020.

7. Robert W. Bauman. Microbiology with Diseases by Taxonomy［M］. Pearson，2016.

8. 沈萍，陈向东．微生物学［M］.8 版．北京：高等教育出版社，2016.

9. 李凡，钟照华．医学微生物学［M］.2 版．北京：高等教育出版社，2019.

10. 张凤民，肖纯凌，彭宜红．医学微生物学［M］.4 版．北京：北京大学医学出版社，2018.

11. 严杰．医学微生物学［M］.3 版．北京：高等教育出版社，2016.

12. 沈关心，徐威．微生物学与免疫学［M］.8 版．北京：人民卫生出版社，2016.

13. 国家药典委员会．中国药典［M］. 北京：中国医药科技出版社，2020.

14. 张卓然，张凤民，夏梦岩 . 微生物耐药的基础与临床［M］. 北京：人民卫生出版社，2017.

15. 李华军，康白 . 微生态与健康［M］. 北京：人民卫生出版社，2015.

16. 袁杰力 . 微生态——生命健康的基石［M］. 北京：北京大学出版社，2021.

17. 孙宝林，王京苏 . 人体微生物与健康 .［M］. 合肥：中国科学技术大学出版社，2017.

18. 桑亚新，李秀婷 . 食品微生物［M］. 北京：中国轻工业出版社，2020.

19. 段巧玲，李淑荣 . 食品微生物检验技术［M］. 北京：人民卫生出版社，2018.

20. 丁晓雯，柳春红 . 食品安全学［M］. 北京：中国农业大学出版社，2016.

21. 何国庆，贾英民，丁立孝 . 食品微生物学［M］. 北京：中国农业大学出版社，2016.

22. 王永华，戚穗坚 . 食品分析［M］. 北京：中国轻工业出版社，2017.

23. 卢芳国，王倩 . 免疫学基础与病原生物学［M］. 北京：科学出版社，2020.

24. 周庭银，章强强 . 临床微生物学诊断与图解［M］. 上海：上海科学技术出版社，2018.

25. 罗恩杰 . 病原微生物学［M］. 北京：科学出版社，2016.

26. 徐纪茹，吕昌龙 . 病原与宿主防御系统［M］. 北京：人民卫生出版社，2016.

27. 吴移谋，王千秋 . 性传播疾病［M］. 北京：人民卫生出版社，2016.

28. 徐志凯，郭晓奎 . 医学微生物学［M］. 北京：人民卫生出版社，2021.

29. 贾战生，陈智 . 临床微生物学［M］. 北京：人民卫生出版社，2010.

30. 罗晶，刘文泰 . 病原生物学［M］. 北京：中国中医药出版社，2016.

31. 刘雅娴 . 中西医结合肿瘤学［M］. 北京：中国中医药出版社，2005.

32. 卢建红 . 病毒感染与人类肿瘤——从基础科学到临床预防［M］. 北京：科学出版社，2016.